人工智能科学与技术丛书

THE PRACTICAL DEVELOPING GUIDE FOR PYTHON

LEARNING 300 EXCELLENT PROJECTS STEP BY STEP

Python实战指南

手把手教你掌握300个精彩案例

周家安◎编著

Zhou Jia'an

清華大學出版社

北京

内容简介

本书以300个不同类型的案例引导初学者快速入门，全面掌握Python语言编程技巧。这些案例各具特色，容易上手，趣味性强，学习效率高。本书内容涵盖字符串处理、包与模块管理、变量名称空间、代码流程控制、数学运算、面向对象编程、常用数据结构、异步编程、网络编程、文件与I/O、Tk组件与应用程序界面开发。

本书配套提供所有案例的源代码，便于读者动手实践甚至进行二次开发。本书适合作为广大高校计算机专业或相关培训机构的Python课程教材，也可以作为Python技术开发者的自学参考用书。

图书在版编目(CIP)数据

Python实战指南：手把手教你掌握300个精彩案例/周家安编著. —北京：清华大学出版社，2020.5
(人工智能科学与技术丛书)
ISBN 978-7-302-54851-5

Ⅰ.①P…　Ⅱ.①周…　Ⅲ.①软件工具－程序设计－指南　Ⅳ.①TP311.561-62

中国版本图书馆CIP数据核字(2020)第017684号

责任编辑：盛东亮　钟志芳
封面设计：李召霞
责任校对：时翠兰
责任印制：宋　林

出版发行：清华大学出版社
网　　址：http://www.tup.com.cn，http://www.wqbook.com
地　　址：北京清华大学学研大厦A座　　**邮　　编**：100084
社 总 机：010-62770175　　**邮　　购**：010-62786544
投稿与读者服务：010-62776969，c-service@tup.tsinghua.edu.cn
质量反馈：010-62772015，zhiliang@tup.tsinghua.edu.cn
课件下载：http://www.tup.com.cn，010-83470236
印 装 者：清华大学印刷厂
经　　销：全国新华书店
开　　本：186mm×240mm　　**印　张**：27.75　　**字　　数**：605千字
版　　次：2020年7月第1版　　**印　　次**：2020年7月第1次印刷
印　　数：1～2500
定　　价：89.00元

产品编号：084417-01

前言
PREFACE

Python 诞生于 20 世纪 90 年代初，是一门开源的、易学易用的编程语言，被广泛应用于科学计算、数据分析、Web 后端开发等领域。近年来，Python 也被广泛应用于机器学习与人工智能。

Python 是一种解释型语言，既能以交互方式执行代码，也可以直接执行代码脚本。Python 支持面向对象编程，同时也具有很强的动态性（如动态解析类型、动态属性等）。

本书用一个个单独的小案例来演示 Python 编程相关的各种知识点与技巧。每个案例都分为两部分——【导语】部分对案例中用到的知识要点进行讲解与说明，【操作流程】部分演示案例程序的实现过程。

本书的编程案例将覆盖以下内容：

- 字符串处理
- 包与模块管理
- 代码流程控制
- 常用的内置函数与运算符
- 函数式编程
- 面向对象编程
- 常见数据结构
- 异步编程与网络编程
- 输入/输出技术
- 图形化用户界面编程

希望读者在学习书中案例时，不要直接复制代码，而是参考书中的实现步骤，把每个案例都从头到尾做一遍。之后可以根据自己对知识点的理解，对书中案例进行修改与扩展。本书的演示代码仅针对知识点而设计，因此都比较简单，容易掌握，不会出现过多的干扰性代码，初学者能够看懂。

本书配套提供了书中案例的程序代码，扫描下面二维码即可下载。

程序代码

由于作者能力有限，书中难免有不妥之处。欢迎广大读者不吝赐教，以完善本书内容。

作　者

2020 年 1 月

目录

CONTENTS

第1章 字符串处理

本章的主要内容如下：

✍ 字符串表达式的表示方式；
✍ 代码注释的使用；
✍ 编写代码文档；
✍ input、print 函数的使用技巧；
✍ 格式化字符串；
✍ str 类的常用方法；
✍ 字符串编码。

1.1 字符串表达式

案例1 单行文本

导 语

单行文本必须包含在一对引号中，既可以使用双引号(" ")，也可以使用单引号(' ')。但是，引号一定要前后一致。如果左引号使用了单引号，那么右引号也必须是单引号。

操作流程

步骤1： 定义变量 text，并把双引号包裹的字符串赋值给它，然后调用 print 函数将 text 变量的内容输出到屏幕上。

```
# 给变量 text 赋值
text = "这是一行用双引号包裹的文本"
# 将上面的字符串变量 text 输出到屏幕
print(text)
```

执行以上代码，屏幕输出内容如下：

```
这是一行用双引号包裹的文本
```

步骤 2：再定义变量 text2，并赋值为使用单引号包裹的字符串，然后同样调用 print 函数将其输出到屏幕。

```
text2 = '这是一行用单引号包裹的文本'
print(text2)
```

运行结果如下：

```
这是一行用单引号包裹的文本
```

步骤 3：正如以下代码所示，text3 和 text4 变量所赋值的字符串表达式是无效的。

```
# 以下字符串表达式无效
text3 = "前双引号，后单引号'
text4 = '前单引号，后双引号"
```

以上两个字符串表达式皆无效，因为包裹字符串的引号前后不一致。

注意：不管选择使用单引号或双引号来修饰字符串对象，这些引号均为英文符号，不能使用中文的引号。

案例 2 处理字符串中出现的引号

导 语

由于字符串表达式是通过引号来包裹的，因此，如果字符串本身出现引号，就需要进行“回避”，否则编译器将无法对字符串做出正确的解析。

一般有两种处理方案：

- 使用 \' 或 \" 来代替。即：当字符串中有单引号时，使用 \' 来对单引号进行转义；当字符串中有双引号时，用 \" 来转义。字符被转义后，编译器只会将其视为普通字符处理，不会发生错误。
- 嵌套法(单、双引号交替使用)。如果字符串中有单引号时，就使用一对双引号来包裹它；反过来，要是字符串中有双引号，那就用一对单引号来包裹它。

注意：以上情况只针对字符串中的英文引号，对于中文引号，无论是单引号还是双引号，都不必进行处理，直接输入即可。

操作流程

步骤 1：下面代码将转义字符串中的双引号。

```
print("My name is \"Tom\"")
```

步骤 2：同样，单引号也可以进行转义。

```
print('My name is \'Jack\'')
```

步骤 3：如果字符串中含有双引号，可以使用一对单引号来包裹字符串，此时无须转义双引号。

```
print('a touch "screen" interface')
```

步骤 4：反之，如果字符串中含有单引号，则可以用一对双引号来包裹，这样就不用对单引号进行转义了。

```
print("not to 'talk'")
```

步骤 5：以上代码运行后，屏幕输出内容如下。

```
My name is "Tom"
My name is 'Jack'
a touch "screen" interface
not to 'talk'
```

案例3 多行文本

导 语

在字符串表达式中使用三重引号，使其成为文本块。文本块支持多行，而且允许任意排版。其格式如下：

```
[变量名] = '''
          <文本块>
        '''
```

或者

```
[变量名] = """
          <文本块>
"""
```

多行文本一般用于编写代码文档，用于介绍功能与使用方法，可作为代码对象（如模块、函数等）的帮助文档，可以通过对象的__doc__成员读取关联的帮助文档。

操作流程

步骤 1：以下代码中，变量 mtext 为一个使用三重双引号包裹的字符串案例。

```
mtext = """
 ----------------------------
```

```
函数名称:get_rand_bytes
开发者:Lucy
发布日期:2018 - 9 - 26
版本:1.0
-----------------------------
函数功能:产生随机字节序列
调用方法:
    b = get_rand_bytes(20)
该函数需要传递一个参数,表示生成的字节数
"""
print(mtext)
```

步骤 2：也可以使用三重单引号。

```
ntext = '''
----------------------
| key |    value     |
---------------------+
|type |    int     |
---------------------+
|addr |    5211023  |
---------------------+
|size |      16     |
----------------------
'''
print(ntext)
```

步骤 3：定义一个 Test 类,使用多行文本为该类设置帮助文档。

```
class Test:
    '''
    1、这是一个测试类
    2、它未包含新定义的案例方法
    '''
pass
```

pass 语句不会执行任何代码,仅仅表示 Test 类的"空白"——未定义任何新的成员。通常情况下,紧跟在声明语句后的第一个字符串会被作为相关联的帮助文档。例如在上面代码中,紧跟在 Test 类声明之后的字符串案例将视为此类的帮助文档。

步骤 4：随后可以通过访问__doc__成员来获取 Test 类的文档说明,再调用 print 函数将其输出到屏幕上。

```
print(f'{Test.__name__}类的帮助文档:\n{Test.__doc__}')
```

__name__可以获得 Test 类名的字符串表示形式。字符串表达式使用了 f 前缀,表示对字

符串进行格式化处理，其中大括号中的表达式会用其实际的执行结果替换此处的文本内容。例如，__name__成员返回字符串“Test”，此时输出的内容会变为“Test 类的帮助文档：……”。

注意：__name__和__doc__成员名称的前缀与后缀都是两个下画线字符(_)。Python 中许多特殊成员的命名都会在名称的前面与后面加上双下画线，例如类的构造函数命名为__init__。

步骤 5：以上代码执行后，输出内容如下。

```
----------------------------
函数名称：get_rand_bytes
开发者：Lucy
发布日期：2018 - 9 - 26
版本：1.0
----------------------------
函数功能：产生随机字节序列
调用方法：
    b = get_rand_bytes(20)
该函数需要传递一个参数，表示生成的字节数


---------------------
| key |     value     |
---------------------+
|type |      int      |
---------------------+
|addr |    5211023    |
---------------------+
|size |      16       |
---------------------

Test 类的帮助文档：

    1、这是一个测试类
    2、它未包含新定义的案例方法
```

1.2　代码注释与帮助文档

案例 4　在代码中写注释

导　语

注释的作用是对源代码的功能做补充说明，它是给源代码的阅读者（或开发者）看的，编译器在分析代码时不会扫描注释部分。也就是说，注释不会参与应用程序的执行。如果说

程序代码是“给机器看的”，那么，注释就是“给人看的”。

Python 代码的注释以字符“#”开头，紧随其后的一行文本会被识别为注释。开发人员应当养成给代码写注释的习惯，既方便自己，也方便他人。而且推荐的做法是：在字符“#”与注释内容之间至少留一个空格。就像这样

```
# 注释内容
# 注释内容
```

这样写，能提升注释内容的易读性，而且看起来也舒服。

另外，注释既可以单独写一行，也可以与代码语句处在同一行（需要写在代码之后，不然会连同代码也被注释掉）。例如

```
# 单独写一行注释
m = 1000
n = 0.005                          # 注释与代码在同一行
```

操作流程

步骤 1：下面的代码声明了一个变量并初始化，随后还定义了一个函数。但本例的重点是练习注释的书写方法，所以，应该关注变量 var1 和函数 Func1 之前的注释内容。

```
# 声明一个变量
var1 = 96000

# 定义一个函数
def Func1():
    pass
```

步骤 2：而在接下来的代码片段中，将看到，注释内容写在代码之后，与代码处在同一行。

```
class Demo:                        # 声明新类
    def __init__(self):            # 类构造函数
        self.ver = 1               # 设置动态属性 ver
        self.pack = 'sat.x'        # 设置动态属性 pack
        self.title = 'no data'     # 设置动态属性 title
```

上面代码声明了一个名为 Demo 的新类，__init__是类的构造函数，当类的案例初始化时会被调用。在构造函数中，为 Demo 类的案例（由参数 self 引用）设置了 ver、pack、title 三个动态属性。

案例 5 设置代码文件的字符编码

导 语

默认情况下，Python 将以 UTF-8 编码格式来处理代码文件，因此多数时候无须刻意指

定代码文件的字符编码。但是，在一些特殊的应用情景，可能需要为代码文件指定字符编码。

其实，用于设置文件编码的指令也是一行注释，只是它的格式必须匹配以下正则表达式：

```
coding[=:]\s*([-\w.]+)
```

即使用以下格式

```
# -*- coding: <编码名称> -*-
```

此行注释比较特殊，必须出现在代码文件的第一行。如果出现在文件的第二行，那么第一行也只能是注释，例如：

```
#!/usr/bin/env python3
# -*- coding: UTF-8 -*-
```

总的来说，设置文件编码的注释必须写在所有程序代码之前。

操作流程

步骤 1：指定代码文件使用 UTF-8 编码。在代码文件首行输入

```
# -*- coding: UTF-8 -*-
```

步骤 2：指定代码文件使用 ASCII 编码。

```
# -*- coding: ascii -*-
```

注意：如非特殊需求，建议仍使用 UTF-8 编码，可以避免许多因字符编码而引发的错误。

案例 6 为代码对象撰写帮助文档

导 语

帮助文档与注释不同。注释是不参与代码的编译和执行的，仅作为给代码阅读者的提示；而帮助文档是写进代码中的，用于告诉最终用户或者其他开发人员如何调用当前代码对象(包括模块、类、函数等)。而且，应用程序代码可以通过名为__doc__的特殊属性来访问帮助文档，但注释文本在代码中是无法访问的。

按照约定，紧跟在声明语句之后的第一个字符串表达式会被识别为该对象的帮助文档。另外，也可以直接将帮助文本赋值给对象的__doc__属性。

操作流程

步骤 1：在代码文件的首行(或者在所有代码之前)输入的字符串表达式，即为当前模块

的帮助文档。

```
"""
这是当前模块的帮助文档
版本:v1
作者:Zhou
"""
```

一个代码文件即为模块，在文件的起始处的首个字符串表达式默认被赋值给模块的__doc__属性。因此，也可以在代码文件中直接给__doc__属性赋值。

```
__doc__ = """
这是当前模块的帮助文档
版本:v1
作者:Zhou
"""
```

设置模块级的帮助文档后，可通过__doc__属性来读取。

```
print(f'当前模块的帮助文档:\n{__doc__}')
```

输出结果如下：

```
当前模块的帮助文档:

这是当前模块的帮助文档
版本:v1
作者:Zhou
```

步骤2：声明一个Add函数，并为函数加上文档说明，介绍它的调用方法。

```
def Add(m, n):
    '''
    此函数用于计算两个数值的和.调用方法如下:
        res = Add(2,5)
    调用后,返回计算结果 7.
    '''
return m + n
```

或者在编写完Add函数后，再通过__doc__属性来设置帮助文档。

```
def Add(m, n):
    return m + n


Add.__doc__ = '''
    此函数用于计算两个数值的和.调用方法如下:
```

```
        res = Add(2,5)
    调用后,返回计算结果 7.
    '''
```

步骤 3：接下来定义一个 cvt_bytes 类，它包含两个静态方法。

```
class cvt_bytes:
    "在字符串与字节序列之间转换"

    @staticmethod
    def tobytes(somestr):
        """
        将字符串对象转换为字节序列,其中:
        somestr 参数为字符串对象
        """
        return str(somestr).encode('UTF-8')

    @staticmethod
    def tostr(somebytes):
        """
        从字节序列中还原字符串,其中:
        somebytes 参数为字节序列,即 bytes 对象
        """
        bs = bytes(somebytes)
        return bs.decode('UTF-8')
```

上面代码中，@staticmethod 是一个装饰器，应用后表示 tobytes 和 tostr 两个方法是静态，即通过 cvt_bytes 类本身就能调用的方法，无须创建类案例。

步骤 4：可以通过调用 help 函数来获取整个 cvt_bytes 类的成员列表，以及所关联的帮助文档。

```
print(help(cvt_bytes))
```

输出结果如下：

```
class cvt_bytes(builtins.object)
 |  在字符串与字节序列之间转换
 |
 |  Static methods defined here:
 |
 |  tobytes(somestr)
 |      将字符串对象转换为字节序列,其中:
 |      somestr 参数为字符串对象
 |
 |  tostr(somebytes)
```

```
 |      从字节序列中还原字符串,其中:
 |      somebytes 参数为字节序列,即 bytes 对象
 |
 |  ----------------------------------------------------------------------
 |  Data descriptors defined here:
 |
 |  __dict__
 |      dictionary for instance variables (if defined)
 |
 |  __weakref__
 |      list of weak references to the object (if defined)
```

其中,成员__dict__与__weakref__是从 object 类继承下来的。尽管在定义 cvt_bytes 类时没有明确指定它以 object 为基类,但 object 类是所有类型的基类,因此,自定义类默认也是以 object 为基类的。

1.3 input 与 print 函数

案例 7 接收键盘输入

导 语

input 函数会等待键盘输入,并以字符串类型返回输入的内容(去除末尾的换行符或回车符)。

input 函数有一个可选的 prompt 参数,此参数可以设置一个字符串,主要起到提示的作用,例如"请输入一个整数""请输入用户名"等。当输入完成后,input 函数所返回的字符串内容不包括 prompt 参数所指定的内容。

操作流程

步骤 1:下面代码等待键盘输入,并在屏幕上打印出刚刚输入的内容。

```
content = input()
print(f'你输入的内容为:{content}')
```

代码运行后,用键盘输入字符串"abcde",然后按下回车键,屏幕显示内容如下:

```
abcde
你输入的内容为:abcde
```

步骤 2:为了让用户能够了解应输入的内容,还可以适当添加提示信息。

```
content = input('请输入你的名字:')
print(f'你的名字叫:{content}')
```

在运行之后，屏幕上会显示“请输入你的名字：”，然后用户可以在这个提示之后输入内容。结果如下：

```
请输入你的名字:老刘
你的名字叫:老刘
```

从输出结果也能看到，input 函数所返回的内容中并没有包含提示信息部分。

案例 8　打印屏幕消息

导　语

print 函数的功能是将字符串信息写入文本流中，其原型如下：

```
print( * objects, sep = ' ', end = '\n', file = sys.stdout, flush = False)
```

objects 参数是一组序列，它的个数是不确定的，可以传递任意类型的对象，然后会将它们转换为字符串表达式，并且以 sep 参数的值为分隔符，最后追加上 end 参数的值。

objects 是位置参数，传递值时按次序写入即可；sep、end、file、flush 参数为关键字参数，传递时必须指定参数名。例如

```
print('123', '456', sep = '\t', end = '\r\n', file = my_file)
```

“123”和“456”是要写进文本流的内容，这些内容以制表位符(\t)为分隔符，最后以换行符(\r 与\n 连用,\r 是回车符)结尾。file 参数指定要写入的文本流对象，此处假设是某个文本文件，其代理对象为 my_file。

file 参数如果忽略，那么默认就会将文本输出到标准输出流(sys. stdout)，在应用程序中，标准输出一般是控制台窗口。因此，以默认参数调用 print 函数就可以直接把文本消息输出到屏幕上。

操作流程

步骤 1：声明三个变量，依次赋值的类型为整型、浮点型和字符串。

```
a = 3900                    # 整型
b = 7.00082                 # 浮点型
c = "abcdefgh"              # 字符串
```

步骤 2：调用 print 函数输出三个变量到控制台屏幕。

```
print(a, b, c)
```

print 函数默认以空格来分隔要输出的对象，并在末尾追加换行符。

步骤 3：声明四个变量，并用字符串案例赋值。

```
r = '红色'
g = '绿色'
b = '蓝色'
w = '白色'
```

步骤 4：调用 print 函数将以上四个变量输出，以中文的顿号(、)为分隔符。

```
print(r, g, b, w, sep = '、')
```

步骤 5：以上代码执行后输出结果如下：

```
3900 7.00082 abcdefgh
红色、绿色、蓝色、白色
```

案例 9　打印进度条

导　语

在实际的程序开发中，经常会执行一些比较消耗时间的任务(例如从网络中下载一个文件)，为了让用户知道应用程序仍在工作，应当实时报告任务的执行进度。

输出实时进度条的方法有多种，例如，向标准输出流的缓冲区中写入不带换行符(\n)结尾的文本，然后当下次更新进度时将缓冲区中的内容清除(可通过写入退格符\b 来移除)，然后再写入新的文本。本案例采用的是一种更简单的方法——在进度指示文本前面加上一个回车符(即\r)，使正在缓冲区中的文本另起一行并把光标移到行首。而控制台屏幕始终只显示最后一行文本。从表面上，人们就能感觉到进度条在动，而实际上应用程序只是将进度信息一行一行地进行输出，但除最后一行外其他的行被隐藏了。

本案例通过 range 函数产生一组从 1 到 30 的整数，然后以 for 循环逐个执行，并在每一轮循环中输出实时进度条。

操作流程

步骤 1：调用 range 函数，产生一个包含从 1 到 30 的整数序列。

```
tasks = range(1, 31)
```

由于 range 函数在产生整数序列时只包含初值，并不包含终值。因此，要让产生的序列中包含数值 30，终值应设定为 31。

步骤 2：本例假定要显示的进度条的字符串总宽度为 25。

```
progress_width = 25
```

步骤 3：进入 for 循环，并实时打印进度条。

```
for n in tasks:
    # 延时 0.5 秒,模拟耗时操作
    time.sleep(0.5)
    # 计算当前进度的百分比
    curr_ps = n / len(tasks)
    # 生成进度条文本,用">"符号表示进度值
    progress_str = '{0:s}'.format(int(progress_width * curr_ps) * '>').ljust(progress_
width, '-')
    msg_str = '【{0:.0%}】'.format(curr_ps)
    print(f'\r{progress_str}{msg_str}', end='')
```

在每一轮 for 循环中,调用一下 time.sleep 函数,让线程暂停一段时间,用来模拟执行耗时代码。

进度条的样式为:用“>”字符来表示实际进度,其余的字符用“-”字符来填充。ljust 方法的作用是让字符串左对齐,剩下的空间则用指定的字符去填充,本例中使用“-”填充字符串的剩余宽度。

格式控制符“.0%”的含义是把浮点数值转换为百分比(乘以 100,并在后面加上符号“%”),“.0”用于去掉小数位部分(保留 0 位小数)。

步骤 4:运行上述代码,会输出如下的进度条。

```
>>>>>>>>>>>>>>>>---------【67%】
```

当所有进度更新完毕后,就会变成

```
>>>>>>>>>>>>>>>>>>>>>>>>>【100%】
```

应用程序实际的内容如下。

```
-------------------------【3%】
>------------------------【7%】
>>-----------------------【10%】
>>>----------------------【13%】
>>>>---------------------【17%】
>>>>>--------------------【20%】
>>>>>--------------------【23%】
>>>>>>-------------------【27%】
>>>>>>>------------------【30%】
>>>>>>>>-----------------【33%】
>>>>>>>>>----------------【37%】
>>>>>>>>>>---------------【40%】
>>>>>>>>>>---------------【43%】
>>>>>>>>>>>--------------【47%】
>>>>>>>>>>>>-------------【50%】
>>>>>>>>>>>>>------------【53%】
```

```
>>>>>>>>>>>>>-----------【57%】
>>>>>>>>>>>>>>----------【60%】
>>>>>>>>>>>>>>----------【63%】
>>>>>>>>>>>>>>>---------【67%】
>>>>>>>>>>>>>>>>--------【70%】
>>>>>>>>>>>>>>>>>-------【73%】
>>>>>>>>>>>>>>>>>>------【77%】
>>>>>>>>>>>>>>>>>>>-----【80%】
>>>>>>>>>>>>>>>>>>>-----【83%】
>>>>>>>>>>>>>>>>>>>>----【87%】
>>>>>>>>>>>>>>>>>>>>>---【90%】
>>>>>>>>>>>>>>>>>>>>>>--【93%】
>>>>>>>>>>>>>>>>>>>>>>>-【97%】
>>>>>>>>>>>>>>>>>>>>>>>>【100%】
```

但每一次写入缓冲区后，用户只看到最后一行，前面的行被隐藏了。

案例 10 将文本打印到文件中

导 语

print 函数有一个关键字参数 file，默认使用标准输出流(sys. stdout)。如果 file 参数引用一个文件对象，那么，文本内容会直接写入文件，而不是打印到屏幕上。

操作流程

步骤 1：创建文件对象，新文件名为 test. txt。

```
my_file = open('test.txt', mode='wt', encoding='UTF-8')
```

open 函数调用后，返回一个经过内部模块封装的对象案例，案例类型取决于 mode 参数。如本例中，“wt”中的 w 表示应用程序请求具有写入文件的权限，如果只想读取文件，可以指定为 r，t 表示以文本形式读写文件，如果以二进制形式读写文件则指定为 b。以文本形式读写文件时，返回的对象类型为_io. TextIOWrapper；以二进制形式读写文件时则返回的对象为_io. BufferedWriter 类型。

步骤 2：通过 print 函数向文件写入三行文本。

```
print("文本内容一", file=my_file)
print("文本内容二", file=my_file)
print("文本内容三", file=my_file)
```

注意：print 函数默认将文本输出到标准输出流，所以这里要明确指定 file 参数引用要写入的文件对象。

步骤 3：当文件读写完毕后，应当调用 close 方法将其关闭，释放其占用的资源。

```
my_file.close()
```

文件对象支持自动管理上下文引用，可以把文件对象的获取代码写入 with 语句块中，当语句块执行完成后会自动关闭文件对象。

```
with open('test.txt', mode = 'wt', encoding = 'UTF-8') as my_file:
    print("文本内容一", file = my_file)
    …
```

案例 11　打印文本时使用分隔符

导　语

print 函数的 sep 参数用来指定被打印对象之间的分隔符，默认使用空格。在调用 print 函数时，可以通过给 sep 参数赋值来自定义分隔字符。

操作流程

步骤 1：使用“#”作为分隔符，打印两个字符串对象。

```
print('abc', 'xyz', sep = '#')
```

输出结果为

```
abc#xyz
```

步骤 2：使用换行符来分隔字符串。

```
print('line 1', 'line 2', 'line 3', sep = '\n')
```

输出结果为

```
line 1
line 2
line 3
```

步骤 3：使用“ -> ”作为分隔符，打印四个字符串对象。

```
print('第一步', '第二步', '第三步', '完成', sep = ' -> ')
```

输出结果为

```
第一步 -> 第二步 -> 第三步 -> 完成
```

注意：sep 参数并非只能指定单个字符，它允许的类型是字符串，因此，该参数可以指定多个字符作为分隔符。

案例 12　使用 sys. stdout 打印文本

导　语

使用 sys 模块下的 stdout 对象（默认的标准输出流）也可以将文本信息打印到屏幕上。不过，stdout 与 print 函数不同，它不会自动追加换行符，也不会自动插入分隔符，而且只接收字符串类型的参数。

操作流程

步骤 1：Python 程序在使用某个对象前，必须先将该对象所在的模块导入当前代码的名称空间中。

```
from sys importstdout
```

此语句的含义是从 sys 模块中把 stdout 对象导入。

步骤 2：调用 stdout 对象的 write 方法写入要打印的文本。

```
# 输出一行
stdout.write('第一行文本\n')
# 再输出一行
stdout.write('第二行文本\n')
```

write 方法不会在字符串的末尾追加换行符，所以，如果需要换行，必须明确加上"\n"字符。

步骤 3：再写入一个字符串对象，并让它居中对齐。

```
stdout.write('第三行文本'.center(30, '='))
```

让字符串居中对齐，要调用 str 类的案例方法 center。center 方法的 width 参数指定整个字符串的总宽度，本例中设定为 30 个字符；fillchar 指定用来填充剩余宽度的字符，在本例中，文本内容的宽度小于 30 个字符，居中对齐后，左右两端的剩余空间将由"="来填充。

上述代码的运行效果如下

```
第一行文本
第二行文本
============第三行文本=============
```

注意：使用 from <模块名> import <对象名>导入的对象会复制到当前代码的名称空间中，可以直接用对象名来访问（如本例中，可以用 stdout 来访问 sys. stdout 对象）。如果使用 import <模块名>语句来导入，那么在访问对象时需要加上模块名。

本例中，若导入模块的代码改为：

```
import sys
```

那么，在访问 stdout 对象时应该加上模块名称，即

```
sys.stdout.write( … )
```

1.4 格式化字符串

案例 13　输出十六进制字符串

导　语

字符串的格式化方法是在字符串表达式前面加上前缀 f，字符串表达式中需要进行格式化处理的部分用一对大括号包裹起来。大括号内可以是任意表达式，也可以引用其他变量。例如：

```
age = 15                                    # 声明变量并赋值
msg = f'小明今年{age}岁'                     # 生成格式化字符串对象
```

字符串表达式中的"{age}"就会被 age 变量的值替换，最终字符串表达式会变成

```
小明今年 15 岁
```

在大括号中，表达式之后可以使用格式控制符来定制字符的显示格式。格式控制符以一个冒号（英文标点）开头。例如，下面格式控制符表示一个浮点数的字符串形式，并且保留两位小数（形如"0.15""73.08"等）。

```
num = 0.1345625                            # 声明变量并赋值
s = f'{num:.2f}'
```

产生的字符串为"0.13"。大括号中的 f 表示输出内容的类型为浮点数，小数位的设置必须以"."开头，后面的数值即所保留的小数位数。

本案例希望输出数值的十六进制字符串，一般常见的格式为 0xnnnn 或者 0XNNNN。只要把上面例子中的 f 改为 x 或者 X，就可以将数值转换为十六进制的表示形式。X 表明十六进制中的字母为大写(A、B、C、D、E、F)，x 则表明字母是小写(a、b、c、d、e、f)。

操作流程

步骤 1：定义一个整数列表。

```
numbers = [650, 112, 180, 1030]
```

步骤 2：通过 for 循环，将列表中的数值分别以十进制和十六进制的方式打印出来。

```
for a in numbers:
    # d:十进制
    # x:十六进制
    print(f'{a:6d} ==> {a:#8x}')
```

在输出十六进制的字符串时，格式控制符 x 前加上“#”符号，可以让输出的十六进制字符串前面加上“0x”，形如 0x20e4c。

“6d”中的数字 6 表示生成的字符串宽度为 6 个字符，如果实际字符数小于 6，则剩余空间用空格填充；“#8x”中的数字 8 的含义也一样，即生成的字符串宽度为 8 个字符。

步骤 3：执行上述代码，得到如下结果。

```
 650 ==>    0x28a
 112 ==>     0x70
 180 ==>     0xb4
1030 ==>    0x406
```

其中，左边的数值为十进制，右边是与之对应的十六进制数值。

案例 14　设置字符串的对齐方式

导　语

在定制字符串格式时，可以指定字符串的对齐方式，使用到的字符为：“<”“>”“^”或“=”。其中，“<”表示左对齐，“>”表示右对齐，“^”表示居中对齐。另外，“=”比较特殊，它只用于数字类型。“=”控制符将数值的符号对齐到左边，把数值部分拉到右边，中间的空余部分由空格或者“0”填充。例如

```
+     120
-      85
+0x00076                              # 十六进制
+0003025
```

操作流程

步骤 1：输出三行字符串，对齐方式依次为左对齐、居中对齐和右对齐。为了让对齐效果更直观，设置字符串的总长度为 30 个字符。

```
# 左对齐
print(f'{"左对齐":<30s}')
# 居中对齐
print(f'{"居中对齐":^30s}')
```

```
# 右对齐
print(f'{"右对齐":>30s}')
```

字符串在对齐后,剩余的字符空间将用空格来填充。输出结果如下:

```
左对齐
             居中对齐
                          右对齐
```

步骤 2:输出三行字符,对齐方式依次为左对齐、居中对齐和右对齐,字符总宽度也设定为 30。这一轮输出将使用"*"符号来填充剩余空间。

```
sample = "测试文本"
# 左对齐
print(f'{sample:*<30s}')
# 居中对齐
print(f'{sample:*^30s}')
# 右对齐
print(f'{sample:*>30s}')
```

把"*"字符放在对齐控制符("<"">"等)之前,表示用该字符去进行剩余空间的填充。其输出结果如下:

```
测试文本**************************
*************测试文本*************
**************************测试文本
```

步骤 3:"="对齐控制只适用于数值类型的格式(如"d""x"等)。下面代码依次输出十六进制、八进制、十进制、二进制的数值,并使用"="控制让其两端对齐。

```
# 十六进制两端对齐
print(f'{128:=#20x}')
# 八进制两端对齐
print(f'{95:=#20o}')
# 十进制用 0 填充
print(f'{-3560:=+020n}')
# 二进制两端对齐
print(f'{12:=#20b}')
```

输出结果如下:

```
0x                  80          # 十六进制
0o                 137          # 八进制
-0000000000000003560            # 十进制,负值
0b                1100          # 二进制
```

在格式控制符中添加“#”字符的含义是：当呈现十六进制数值时会在字符串前面加上“0x”或“0X”；当呈现的是八进制的数值时，会在字符串前面加上“0o”；当呈现的数值是二进制时，会在字符串前面加上“0b”。

案例15　数字的千位分隔符

导　语

每三位（千位）使用一个逗号分隔的数字格式多见于财务计算，在对字符串进行格式化时，只要在类型标志或宽度/小数位标志前面加上一个英文的逗号，输出的数字文本就会每三位（千位）插入一个英文的逗号。

逗号标志一般与d（十进制整数）或f（浮点数）一起使用，不能与n（常规数字）一起使用。因为n标志表示的数字格式是以区域/语言的本地化设置相关，与逗号标志连用可能会发生冲突。

操作流程

步骤1：声明变量，并赋值一个浮点数值。

```
num = 67235652.366514
```

步骤2：格式化为整数，并加上千位分隔符。

```
print(f'{int(num):,d}')
```

d标志符只能用于整型数值，因此需要调用int类的构造函数int(num)将浮点数值num转换为整数值。

输出结果如下：

```
67,235,652
```

步骤3：输出浮点数值，并加上千位分隔符。

```
print(f'{num:,f}')
```

输出结果如下：

```
67,235,652.366514
```

步骤4：输出浮点数值，加上千位分隔符，并保留两位小数。

```
print(f'{num:,.2f}')
```

输出结果如下：

```
67,235,652.37
```

案例16　"_"分隔符

导　语

下画线(_)分隔符的作用与逗号分隔符相同,可以对数值字符串进行分组。对于十进制数值,下画线每三位(千位)一组;而对于二进制、八进制、十六进制的数值字符串,下画线每四位一组。

操作流程

步骤1:声明变量并赋值。

```
number = 701826514
```

步骤2:分别输出变量number的十进制、二进制、八进制、十六进制的字符串形式,以下画线作为分隔符。

```
# 十进制
print(f'{number:#_d}')
# 二进制
print(f'{number:#_b}')
# 八进制
print(f'{number:#_o}')
# 十六进制
print(f'{number:#_x}')
```

步骤3:运行以上代码,得到如下结果。

```
原值:701826514
701_826_514                                    # 十进制
0b10_1001_1101_0101_0000_0101_1101_0010        # 二进制
0o51_6520_2722                                 # 八进制
0x29d5_05d2                                    # 十六进制
```

案例17　自定义日期格式

导　语

常用的日期/时间格式控制符如表1-1所示。

表1-1　常用日期/时间格式控制符

标　志	说　明
%Y	表示完整的年份,如2010、1997
%y	年份(不包含世纪部分),如17、03

续表

标　志	说　明
%m	月份,01～12
%d	一个月中的一天,01～31
%H	小时(24小时制),00～23
%I	小时(12小时制),01～12
%M	分钟,00～59
%S	秒,00～59
%f	微秒,000000～999999
%c	本地化的日期和时间,如 Tue Mar 16 13:20:05 2010
%x	本地化的日期,如 03/16/10
%X	本地化的时间,如 13:20:05

操作流程

步骤1：导入 datetime 模块。

```
import datetime
```

步骤2：案例化一个 date 对象,它表示日期数据。

```
d = datetime.date(2015, 9, 15)
```

调用构造函数时传递的参数依次为年、月、日。

步骤3：输出形如“2015-9-15”的格式。

```
print(f'{d:%Y}-{d:%m}-{d:%d}')
```

步骤4：输出形如“2015年9月15日”的格式。

```
print(f'{d:%Y}年{d:%m}月{d:%d}日')
```

步骤5：案例化一个 time 对象,它表示时间数据。

```
t = datetime.time(20, 18, 45)
```

传递给 time 类构造函数的参数值依次为时、分、秒。

步骤6：输出本地化的时间格式。

```
print(f'{t:%X}')
```

上述代码执行后的输出结果如下：

```
2015-09-15
2015年09月15日
20:18:45
```

案例18　使用 format 方法

导　语

字符串类型(str)有一个 format 案例方法,也可以对字符串进行格式化,使用方法与 f 前缀基本相同(差别主要在调用方式上,格式控制符的用法是完全一样的)。

在带格式化控制符的字符串中,可以使用序号或者命名方式定义占位符,然后调用字符串案例的 format 方法,并将要替换占位符的实际内容通过 format 方法的参数传递。举个例子,请读者思考以下代码:

```
'我叫{0},我来自{1}'.format('Dick','重庆')
```

上述字符串中有两处占位符,序号从0开始。调用 format 方法时传递两个参数,第一个参数“Dick”替换字符串中的“{0}”,第二个参数“重庆”替换字符串中的“{1}”,于是,调用得到的新字符串为“我叫 Dick,我来自重庆”。

当然,占位符也可以不用序号,而是直接取个名字,例如

```
'你好,{who},你已完成{count}项任务'.format(who = 'Lucy', count = 7)
```

如果占位符是命名的,那么在调用 format 方法时必须以关键字方式来传递参数,即必须写上参数名称。这些参数的名字与数量取决于原字符串中的占位符,必须一一匹配。例如,在上面代码中,字符串中有命名的为“who”的占位符,在调用 format 方法时,用“Lucy”进行替换;同理,参数 count 用7替换字符串中的“count”占位符,最终得到新字符串案例“你好,Lucy,你已完成7项任务”。

操作流程

步骤1:分别以十进制和二进制来显示同一个数值。

```
print('{0:d}的二进制为:{0:#b}'.format(15))
```

虽然字符串中有两处占位符,但它们的序号相同,因此,在 format 方法调用时,只要传递一个参数即可。

步骤2:以下字符串中有三处占位符。

```
print("文件 {0} 来源于用户 {1},长度为 {2} 字节".format('1.png', 'Bob', 315073))
```

参数值“1.png”替换字符串中的“{0}”,参数值“Bob”替换字符串中的“{1}”,参数值315073(整数值)替换字符串中的“{2}”(int 类型的值自动转换为字符串)。

步骤3:再看看带有命名占位符的字符串。

```
print('这个程序是用 {lang1} 编写的,当然也可以用 {lang2} 来编写'.format(lang1 = 'C++', lang2
 = 'Python'))
```

"lang1"被"C++"替换,"lang2"被"Python"替换。

以上代码运行后的输出结果如下:

```
15 的二进制为:0b1111
文件 1.png 来源于用户 Bob,长度为 315073 字节
这个程序是用 C++编写的,当然也可以用 Python 来编写
```

案例 19　省略格式占位符的名称和序号

导　语

通过调用 format 方法进行字符串格式化时,字符串中的占位符是可以省略其序号或者名称的。这种情况下,传递给 format 方法的参数的顺序,必须与占位符在字符串中出现的顺序一致。例如:

```
"{} < {}".format(3, 7)
```

格式占位符只用一对空白的大括号表示,format 方法调用时所传递的参数值,会按照占位符出现的顺序进行替换。即:第一对大括号被整数值 3 替换,第二对大括号被整数值 7 替换。

操作流程

步骤 1:声明三个变量。

```
a = 25
b = 35
c = a + b
```

变量 a 和 b 明确进行赋值,变量 c 的值来自于变量 a 和 b 的和。

步骤 2:调用 format 方法进行字符串格式化。

```
print('{} + {} = {}'.format(a, b, c))
```

在字符串表达式中,出现了三个占位符,但它们的序号(或名称)被省略。接下来必须向 format 方法传递三个参数值,用来依次替换字符串案例中的占位符。经格式化处理后输出的结果如下:

```
25 + 35 = 60
```

步骤 3:声明一个变量,使用十进制的整数赋值(int 类型)。

```
dc = 185
```

步骤 4:输出格式化字符串。变量 dc 的值在字符串表达式中出现两次,第一次显示为

十进制整数值，第二次显示为八进制整数值。

```
print('{:d}转换为八进制后:{:#o}'.format(dc, dc))
```

虽然占位符的序号(或名称)被省略了，但使用格式控制符时依然要以英文冒号开头。变量 dc 在字符串案例中出现两次，尽管是同一个值，但在调用 format 方法时仍然要按照占位符出现的顺序和次数传递参数，所以变量 dc 被传递了两次。

格式化后的输出结果如下：

```
185 转换为八进制后: 0o271
```

案例 20 字符串模板

导 语

字符串模板允许在字符串中定义占位符，然后用具体的内容将占位符替换，此方案与字符串格式化类似。但字符串模板仅仅定义占位符，不定义格式控制符。

模板占位符的定义格式为：

```
$id 或者 ${id}
```

即以字符"$"开头，后面紧跟着的是占位符的名称。例如：

```
我来自$city
```

如果占位符 city 的值为"天津"，那么由以上模板产生的字符串为"我来自天津"。如果字符中本身包含"$"字符，并非作为模板占位符名称，那么可以连用两个"$"来注明，也就是说，"$$"不会被识别为占位符。

占位符的名称有时候需要加上大括号，主要应用场景是：占位符名称与其他字符混合使用时，例如：

```
go$ose
```

这时候不容易确认占位符的名字是叫"o"，还是叫"os"或是"ose"，这种情况下，就需要使用大括号了，假设占位符的名字是"os"，那该字符串模板就要写成：

```
go${os}e
```

字符串模板的使用方法是引入 string 模块中的 Template 类，将作为模板的字符串案例传递给 Template 类的构造函数，最后调用 Template 案例的 substitute 方法将字符串模板中的占位符替换并产生新的字符串案例。

操作流程

步骤 1：导入 string 模块。

```
import string
```

步骤 2：案例化一个字符串模板。

```
tp = string.Template('天空飘着几朵 $ what')
```

步骤 3：对上述模板中的“what”占位符进行两次替换。

```
# 第一次替换
s1 = tp.substitute(what = '白云')
print(f'模板一的处理结果:{s1}')
# 第二次替换
s2 = tp.substitute(what = '乌云')
print(f'模板二的处理结果:{s2}')
```

第一次替换时，用“白云”替换掉模板中的“what”占位符，产生的新字符串案例为“天空飘着几朵白云”；第二次替换时，“what”占位符被“乌云”替换，产生字符串“天空飘着几朵乌云”。

步骤 4：再案例化一个字符串模板。

```
tp2 = string.Template('屏幕尺寸为 $ {len}inch')
```

这种情况下，占位符“len”必须使用大括号来包裹，否则占位符名字会被识别为“leninch”，当替换“len”时会发生错误。

步骤 5：将模板中的“len”占位符替换为具体的内容。

```
s3 = tp2.substitute(len = 12.6)
print(f'模板三的处理结果:{s3}')
```

步骤 6：本案例运行后输出的结果如下：

```
模板一的处理结果:天空飘着几朵白云
模板二的处理结果:天空飘着几朵乌云
模板三的处理结果:屏幕尺寸为 12.6inch
```

案例 21　字符串模板的安全替换模式

导　语

string. Template 类还公开了一个 safe_substitute 方法，此方法与 substitute 方法的功能相同——替换掉字符串模板中的占位符。但是，如果模板中的占位符数量与传递给 substitute 方法的参数不匹配，就会发生错误。这时就可以改用 safe_substitute 方法，该方法只替换参数与模板中能匹配的部分占位符，其余占位符将被忽略，不会引发错误。

操作流程

步骤 1：导入 Template 类。

```
from string import Template
```

步骤 2：定义字符串模板。

```
t = Template('$ who likes $ football')
```

步骤 3：调用 safe_substitute 方法替换占位符。

```
r = t.safe_substitute(who = 'Jack')
```

上述调用中，只对名为“who”的占位符进行替换，但名为“football”的占位符没有被替换。尽管提供的方法参数与模板不完全匹配，但不会发生错误。

步骤 4：模板替换后产生的字符串如下：

```
Jack likes $ football
```

案例 22　文本缩进

导　语

textwrap 模块提供了对字符串做换行、截断、缩进处理的 API。本案例将使用到 indent 函数，它的原型如下：

```
indent(text, prefix, predicate = None)
```

text 参数指定等待处理的字符串案例(即原字符串)。prefix 参数指定用作缩进的填充字符，例如空格。predicate 参数是可选的，它可以引用一个函数，或者使用 lambda 表达式。predicate 参数用于控制某一行是否允许缩进。当 indent 函数通过换行符(\n)分析出一行文本后，会将该行文本传递给 predicate 参数所引用的函数进行判断，如果允许缩进就返回 True，否则返回 False。

操作流程

步骤 1：导入 textwrap 模块。

```
import textwrap
```

步骤 2：声明变量并赋值，表示待处理的原字符串。

```
source1 = '首行文本\n第二行文本\n第三行文本'
```

文本中带有两个换行符，indent 函数分析时会将它拆为三行。

步骤 3：对文本进行缩进处理，缩进字符用加号填充。

```
result1 = textwrap.indent(text = source1, prefix = '+++')
print(result1)
```

处理的结果如下：

```
+++ 首行文本
+++ 第二行文本
+++ 第三行文本
```

步骤 4：有时候，会考虑跳过空行，即空白的行不缩进。例如这个字符串：

```
source2 = '这是文本\n\n\n这又是文本'
```

上述文本中连用三个换行符，即产生了两个空白行。

步骤 5：定义一个 ignoreETLines 函数，将空白行过滤掉。

```
def ignoreETLines(line):
    if line == '\n' or line == '\r':
        return False
return True
```

如果一个行的文本中只有“\n”或“\r”字符，可以认为是空白的行，不应该进行缩进处理，于是返回 False。

步骤 6：对 source2 文本进行缩进处理，缩进填充字符为星号。

```
result2 = textwrap.indent(text = source2, prefix = '****', predicate = ignoreETLines)
print(result2)
```

predicate 参数引用刚刚定义的 ignoreETLines 函数，indent 函数会自动调用它并把分解出来的每一行传给它。

处理结果如下：

```
****这是文本


****这又是文本
```

从运行结果可以看出，中间两个空白行没有做缩进处理。

案例23　嵌套使用格式化语法

导　语

为了使字符串的格式化变得更灵活，可以嵌套使用格式化的表达语法。例如：

```
{str:{width}d}
```

其中，str 是要进行格式化处理的变量，width 是另一个变量的值，可以指定格式化后字符串的宽度(长度)，最后 d 表示显示为十进制数值。

字符串宽度引用另一个变量的值，可以动态控制字符串的格式化结果而无须重新编写格式化字符串。例如，假设 width 变量的值为 55，那么，字符串格式化表达式就会变为：

```
{str:55d}
```

要是 width 变量的值被修改为 40，那么格式化表达式就会变为：

```
{str:40d}
```

嵌套格式化语法同样可以用于 str.format 方法中。例如：

```
width = 16
s = '{0:{wd}d}'.format(200, wd = width)
```

在调用 format 方法时，数值 200 替换字符串中序号为 0 的占位符，其中，外层大括号中嵌套了一层大括号，包括字段 wd，width 变量的值替换字符串中的 wd 字段。相当于

```
{0:16d}
```

操作流程

本案例需要用户进行两次输入：首先让用户输入一个整数值，然后再让用户输入格式化类型，即要以何种格式来显示该数值(如 d 表示十进制数值，b 表示二进制数值)。最后，应用程序按照前面的两次输入向屏幕打印整数值的相应格式。

步骤1：调用 input 函数，获取用户输入的整数值。

```
num = input('请输入一个十进制整数:')
```

步骤2：判断所输入的内容是否有效，如果无效，给出错误提示。

```
if not num.isdecimal():
    print('您输入的不是有效的整数值.')
else:
    …
```

步骤 3：如果输入的整数值有效，就提示用户输入要处理的格式类型。

```
print('''
    x ——表示十六进制数值
    b ——表示二进制数值
    o ——表示八进制数值
''')
# 获取输入的格式
type = input('请输入要打印的格式:')
```

步骤 4：验证输入的类型是否有效，若有效，就对整数值格式化并打印到屏幕上。

```
valtypes = 'b', 'x', 'o'
if not type in valtypes:
    print('您输入的格式类型无效.')
else:
    # 将字符串案例转换为整数类型
    num = int(num)
    print(f'处理结果:{num:#{type}}')
```

valtypes 变量是一个元组案例，它包含 b、x、o 三个元素，如果用户输入的字符与这三个元素中的一个相同，则说明输入有效，否则是无效值。

由于 b、x、o 格式控制符不支持字符串类型的变量，因此在进行格式化之前需要写上这一行代码，将 num 变量的值转换为 int 类型。

```
num = int(num)
```

步骤 5：运行案例，先输入一个十进制的整数值，例如 160，然后输入“b”，就会打印出 160 对应的二进制值。

```
请输入一个十进制整数:160

        x ——表示十六进制数值
        b ——表示二进制数值
        o ——表示八进制数值

请输入要打印的格式:b
处理结果:0b10100000
```

1.5 str 类的常用方法

案例 24 转换字母的大小写

导 语

str 类公开了两个方法可以转换字母的大小写。lower 方法返回新的字符串案例，并将传入的字符串中的大写字母转换为小写字母；upper方法的功能与lower方法正好相反，将小写字母转换为大写字母。

操作流程

步骤1：将字符串中的小写字母转换为大写字母。

```
print('abcde'.upper())
print('HIJklmn'.upper())
```

第一次调用upper方法时，字符串案例中包含的全是大写字母，因此会把所有字符都转换为大写字母；第二次调用时，字符串案例中只有“klmn”是小写字母，所以在返回时只有这几个字符被转换为大写字母。

输出结果如下：

```
ABCDE
HIJKLMN
```

步骤2：以下代码将大写字母转换为小写字母。

```
print('XYZWT'.lower())
print('fGeAN'.lower())
```

与upper方法同理，字符串案例中大写字母会被转换为小写字母，而小写字母无须处理。输出结果如下：

```
xyzwt
fgean
```

步骤3：但是，对于中文与数字字符，lower和upper方法皆不起作用。

```
print('一二三四 1234'.upper())
print('五六七八'.lower())
```

方法调用后，按原字符输出。

```
一二三四 1234
五六七八
```

注意：swapcase方法也可以转换字母的大小写，此方法会将原字符串中的大写字母转换成小写字母，将小写字母转换成大写字母。例如：

```
'abcDEF'.swapcase()
```

得到的结果是“ABCdef”。

案例25 用“0”填充字符串

导 语

zfill方法的作用是用ASCII字符“0”(即阿拉伯数字0)来填充原字符串的左侧,填充后新字符串案例的总长度取决于为width参数所分配的值。方法名称中的“z”即单词zero。

操作流程

步骤1:用字符“0”填充数字字符串。

```
print('155'.zfill(8))
```

步骤2:用字符“0”填充带负号(—)的数字字符串。

```
print('-4562'.zfill(8))
```

步骤3:其实,zfill方法可以用“0”填充任意字符串,例如含有字母的字符串。

```
print('abc'.zfill(8))
```

步骤4:本案例代码执行结果如下:

```
00000155
-0004562
00000abc
```

案例26 对齐方式

导 语

str类有三个案例方法,可用于对齐字符串,它们分别是:

- ljust方法,其中字母“l”是Left的意思,功能是使字符串左对齐。
- rjust方法,字母“r”是Right的意思,即右对齐。
- center方法,居中对齐。

以上三个方法都接收两个参数。为了能够计算字符串对齐后的位置,width参数是必需的,它提供经过处理后字符串的总长度。如果width参数小于或者等于原字符串的长度,那么这些方法会将原字符串返回(无须处理)。另一个参数fillchar是可选的,用来指定填充字符——字符串对齐后,剩余的空间由fillchar参数提供的字符填满,使总长度等于width参数的值。如果省略fillchar参数,默认使用空格填充。

尽管在格式化控制符中可以使用“<”“>”“^”等标志来设定字符串的对齐方式,不过,如果遇到要格式化的字符串本身包含这些标志符号时,使用格式化控制符就很难处理(无法对“<”“>”等字符进行转义),这种情形下也可以考虑改用ljust、rjust或center方法。

操作流程

步骤 1：以下代码将字符串左对齐，总长度为 25，并用“<”符号填充。

```
v1 = '测试文本'.ljust(25, '<')
```

步骤 2：右对齐，总长度为 25，用“>”符号填充。

```
v2 = '测试文本'.rjust(25, '>')
```

步骤 3：居中对齐，用“＃”号填充。

```
v3 = '测试文本'.center(30, '＃')
```

步骤 4：以上代码的运行结果如下。

```
左对齐:测试文本<<<<<<<<<<<<<<<<<<<<<
右对齐:>>>>>>>>>>>>>>>>>>>>>测试文本
居中对齐:＃＃＃＃＃＃＃＃＃＃＃＃＃测试文本＃＃＃＃＃＃＃＃＃＃＃＃＃
```

案例 27　查找子字符串

导　语

在字符串中查找子串位置的案例方法主要是 find，它的原型如下：

```
find(sub[, start[, end]])
```

sub 参数指定要在原字符串中查找的子字符串。start 与 end 参数限定在原字符串中的查找范围。这两个参数是可选的，如果省略，默认会在整个字符串中查找子串。如果原字符串中找不到 sub 参数提供的子串，find 方法返回－1；如果找到，返回子串在字符串中的位置索引(索引从 0 开始计算)。

另外，还有一个 rfind 方法，其用途与 find 方法相同，不同的是：find 方法是从左向右进行查找的，而 rfind 方法是从右向左查找的，两者只是查找方向不同。

操作流程

步骤 1：声明一个变量，并用字符串表达式赋值，稍后会在该字符串中分别查找两个“月”字的位置。

```
src_str = '人攀明月不可得,月行却与人相随'
```

步骤 2：依次调用 find 和 rfind 方法，从两个方向(从左到右，从右到左)查找字符串中的“月”。

```
index1 = src_str.find('月')
index2 = src_str.rfind('月')
```

步骤3：向屏幕打印查找结果。

```
print(f'原字符串:{src_str}')
print(f'从左向右查找,"月"字的位置为{index1}\n从右向左查找,"月"字的位置为{index2}')
```

步骤4：案例运行结果如下：

```
原字符串:人攀明月不可得,月行却与人相随
从左向右查找,"月"字的位置为 3
从右向左查找,"月"字的位置为 8
```

案例28 startswith与endswith方法

导　语

这两个方法的原型签名是相同的。

```
startswith(prefix[, start[, end]])
endswith(suffix[, start[, end]])
```

prefix指定要查找的子字符串，startswith判断原字符串是否以prefix所指定的子字符串开头，而endswith方法则相反，判断原字符串是否以prefix所指定的子字符串结尾。如果判断成立就返回True，否则返回False。start和end是可选参数，用于限制查找范围，如果省略，即在整个字符串中查找。

操作流程

步骤1：声明并初始化一个变量，然后判断其是否以“ca”开头。

```
str1 = 'caption'
print(f'字符串{str1}是否以"ca"开头?{str1.startswith("ca")}')
```

步骤2：再声明一个变量，判断一下它是否以“de”结尾。

```
str2 = 'panda'
print(f'字符串{str2}是否以"de"结尾?{str2.endswith("de")}')
```

步骤3：运行本案例，得到的结果如下：

```
字符串 caption 是否以"ca"开头? True
字符串 panda 是否以"de"结尾? False
```

案例29 统计子字符串出现的次数

导　语

count方法的原型如下：

```
count(sub[, start[, end]])
```

count 方法的功能是统计子字符串 sub 在父字符串中出现的次数。start 与 end 参数是可选的，表示统计的范围。count 方法返回一个整数值，即子字符串 sub 出现的次数，如果父字符串中没有找到匹配的子串，count 方法将返回 0。

操作流程

步骤 1：统计以下字符串中字母“a”出现的次数。

```
s = 'database'                    # 原字符串
n = s.count('a')                  # 统计子串出现的次数
# 输出统计结果
print(f'"a"在"{s}"中出现{n}次')
```

步骤 2：统计汉字“一”在字符串中出现的次数。

```
s = '一生一代一双人'        # 原字符串
n = s.count('一')           # 统计子串的出现频率
# 输出统计结果
print(f'"一"在"{s}"中出现{n}次')
```

步骤 3：以上代码运行后，输出的内容如下：

```
"a"在"database"中出现 3 次
"一"在"一生一代一双人"中出现 3 次
```

案例 30　文本的标题样式

导　语

capitalize 方法和 title 方法都能将字符串切换为“标题”样式。capitalize 方法仅仅把字符串中第一个单词的首字母改为大写，其余单词皆为小写字母；而 title 方法则会把字符串中每个单词的首字母都改为大写。

操作流程

步骤 1：以下为待处理字符串。

```
mystr = 'what should we do'
```

步骤 2：调用 capitalize 方法转换标题样式，并输出到屏幕上。

```
print(f'调用{str.capitalize.__name__}方法后:{mystr.capitalize()}')
```

步骤 3：调用 title 方法将字符串案例转换为标题样式，并打印。

```
print(f'调用{str.title.__name__}方法后:{mystr.title()}')
```

通过访问特殊成员__name__能获得方法案例的名称。

步骤 4：运行以上代码，输出结果如下：

```
调用 capitalize 方法后:What should we do
调用 title 方法后:What Should We Do
```

注意：capitalize 和 title 方法对中文字符无效。

案例 31 串联字符串

导语

join 方法能够使用特定的分隔符，将一组字符串序列串联后以新的字符串案例返回。Python 语言中 join 方法的使用与其他编程语言有些不同，str 类的 join 方法是在分隔字符的案例上调用的。例如，要使用字符“&”将“ab”和“cd”两个字符串对象串联起来，join 方法应该这样调用：

```
'&'.join(['ab', 'cd'])
```

join 方法接收 iterable 类型的参数（例如元组、列表等），上面代码中给参数传递了一个字符串列表对象，列表中包含两个字符串元素。串联后返回结果“ab&cd”。

操作流程

步骤 1：声明变量，并用一个元组案例赋值。元组中包含四个字符串元素。

```
a = ('this', 'is', 'a', 'car')
```

步骤 2：用“|”字符把上面元组中的字符串进行串联，并打印。

```
print('|'.join(a))
```

步骤 3：再声明一个变量，使用列表案例赋值。列表中包含三个字符串元素。

```
b = ['open', 'the', 'window']
```

步骤 4：使用字符“*”对列表中的字符串元素进行串联。

```
print('*'.join(b))
```

步骤 5：运行本案例，得到的输出结果如下：

```
this|is|a|car
open*the*window
```

案例32 拆分字符串

导 语

split方法和rsplit方法都有拆解字符串的功能。split方法是常规处理，即字符串是从左到右进行拆解的；而rsplit方法则相反，是从右向左拆解字符串的。这两个方法的原型如下：

```
split(sep=None, maxsplit=-1)
rsplit(sep=None, maxsplit=-1)
```

sep参数指定字符串的“拆分点”，随后将以sep参数所指定的字符为依据，将字符串进行分割，最终以序列的形式返回拆分后的字符串，并且去除掉sep参数所指定的字符。maxsplit参数控制拆解的次数，默认为－1，表示无限制。例如，要将字符串“xy＋z＋efg＋dk”以“＋”字符为分隔符进行拆分，将得到一个包含四个字符串元素的序列，它们分别是：“xy”“z”“efg”和“dk”。如果maxsplit参数设置为2，那么，拆分方法只对前两个“＋”字符出现的地方进行拆分，并得到一个包含三个元素的序列，分别是：“xy”“z”和“efg＋dk”。

操作流程

步骤1：初始化一个待处理的字符串变量。

```
s = '123#456#789#000'
```

步骤2：以“#”符号为分隔符对原字符串进行拆分。

```
print(f'以"#"为分隔符拆分后:{s.split("#")}')
```

步骤3：拆分字符串，但只拆分一次，即maxsplit参数为1。

```
print(f'只拆分第一个"#"符号所在的位置:{s.split("#",1)}')
```

步骤4：从右向左拆分字符串(调用rsplit方法)，但限制只拆分两次，即maxsplit参数为2。

```
print(f'从右向左拆分两次:{s.rsplit("#",2)}')
```

步骤5：运行以上代码，输出结果如下：

```
原字符串:123#456#789#000
以"#"为分隔符拆分后:['123', '456', '789', '000']
只拆分第一个"#"符号所在的位置:['123', '456#789#000']
从右向左拆分两次:['123#456', '789', '000']
```

案例 33　替换字符串

导　语

replace 方法可以在原字符串中查找目标子串，然后将其替换为新的内容。replace 方法原型如下：

```
replace(old, new, count = -1, /)
```

old 参数指定要被替换的字符，new 参数表示用于替换的新字符，count 参数指定被替换的次数，默认值为－1，表示全部替换。假设要将某个字符串案例中的“at”替换为“on”，count 参数指定为 3。若原字符串中出现 6 处“at”子串，那么最后只有前面 3 个才会被替换为“on”，其余皆被忽略。

replace 方法的参数列表以“/”结尾，表示调用 replace 方法时只能顺序传递参数，不能使用关键字传递参数。因此，以下调用将发生错误。

```
'axc'.replace(old = 'x',new = 'b')
```

正确的调用方法如下

```
'axc'.replace('x', 'b')
```

操作流程

步骤 1：将字符串中的“水长”替换为“路远”。

```
src = '山高水长'
print(f'{src} -> {src.replace("水长","路远")}')
```

步骤 2：将字符串中的“abc”替换为“xyz”，而且只替换前两处“abc”(count 参数为 2)。

```
src = 'abc_abc_abc'
print(f'{src} -> {src.replace("abc","xyz",2)}')
```

步骤 3：本案例代码执行后输出结果如下：

```
山高水长 -> 山高路远
abc_abc_abc -> xyz_xyz_abc
```

注意：“abc_abc_abc”中“abc”只被替换两次，因此后面的“abc”被保留。

案例 34　去掉字符串首尾的空格

导　语

直接调用 strip 方法而不传递任何参数，就能够把字符串首部和尾部的空格去掉。strip

方法也能去掉字符串首尾的制表符(Tab)和换行符。

操作流程

步骤 1：去除字符串首尾的空格符。

```
a = '    abcdefg    '
r1 = a.strip()
print(f'处理前:\"{a}\"\n处理后:\"{r1}\"')
```

在向屏幕打印结果时,在字符串案例周围加上了双引号是为了便于查看输出结果(空格、制表符、换行符在屏幕上是不可见的)。其中,\"转义字符并不是必需的,可以直接使用双引号,因为字符串的最外层使用了单引号包裹,里层允许直接使用双引号。

步骤 2：去除字符串中的制表符。

```
b = '\t\tabcde\t\t\t'
r2 = b.strip()
print(f'处理前:\"{b}\"\n处理后:\"{r2}\"')
```

步骤 3：还可以去除字符串中的换行符。

```
c = '\nopqrst\n'
r3 = c.strip()
print(f'处理前:\"{c}\"\n处理后:\"{r3}\"')
```

步骤 4：上述代码的执行结果为:

```
------------------- 去除空格 -------------------
处理前:"    abcdefg    "
处理后:"abcdefg"

------------------ 去除制表符 ------------------
处理前:"                abcde                        "
处理后:"abcde"

------------------ 去除换行符 ------------------
处理前:"
opqrst
"
处理后:"opqrst"
```

案例 35　lstrip 与 rstrip 方法

导　语

与 strip 方法类似的,str 类还公开了两个案例方法——lstrip 方法和 rstrip 方法。lstrip

方法只去除字符串首部的空格；相反地，rstrip 方法用于去除字符串尾部的空格。

操作流程

步骤 1：调用 lstrip 方法去除字符串首部的制表符。此方法只处理字符串首部位置，如果字符串尾部存在制表符，是不会被去除的。

```
s1 = '\t\t\tHello Tom\t'
rs1 = s1.lstrip()
```

返回的新字符串应为“Hello Tom\t”，保留尾部的“\t”。

步骤 2：调用 rstrip 方法，去除字符串尾部的空格。

```
s2 = 'Welcome      '
rs2 = s2.rstrip()
```

rstrip 方法去除字符串尾部字符，不会修改首部，不过，因为上面定义的字符串首部没有出现空格，所以此处调用 rstrip 方法与调用 strip 方法的效果相同。

步骤 3：去除字符串首尾的空格。strip 方法对字符串的首部和尾部都会进行处理。

```
s3 = '    Go into action      '
rs3 = s3.strip()
```

步骤 4：将上述各段代码的处理结果打印到屏幕上。

```
print(f'处理前:"{s1}"\n 处理后:"{rs1}"')
print(f'处理前:"{s2}"\n 处理后:"{rs2}"')
print(f'处理前:"{s3}"\n 处理后:"{rs3}"')
```

步骤 5：运行本案例后，屏幕输出结果如下：

```
--------------------去除首部制表符--------------------
处理前:"                        Hello Tom        "
处理后:"Hello Tom        "

--------------------去除尾部空格--------------------
处理前:"Welcome      "
处理后:"Welcome"

--------------------去除首尾的空格--------------------
处理前:"    Go into action    "
处理后:"Go into action"
```

案例 36　去除字符串首尾的特定字符

导　语

strip、lstrip 和 rstrip 方法都有一个可选 chars 参数，允许指定一组字符。调用方法后，会在原字符串中查找 chars 参数中提供的字符，如果找到，并且这些字符位于原字符串的首部或尾部，那么这些字符就会被去除。例如

```
'batch'.strip('chb')
```

strip 方法的参数中提供了三个字符：c、h、b。字符串"batch"的首字符是"b"，此字符存在 chars 参数中，所以字符"b"被去掉，原字符串变为"atch"；接着，原字符串中尾部字符是"h"，此字符也存在于 chars 参数中，因此被去除，字符串变为"atc"；随后，字符串的尾部字符变成"c"，也能在 chars 参数中找到，所以字符"c"也被去除。最终，得到的字符串为"at"。

操作流程

步骤 1：去除字符串首部和尾部的"="。

```
str1 = '======小标题=='
res1 = str1.strip('=')
print(f'{str1}  ->  {res1}')
```

尽管字符串首尾有多个"="字符，但调用 strip 方法时只需要指定一个"="字符即可，strip 方法会对原字符串进行循环"剥离"，直到其首部和尾部找不到"="字符为止。

步骤 2：去除字符串首部的"#"和"$"字符。此处只需调用 lstrip 方法即可。

```
str2 = '$$#flash'
res2 = str2.lstrip('$#')
print(f'{str2}  ->  {res2}')
```

步骤 3：去除域名中的"www."前缀和".com"后缀。

```
str3 = 'www.cctv.com'
res3 = str3.lstrip('w.').rstrip('cmo.')
print(f'{str3}  ->  {res3}')
```

此处不能调用 strip('wcom.')来处理，因为如果前缀的"www."被去除后，"cctv"首部有两个"c"字符，这样会导致这两个"c"字符也被意外地去除了。所以，这里可以分两步处理：第一步先用 lstrip 方法把域名前面的"www."去掉；第二步调用 rstrip 方法将域名尾部的".com"去除。最终保留字符串"cctv"。

步骤 4：案例代码执行后输出的结果如下：

```
======小标题==    ->  小标题
$$#flash   ->  flash
www.cctv.com  ->  cctv
```

1.6 字符串编码

案例37 编码与解码

导语

将字符串进行编码,需要调用 str 类的 encode 案例方法。编码后,encode 方法将返回 bytes 对象(字节序列)。解码的过程则相反,需要调用 bytes 对象的 decode 方法。解码后,decode 方法返回 str 对象。

str.encode 方法与 bytes.decode 方法都有一个 encoding 参数,用于指定字符串编码格式,默认为 UTF-8。其他常用的编码格式还包括 GB2312、ASCII、GBK。

操作流程

步骤1:使用 UTF-8 格式将中文字符串进行编码和解码。

```
org_str = '测试字符串'
# encoding = 'UTF-8'(默认值)
bts = org_str.encode()
print(f'"{org_str}"编码后:{bts}')
print(f'解码后得到的字符串:{bts.decode()}')
```

encode 方法返回的字节序列,上述代码中 bts 变量的数据类型为 bytes。

上面代码运行后将输出以下内容:

```
"测试字符串" 编码后:b'\xe6\xb5\x8b\xe8\xaf\x95\xe5\xad\x97\xe7\xac\xa6\xe4\xb8\xb2'
解码后得到的字符串:测试字符串
```

步骤2:使用 ASCII 格式将字符串进行编码和解码。

```
org_str = 'abcdefghijk'
bts = org_str.encode(encoding = 'ascii')
print(f'"{org_str}"编码后:{bts}')
print(f'解码后得到的字符串:{bts.decode(encoding = " ascii")}')
```

注意:ASCII 格式不能用于编码和解码中文字符。

代码执行,得到的结果如下:

```
"abcdefghijk"编码后:b'abcdefghijk'
解码后得到的字符串:abcdefghijk
```

ASCII编码的字符本身支持直接输出为可见字符，因此，在控制台中可以看到字节序列的文本形式与原字符串相同，只是多了个“b”前缀，以此表明它是二进制数据，而非普通字符串。

案例38　ord与chr函数

导　语

ord与chr是一对功能相反的函数。ord函数用于获取一个字符的Unicode编码，chr函数用于通过Unicode编码获取对应的字符。

操作流程

步骤1：初始化中文字符串，然后查询每个字符的Unicode编码。

```
src = '一二三四五六七八九'
# 输出每个字符的 Unicode 编码
for c in src:
print(f'{c}  ->  {ord(c)}')
```

字符串实际上是一个字符序列(序列中每个元素即为一个字符)，所以可以通过for循环枚举出字符串里面的单个字符，再调用ord函数返回与字符对应的Unicode编码。

输出结果如下：

```
一  ->  19968
二  ->  20108
三  ->  19977
四  ->  22235
五  ->  20116
六  ->  20845
七  ->  19971
八  ->  20843
九  ->  20061
```

步骤2：初始化一组整数值，然后分别获取它们对应的Unicode字符。

```
codes = [20986, 35768, 24040, 22320, 36865, 29031]
# 取出每个 Unicode 编码对应的字符
for n in codes:
print(f'{n}  ->  {chr(n)}')
```

得到的字符列表如下：

```
20986  ->  出
35768  ->  许
24040  ->  巨
22320  ->  地
36865  ->  送
29031  ->  照
```

第 2 章

模块与包

本章的主要内容如下：

✍ 编写和执行模块；

✍ 导入模块；

✍ 重新载入模块；

✍ 组织包结构；

✍ 基于名称空间的包结构；

✍ 从 Zip 文档中导入模块；

✍ 模块的动态导入与重载。

2.1 模块

案例 39 独立运行模块

导 语

在 Python 命令行中独立运行模块的方法如下：

```
python -m <模块名称>
```

代码文件的名称即模块名称，但不包含.py 扩展名。假设代码文件命名为 abc.py，模块名称就是 abc，运行该模块的命令为：

```
python -m abc
```

如果要把代码文件作为脚本来运行，需要去掉-m 参数，并且指定带扩展名的代码文件名。例如，要将上面的 abc.py 文件作为脚本来运行，应该输入以下命令：

```
python abc.py
```

操作流程

步骤 1：新建代码文件，文件名为 demo.py。

步骤 2：在 demo.py 文件中输入以下代码：

```
print('开始运行 demo 模块')
print('demo 模块执行完毕')
```

步骤 3：保存并关闭 demo.py 文件。

步骤 4：打开命令行终端，输入以下命令，即可运行 demo 模块。

```
python -m demo
```

步骤 5：模块代码执行后，会在屏幕上输出以下内容：

```
开始运行 demo 模块
demo 模块执行完毕
```

注意：模块运行之后，会在代码文件同级目录下创建名为__pycache__的目录，目录下包含扩展名为.pyc 的文件。该文件是 Python 代码被编译后所产生的二进制文件。在其他代码中使用模块时可以提高运行效率。

案例 40　导入模块

导　语

在使用模块之前，必须将其导入。导入模块需要使用 import 语句，其语法如下：

```
import <模块名称> [as <别名>]
```

as 关键字可以为导入的模块分配一个别名。虽然别名是可选的，但当模块的名称比较复杂时，别名的用途就体现出来了。例如，要导入的模块名为 demo_settingslist_v1，使用 import 语句导入时，可以给它分配一个别名 ds1。

```
import demo_settingslist_v1 as ds1
```

分配了别名后，访问模块成员时，只需要加上 ds1 前缀即可，例如：

```
ds1.Member
```

这类似于导入模块后，再用新的变量去引用模块。

```
import demo_settingslist_v1
ds1 = demo_settingslist_v1
```

不过，导入模块后再用新的变量去引用模块，会在当前名称空间(Name space)下同时产生两个变量，一个名为 demo_settingslist_v1(与模块同名)，另一个名为 ds1，两个变量都指向同一个对象——demo_settingslist_v1 模块。而使用 import…as…语句导入模块后，只在当前名称空间下产生名为 ds1 的变量，并指向 demo_settingslist_v1 模块。

import 语句可以统一在代码文档的开头使用。但这不是必需的，在代码文档的任何地方，当需要用到某个模块时，都可以使用 import 语句进行导入。

操作流程

步骤 1：新建代码文件，将它命名为 emails. py，模块名称为 emails。

步骤 2：在 emails 模块中输入以下代码：

```
def send_mail(to):
    print(f'邮件已投递给 {to}')

def recv_mails():
    print('正在收取邮件……')
```

send_mail 和 recv_mails 是自定义函数，此处仅作为演示，实现代码也比较简单——只调用 print 函数输出文本信息。

步骤 3：再新建一个代码文件，命名为 checker. py，模块名称为 checker。

步骤 4：在 checker 模块中输入代码：

```
def check_out():
    pass

def check_in():
pass
```

check_out 和 check_in 也是自定义函数，pass 语句表示不执行任何内容的代码。由于函数体内部必须存在代码语句(不能留空白)，所以加上 pass 语句表示此函数不做任何操作。

步骤 5：在需要使用 emails 模块的地方使用 import 语句进行导入。

```
import emails
```

步骤 6：调用模块成员时，需要加上模块名字 emails。

```
emails.send_mail('test003@163.com')
emails.recv_mails()
```

步骤 7：下面代码演示使用 import 语句导入 checker 模块，并为它分配一个别名 ck。

```
import checker as ck
```

步骤 8：分配别名后，通过 ck 变量就能访问 checker 模块的成员了。

```
ck.check_in()
ck.check_out()
```

案例 41　使用 from…import 语句导入模块

导　语

在导入模块时，from…import 语句的处理逻辑要比 import 语句稍复杂一些。from…import 语句可以从某个模块中导入指定成员。例如，模块 Levels 中定义了 Test 类和 Shorten 函数，如果要从 Levels 模块中分别导入这两个成员，可以使用以下代码：

```
from Levels import Test, Shorten
```

还可以加上 as 关键字，为导入的成员分配别名。

```
from Levels import Test as t, Shorten as s
```

导入后，在代码中，通过 t、s 两个变量就可以访问 Test 和 Shorten 成员了。

from 关键字后面还可能使用相对的模块路径。例如，当前模块下存在子模块 B，B 模块下存在子模块 C，那么，from…import 语句还可以这样写

```
from .B import <要导入的成员列表>
from .B.C import <要导入的成员列表>
```

如果当前模块存在父级模块 F，那么，在当前模块中导入父模块的成员的方法如下：

```
from ..F import <要导入的成员列表>
```

模块的相对路径一般用于包(Package)的导入。虽然包在本质上是目录，但它可以被视为模块来导入。路径使用点(.)来分隔，只有一个点(.)的表示导入当前包下面的模块；两个点(..)则表示导入当前包的父级目录下的模块；如果是三个点(…)就导入当前包的父级的父级目录下的模块……以此类推。

import 关键字后面还可以使用星号(*)，即把某个模块中的所有成员导入。默认的规则是：命名中不以下画线(_)开头的，或者在__all__变量中声明的成员会被导入。也就是说：

- 如果模块中有__all__变量，那么导入该变量中所列出的成员。
- 如果模块中未定义__all__变量，那么名称中不以下画线开头的成员被导入，名称以下画线开头的成员(如_text、__cut 等)会被忽略。

假设要将 K 模块下的所有成员导入，那么可以输入以下代码：

```
from K import *
```

from…import 语句在导入时，会把目标模块中的成员名称复制到当前代码的上下文中，因此可以直接访问。不过，复制的仅仅是成员的名称（引用），成员所引用的对象案例是不会被复制的。

操作流程

步骤 1：新建代码文件，命名为 mod_1.py，对应的模块名称为 mod_1。

步骤 2：在 mod_1 模块中定义 work 函数和 MAX_MESSAGES 变量。

```
def work():
    pass

MAX_MESSAGES = 100
```

步骤 3：在要使用 mod_1 模块的代码中通过 from…import 语句导入 work 函数和 MAX_MESSAGES 变量。

```
from mod_1 import work, MAX_MESSAGES
```

步骤 4：导入后可直接访问模块成员，不需要添加模块名称。

```
work()
print(MAX_MESSAGES)
```

步骤 5：新建代码文件，命名为 mod_2.py，即模块名称为 mod_2。然后在模块中定义两个类。

```
class person:
    pass

class address:
    pass
```

步骤 6：在需要使用 mod_2 模块的代码中导入 person 和 address 类，并给它们分配别名。

```
from mod_2 import person as student, address as cityInfo
```

步骤 7：随后可以通过分配的别名来访问 mod_2 模块中的成员。

```
stu = student()
stu.name = 'Jack'

c = cityInfo()
c.city = '保定'
```

步骤 8：新建代码文件 mod_3.py，对应的模块名称为 mod_3。

步骤 9：在 mod_3 模块中定义三个变量和三个函数。

```
CHAR_01 = 'A'
CHAR_02 = 'B'
CHAR_03 = 'C'

def demo_fun():
    pass

def set_cos():
    pass

def _get_local():
    pass
```

步骤 10：在需要使用 mod_3 模块的代码中使用星号（*）来导入模块中的所有成员。

```
from mod_3 import *
```

步骤 11：导入 mod_3 模块的成员后，输出当前名称空间中的所有变量名。

```
dic = globals().copy()
keys = dic.keys()
for k in keys:
    print(k)
```

globals 函数返回当前代码文档（模块）中所有全局变量，变量列表以字典的形式呈现。其中，key 是变量的名称，value 是变量所引用的对象。但是，表示名称空间的字典案例是由 Python 程序动态维护的，在代码的执行过程中字典会被实时更新，会导致 for 循环无法正常运行。所以调用 globals 函数返回字典对象后，还要调用字典案例的 copy 方法来复制出新的字典案例，再从新的字典案例的 keys 方法中取出所有 key 的值。此时，新的字典案例不会被实时更新，就不会影响 for 循环的运行。

上面代码执行后输出的内容如下：

```
__name__
__doc__
__package__
__loader__
__spec__
__file__
__builtins__
CHAR_01
CHAR_02
```

```
CHAR_03
demo_fun
set_cos
```

从输出结果中能看到，mod_3 模块中的_get_local 函数没有被导入，那是因为它的名称是以下画线(_)开头的，Python 解析器将其认定为不应公开的成员，所以不会导入。当然，“不应公开”的概念也仅对 import * 语句有效，如果明确指定成员名称，还是可以导入的，例如：

```
from mod_3 import _get_local
```

案例 42 __all__变量的作用

导 语

模块中可以包含一个可选的变量——__all__(“all”前后各有两个下画线)。如果模块中未定义__all__变量，那么 from…import * 语句会导入目标模块中名称不以下画线开头的成员；如果模块中定义了__all__变量，那么 from…import * 语句只导入__all__中列出的成员。

__all__变量是一个字符串序列，例如列表(list)、元组(tuple)等。变量中所罗列的成员名称必须存在于当前名称空间中，这些成员可以是当前模块中定义的，也可以是从其他模块中导入的成员(使用 from…import 语句)。

__all__变量中所提供的成员列表只适用于 from…import * 导入方式，对于其他导入方式无效。

操作流程

步骤 1：新建模块 demo_mod，然后在模块中定义三个函数。

```
def get_first():
    pass

def push_item():
    pass

def get_last():
    pass
```

步骤 2：在模块中定义__all__变量，在列表中仅列出 get_first 和 get_last 两个函数。

```
__all__ = ['get_first', 'get_last']
```

步骤 3：使用 from…import * 语句导入 demo_mod 模块中的所有成员。

```
from demo_mod import *
```

步骤 4：输出当前名称空间中的变量列表。

```
keys = globals().copy().keys()
for k in keys:
    print(k)
```

执行上述代码，得到的结果如下：

```
__name__
__doc__
__package__
__loader__
__spec__
__file__
__builtins__
get_first
get_last
```

从结果中可以发现，尽管 push_item 函数的名称不是以下画线开头，但它并没有被导入。这是因为 demo_mod 模块中定义了__all__变量，并指定了只公开 get_first 与 get_last 函数，使 push_item 函数被隐藏了起来。

案例 43 以编程方式生成__all__变量

导 语

__all__变量可以使用各种迭代类型，例如列表(list)、元组(tuple)，一般可以在模块代码的开始位置直接声明，并把模块中要公开的成员(仅对 import * 导入方式有效)填充到迭代类型案例中。

不过，在一些需要动态处理的方案中，需要通过编程的方式来生成__all__变量，例如本案例。在本例中，模块中以下画线开头的或者以 prv 开头的成员都排除在__all__变量之外(即这些成员不会添加到__all__变量中)。

操作流程

步骤 1：新建 demo 模块(代码文件名为 demo.py)。

步骤 2：在 demo 模块中定义 6 个成员。

```
def run_task():
    pass


_min = 3
```

```
_max = 12

def prv_get_taskid():
    pass

def prv_extentask():
    pass

def cancel_task():
    pass
```

步骤 3：动态产生__all__变量，排除名称中以下画线和 prv 开头的成员。

```
__all__ = [n for n in globals() if n[0] != '_' and n[0:3] != 'prv']
```

上述代码使用"推导"方式生成列表案例。首先，globals 函数返回当前模块中所有全局成员名称；for 语句从 globals 函数返回的字典对象中取出每个项的 key，再赋值给变量 n；接着用 if 后面的条件分析一下变量 n，如果不是以下画线和 prv 开头，就添加到列表中。

步骤 4：在需要使用 demo 模块的代码中，以 import * 方式导入。

```
from demo import *
```

步骤 5：为了验证一下名称以下画线和 prv 开头的成员是否被排除，向屏幕打印当前代码上下文中的全局成员。

```
dic = globals().copy()
keys = [k for k in dic.keys() if not k.startswith('__')]
for k in keys:
    print(k)
```

在获取字典的 key 列表时排除了以双下画线开头的名称，去除了输出结果中的干扰项。

步骤 6：运行代码后，屏幕输出内容如下：

```
run_task
cancel_task
```

可以看到，demo 模块中只有 run_task 函数和 cancel_task 函数被导入，因为 prv_get_taskid 和 prv_extentask 函数的名称以 prv 开头，被排除；_min 和_max 变量以下画线开头，也被排除。

案例 44　为模块编写帮助文档

导　语

在代码文件中，出现在所有代码之前的第一个字符串表达式会被认为是模块的帮助文档。与类、函数等对象相似，通过模块的__doc__属性可以获取模块的帮助文档。

操作流程

步骤 1：创建 test 模块，在代码文件的开始处使用字符串表达式编写帮助文档，然后定义两个函数。

```
"""此模块公开以下函数:
    get_code(name):获取产品编号,name 参数是产品名称
    sum_qty():计算所有订单中的产品数量之和"""

def get_code(name):
    pass

def sum_qty():
    pass
```

步骤 2：在需要使用 test 模块的代码中进行导入。

```
import test
```

步骤 3：打印 test 模块的帮助文档。

```
print('以下是 test 模块的帮助文档:')
print(test.__doc__)
```

步骤 4：执行上述代码后，屏幕输出结果如下：

```
此模块公开以下函数:
    get_code(name):获取产品编号,name 参数是产品名称
    sum_qty():计算所有订单中的产品数量之和
```

案例 45　特殊的模块名称——__main__

导　语

__main__是一个特殊的模块名称，当一个模块（代码文件）作为顶层代码被执行，该模块的名称就是__main__。如果当前模块被导入其他模块中使用，模块名称不会变成__main__。

以下方式执行模块代码都会使其成为顶层代码（xxx.py 是模块文件名）：

```
python xxx.py
python -m xxx.py
```

访问模块的__name__属性可以获取模块的名称，如果模块正在作为顶层代码执行，那么，__name__属性的值就是__main__，否则__name__属性返回模块的实际名称。

操作流程

步骤 1：创建 demo 模块，并在代码文件中输入以下代码：

```
print(f'模块名称:{__name__}')

if __name__ == '__main__':
print('当前模块被作为顶层代码执行')
```

首先，调用 print 函数输出模块的名称。接着，判断模块的名称是否叫__main__，如果是，说明 demo 正被作为顶层代码执行。

步骤 2：在命令行控制台中输入以下代码，将 demo 模块以脚本方式运行。

```
python demo.py
```

执行后输出：

```
模块名称:__main__
当前模块被作为顶层代码执行
```

步骤 3：再输入以下命令，让 demo 模块独立运行。

```
python -m demo
```

得到的结果与步骤 2 相同。

步骤 4：把 demo 模块导入其他模块。

```
import demo
```

import 语句执行后，输出结果如下：

```
模块名称: demo
```

通过这个例子可以发现：以脚本和独立模块的方式运行 demo 模块时，模块名称都是__main__，也就是说，只要模块被直接运行了，就属于顶层代码。而如果把 demo 模块导入其他模块中执行时，它的模块名称依旧是 demo，import 语句使 demo 模块的代码被其他代码调用，demo 模块的代码不在调用层次的顶端，所以模块名称不会变成__main__。

案例 46 __file__与__cached__属性

导 语

__file__和__cached__是模块对象的特殊属性，有专门的用途。__file__属性可以获取模块的源代码文件的路径，而__cached__属性则用于获取与模块代码对应的二进制文件的路径（即编译后的文件，扩展名为.pyc）。

操作流程

步骤 1：新建代码文件，命名为 demo.py，模块名称为 demo。

步骤 2：在 demo 模块输入一行代码(此代码仅用于演示)。

```
title = '示例模块'
```

步骤 3：使用 import 语句在其他代码文件中导入 demo 模块。

```
import demo
```

步骤 4：调用 print 函数分别打印 demo 模块的__file__和__cached__属性的值。

```
print(f'代码文件:{demo.__file__}')
print(f'编译后的文件:{demo.__cached__}')
```

步骤 5：执行上述代码后，屏幕输出内容如下：

```
代码文件:c:\Users\…\demo.py
编译后的文件:c:\Users\…\__pycache__\demo.cpython-37.pyc
```

注意：由于__file__和__cached__属性都是可以修改的，因此在实际编程时，不能随意更改属性的值，修改属性值虽然并不会破坏源文件，但会破坏模块信息的完整性。

2.2　包

案例 47　让普通目录变成包

导　语

包(Package)实际上是一个目录(就好比模块实际上是一个代码文件一样)。当某个目录下存在一个名为__init__.py 的代码文件时，Python 就会将该目录视为包。

包的作用是对模块进行分类。包与模块的关系，如同目录与文件的关系，如果代码模块数量较多，而且都放到根目录(根目录一般是相对的路径)下，会显得混乱，既不利于管理，也不利于识别。通过包对模块进行分类存放，会使应用程序的功能划分更加细化，结构更加清晰。

操作流程

步骤 1：新建目录，命名为 packages。

步骤 2：在 packages 目录下新建代码文件，命名为__init__.py。__init__.py 文件中无须编写任何代码，只要目录下存在此文件，该目录就会被识别为包。

步骤 3：在 packages 目录下新建代码文件，命名为 demo.py（模块名为 demo），作为 packages 包的子模块。然后在 demo 模块中定义 show 函数。

```
def show():
    print('这是 demo 模块')
```

步骤 4：包是可以作为模块来导入的，导入时，__init__.py 文件中的代码会被执行（如果__init__.py 文件是空白的，则没有代码被执行）。下面代码将包作为模块来导入。

```
import packages
```

步骤 5：还可以从包中导入指定的子模块。

```
import packages.demo
```

步骤 6：也可以使用 from…import 语句来导入子模块。

```
from packages import demo
```

步骤 7：或者从子模块中导入指定的成员。

```
from packages.demo import show
```

访问子模块的方式与访问文件类似，写上子模块所在包的名称，每个目录层次之间使用点号(.)分隔。

案例 48　__init__.py 文件

导　语

目录中包含__init__.py 文件时，Python 就会将该目录视为包，而且__init__.py 文件可以留空白。当包初始化时会执行__init__.py 文件(例如当包被导入时)。

__init__.py 虽然有特殊用途，但其本质也是代码文件，因此该文件中可以放置任意可执行的代码，也可以定义变量、函数、类等对象。当包作为模块导入时，还可以通过__init__.py 文件来合并子模块中的成员（即把子模块的成员导入__init__.py 文件中）。

操作流程

步骤 1：新建目录，命名为 my_pkg，然后在目录下新建代码文件__init__.py，使 my_pkg 目录成为包目录。

步骤 2：在__init__.py 文件中调用 print 函数，输出字符串。当 my_pkg 包初始化时会执行此代码。

```
print('__init__模块被访问')
```

步骤 3：再在__init__.py 文件中定义两个函数。

```
def test_f1():
    print(f'{test_f1.__name__} 被调用')

def test_f2():
    print(f'{test_f2.__name__}被调用')
```

__name__属性返回 test_f1 和 test_f2 函数的名称，并以字符串形式呈现。

步骤 4：在需要访问 my_pkg 包的代码中导入刚刚定义的两个函数。

```
from my_pkg import test_f1, test_f2
```

步骤 5：现在可以直接调用这两个函数了。

```
test_f1()
test_f2()
```

调用后，屏幕上会打印以下文本：

```
__init__模块被访问
test_f1 被调用
test_f2 被调用
```

案例 49　合并子模块的成员列表

导　语

由于包是一个目录，因此它下面既可以包含代码模块（子模块），也可以包含子目录（子包），子包下还可以包含代码模块，就类似于常见的文件夹与文件的关系。

如果编写的代码结构很复杂（目录层次很多），其他人在调用时会感觉到吃力，还需花时间和精力去弄清楚代码结构（有时候即便撰写了帮助文档也无法将代码结构描述清楚），而且有些代码可能是为了实现某些功能而编写的，只用于内部实现，代码的调用者是不需要关注的。

为了解决上述问题，让代码调用者能够很方便地访问相关的成员对象，可以在包下面的__init__.py 文件中将子模块的成员进行合并，统一公开。__init__.py 文件本质上也是代码模块，所以可以在该文件中定义新的变量来引用子模块的成员，也可以使用__all__变量。

操作流程

步骤 1：新建目录 my_lib。

步骤 2：在 my_lib 目录下新建__init__.py 文件，使该目录成为包目录。

步骤 3：在 my_lib 目录下新建 mod1.py 文件，模块名为 mod1。并在 mod1 模块中定义两个函数。

```
def _add(x, y):
    return x + y

def _sub(x, y):
    return x - y
```

_add 函数进行加法运算，_sub 函数用于减法运算。

步骤 4：再在 my_lib 目录下新建文件 mod2. py，即 mod2 模块，并在模块中定义两个函数。

```
def _mult(x, y):
    return x * y

def _div(x, y):
    return x / y
```

_mult 函数用于乘法运算，_div 函数用于除法运算。

步骤 5：回到 my_lib 目录下的__init__. py 文件，依次导入 mod1 和 mod2 模块中的成员。

```
from .mod1 import _add, _sub
from .mod2 import _mult, _div
```

在 mod1 和 mod2 模块名称前面加上点号(.)，表示相对路径，表示当前包目录下的子模块。如果是两个点，例如..mod，表示当前包目录的上一层目录中的 mod 模块；要是有三个点，例如...mod，则表示当前包目录的上两层目录下的子模块……以此类推。

步骤 6：定义新的变量，分别引用_add，_sub，_mult 和_div 四个函数。

```
add = _add
sub = _sub
mult = _mult
div = _div
```

mod1 和 mod2 模块中的成员就被合并到__init__. py 文件中，并被新的变量引用(相当于分配了别名)。

步骤 7：还可以定义__all__属性，为 import * 导入方式提供所有公开的成员列表。

```
__all__ = 'add', 'sub', 'mult', 'div'
```

步骤 8：在需要使用以上模块的代码中，只需要将 my_lib 包作为模块导入，就可以访问其子模块中的函数了。

```
from my_lib import *
```

步骤 9：尝试访问 my_lib 中的四个成员。

```
r1 = add(2, 5)
r2 = sub(9, 2)
r3 = mult(6, 8)
r4 = div(15, 3)
```

案例 50　合并多个__init__.py 文件中的__all__属性

导　语

将其他__init__.py 文件中的__all__属性内容合并到当前__init__.py 文件的__all__属性中，这种情况多用于把包的子目录中的__all__属性合并根目录中，以方便其他代码访问（使用 from … import * 语句就可以从包的根目录导入各级子目录下的所有成员）。

本案例中，包的根目录名为 root，root 目录下面有两个子目录——project1 和 project2。project1 目录下有 part_a、part_b 两个模块；project2 目录下有 file_checker 模块。整体结构如下：

```
root
    project1(子目录)
        part_a(模块)
            list_all(函数)
        part_b(模块)
            set_task_id(函数)
    project2(子目录)
        file_checker(模块)
            is_same(函数)
```

该案例最终要实现将子模块的成员逐层合并到包（目录）模块的__all__属性中。即将 part_a 模块中的 list_all 函数和 part_b 模块中的 set_task_id 函数合并到 project1.__init__模块的__all__属性中；将 file_checker 模块中的 is_same 函数合并到 project2.__init__模块的__all__属性中；最后再把 project1.__init__.__all__和 project2.__init__.__all__两个属性的内容合并到 root.__init__.__all__属性中。

操作流程

步骤 1：新建 root 目录，作为包的根目录，然后在 root 目录下建立__init__.py 文件（先保留空白，后面步骤中会添加代码）。

步骤 2：在 root 目录下新建 project1 目录，再在 project1 目录下新建模块 part_a，里面定义一个函数。

```
def list_all():
    pass
```

步骤 3：在 project1 目录下再新建 part_b 模块，里面也定义一个函数。

```
def set_task_id(tid):
    pass
```

步骤 4：在 project1 目录下新建__init__.py 文件，将 part_a 和 part_b 模块的成员导入，并组成__all__属性。

```
from .part_a import list_all
from .part_b import set_task_id

__all__ = [list_all.__name__, set_task_id.__name__]
```

__all__属性需要字符串序列，直接访问函数的__name__属性可以获取其名称的字符串表示形式。

接下来完成 project2 子目录的内容。

步骤 5：在 root 目录下新建 project2 目录。

步骤 6：在 project2 目录下新建 file_checker 模块，并在模块中定义一个函数。

```
def is_same(f1, f2):
    pass
```

步骤 7：在 project2 目录下新建__init__.py 文件，导入 file_checker 模块的成员，并放到__all__属性中。

```
from .file_checker import is_same

__all__ = [is_same.__name__]
```

步骤 8：回到 root 目录下的__init__.py 文件中，分别将 project1 和 project2 作为模块导入。

```
from . import project1, project2
```

步骤 9：在设置__all__属性的值之前，需要完成一个重要操作。由于 root.__init__模块中并没有导入 root.project1 和 root.project2 目录中的模块，因此 root 模块的名称空间中是不存在 list_all、set_task_id 和 is_same 这些函数的记录的，如果直接设置__all__属性，在运行时会出错(名称空间中找不到这些成员)。所以，在设置__all__属性前，要把 project1 和 project2 中由__all__属性列出的成员复制到当前名称空间中，代码如下：

```
# 获得 project1、project2 中的成员列表字典
membs_p1 = {name: getattr(project1, name)
            for name in project1.__all__ if hasattr(project1, name)}
```

```
membs_p2 = {name: getattr(project2, name)
            for name in project2.__all__ if hasattr(project2, name)}

# 更新当前模块的名称空间列表
cur_dict = globals()
cur_dict.update(membs_p1)
cur_dict.update(membs_p2)
```

globals 函数返回当前模块的名称空间列表(字典格式),然后调用字典的 update 方法将从 project1 和 project2 模块中获得的成员添加到该字典中,这样一来,当前模块中就存在这些成员的引用了,设置__all__属性后不会出错。

步骤 10:合并__all__属性的内容。

```
__all__ = project1.__all__ + project2.__all__
```

步骤 11:在需要访问 root 包的代码中,直接导入它的所有成员列表。

```
from root import *
```

步骤 12:为了验证一下子模块中的成员是否都合并到 root.__all__属性中,可以打印全局的变量名。

```
dic = globals().copy()
membs = [k for k in dic.keys()]
for x in membs:
    print(x)
```

打印结果如下:

```
__name__
__doc__
__package__
__loader__
__spec__
__file__
__builtins__
list_all
set_task_id
is_same
```

从结果中看到,list_all、set_task_id、is_same 这三个函数的名字已经在当前模块的名称空间中了,表明它们已被成功合并。

案例51 __main__. py 文件的用途

导 语

作为包的目录下有时会存在一个名为__main__. py 的文件，当包作为模块被直接运行时(作为顶层代码运行，而非被其他模块导入)，就会执行__main__. py 文件中的代码。这种情况类似于当模块文件被作为顶层代码运行时，模块的__name__属性会变成__main__。

假设有一个名为 test 的包，可通过以下 python 命令运行：

```
python -m test
```

执行命令后，会出现下面的提示信息：

```
No module named test.__main__; 'test' is a package and cannot be directly executed
```

从提示信息中可以得知：包作为顶层代码被运行时，其目录下面需要__main__模块。在这个模块中可以编写任意可执行的代码，在包被直接运行时，__main__模块中的代码就会执行。

操作流程

步骤1：新建 demo 目录，即包名称为 demo。

步骤2：在 demo 目录下新建代码文件__init__. py 文件，然后在该模块中定义两个函数。

```
def funcA():
    print(f'{funcA.__name__} 被调用')

def funcB():
    print(f'{funcB.__name__} 被调用')
```

步骤3：在 demo 目录下新建__main__. py 文件，在这个模块中调用刚刚定义的两个函数。

```
# 导入函数
from . import funcA, funcB
# 调用函数
funcA()
funcB()
```

步骤4：在命令行终端输入以下命令，将 demo 包作为顶层代码运行。

```
python -m demo
```

此时，__main__. py 文件中的代码被执行，输出结果如下：

```
funcA 被调用
funcB 被调用
```

案例 52　基于名称空间的包

导　语

如果包作为模块被导入,此模块对象会存在一个__path__属性。对于规范的包(目录下面包含__init__.py 文件)而言,__path__属性是列表类型(list),其中包含包目录的路径。不过,如果某个目录下没有__init__.py 文件,尽管不会被识别为正常的包,但是该目录仍然可以在代码中进行导入,这种将普通目录导入为模块的包称为"基于名称空间的包"(Namespace Package)。

基于名称空间的包目录被导入后,它的__path__属性并非常规的列表类型,而是名为_NamespacePath 的内部类型(完整路径为_frozen_importlib_external._NamespacePath)。

由于基于命名空间的包没有__init__.py 文件,不能编写初始化代码,所以一般不会直接导入目录,而是导入目录中的代码模块(.py 文件)。导入之后,对模块成员的访问方式与正常的包一样。

操作流程

步骤 1:新建目录,将其命名为 my_lib,用于存放模块文件。

步骤 2:在 my_lib 目录下新建代码文件,命名为 mod_1.py,即模块名为 mod_1,并在模块中定义一个函数。

```
def test_fun_a():
    pass
```

步骤 3:在 my_lib 目录下新建代码文件,命名为 mod_2.py,对应的模块名为 mod_2,然后在模块中也定义一个函数。

```
def test_fun_b():
    pass
```

步骤 4:在顶层代码模块中,依次导入 test_fun_a 和 test_fun_b 函数。

```
from my_lib.mod_1 import test_fun_a
from my_lib.mod_2 import test_fun_b
```

步骤 5:调用导入的函数。

```
test_fun_a()
test_fun_b()
```

步骤 6：还可以用 import 语句直接导入 my_lib 目录。

```
import my_lib
```

步骤 7：打印 my_lib 对象的__path__属性。

```
print(my_lib.__path__)
```

得到的输出内容如下：

```
_NamespacePath(['c:\\Users\\ … \\my_lib'])
```

括号中包含的是目录的完整路径。

注意：普通目录可以作为基于名称空间的包使用，但.zip 文件中的普通目录是不能作为基于名称空间的包使用的。也就是说，.zip 文件中的目录如果要作为包使用，目录中就必须存在__init__.py 文件。

案例 53 __package__属性

导 语

如果导入的模块是包(Package)，那么它的__package__属性表示此包的路径(路径用点号分隔)，多数情况下，__package__属性的值与__name__属性相同；如果导入的模块不是包，那么__package__属性的值是一个空字符串。

操作流程

步骤 1：新建目录 lib_root。

步骤 2：在 lib_root 目录下新建 pack1 目录，再在 pack1 目录下新建__init__.py 文件，表明 pack1 目录是包(__init__.py 是个空文件)。

步骤 3：在 lib_root 目录下新建 pack2 目录，再在 pack2 目录下新建__init__.py 文件，使 pack2 目录成为包(__init__.py 也是空文件)。

步骤 4：在顶层代码模块中分别导入 pack1 和 pack2 两个包。

```
from lib_root import pack1, pack2
```

步骤 5：依次打印 pack1 和 pack2 的__package__属性的值。

```
print(f'pack1 的 __package__ 属性:{pack1.__package__}')
print(f'pack2 的 __package__ 属性:{pack2.__package__}')
```

输出结果为：

```
pack1 的 __package__ 属性:lib_root.pack1
pack2 的 __package__ 属性:lib_root.pack2
```

案例 54　自定义包或模块的搜索路径

导　语

Python 应用程序在运行时，会在 sys 模块的 path 属性所提供的路径列表中查找被导入的包(或模块)。由于 path 属性是列表类型(list 类)，因此可以在运行时通过代码进行修改。

通常不建议删除 path 列表中元素，因为 Python 程序在初始化的过程中会向 path 列表添加一些必要的路径(这些路径包含 Python 标准库的路径)，如果将这些路径删除，有可能导致 Python 代码无法正常执行。所以，推荐的做法是向 path 列表中添加需要的路径。

操作流程

步骤 1：新建目录，命名为 demo。

步骤 2：在 demo 目录下新建__init__. py 文件，使 demo 目录成为包目录。

步骤 3：在__init__模块中定义一个函数。

```
def test_fun():
    print('testing…')
```

步骤 4：将 demo 目录移动到当前示例以外的路径中。例如，本案例将 demo 目录移动到 Windows 操作系统下的 C:\cust_libs 目录下。

步骤 5：在顶层代码模块中，在 sys. path 列表添加自定义的查找路径，本案例中为 C:\cust_libs。

```
# 导入 sys 模块
import sys
# 添加自定义路径
sys.path.insert(0, r'C:\cust_libs')
```

insert 方法将自定义的路径添加到 path 列表的顶部。路径 C:\cust_libs 加上了 r 前缀，表示此字符串中的字符不进行转义(即原义字符)，如果不使用 r 前缀，那么路径中的“\”字符必须进行转义(即“\\”)。

步骤 6：从 demo 包中导入 test_fun 函数。

```
from demo import test_fun
```

步骤 7：测试调用 test_fun 函数。

```
test_fun()
```

步骤 8：为了验证 demo 包是否从自定义的路径中导入，可以输出一下包的__path__属性的值。

```
import demo
print(f'demo 包所在路径:{demo.__path__}')
```

屏幕上打印的内容为：

```
demo 包所在路径: ['C:\\cust_libs\\demo']
```

以上输出表明 demo 包确实是从自定义的路径下找到的。

案例 55　从.zip 文件中导入包

导　语

Python 支持从 zip 压缩文档中导入包。处理方法与普通目录下的包导入类似，只需将 zip 文档当作一层目录来处理即可。

假设 test 包位于 sample.zip 文件中，那么，test 包在导入时会查找以下代码文件：

```
sample.zip/test/__init__.py
```

但在执行 import 语句前，要将 zip 文档所在的路径添加到 sys.path 列表中，以便应用程序能够搜索压缩包中的内容。

操作流程

步骤 1：新建 demo 目录，并在目录下新建__init__.py 文件。

步骤 2：在__init__.py 文件中定义一个函数。

```
def func():
    print('测试程序')
```

步骤 3：将 demo 目录(demo 包)放到一个 zip 压缩文件中，压缩文件命名为 myLib.zip。其目录结构如下：

```
myLib.zip
    └demo
        └__init__.py
```

步骤 4：在顶层代码中导入 sys 模块。

```
import sys
```

步骤 5：将 myLib.zip 文档的相对路径添加到 sys.path 列表中。

```
sys.path.append('myLib.zip')
```

步骤 6：从 demo 包中导入 func 函数。

```
from demo import func
```

步骤 7：尝试调用 func 函数。

```
func()
```

步骤 8：执行案例代码，如果看到程序输出文本信息“测试程序”，则说明 myLib.zip 文件中的 demo 包已被成功导入。

注意：Python 程序在执行 zip 文档中的包时，是不会生成编译文件(.pyc)的。如果希望执行编译后的文件，应当先生成.pyc 文件再将其放进压缩文档中。

2.3　以编程方式导入模块

案例 56　检查是否能够导入某个模块

导　语

在 importlib.util 模块下有一个名为 find_spec 的函数，原型如下：

```
find_spec(name, package = None)
```

name 参数指定要查找的模块的名称，如果 name 参数所指定的模块名称使用的是相对路径，那么 package 参数将作为 name 参数中相对路径的参考对象，即 name 参数所指定的模块路径是相对于 package 参数。

例如，A 包里面存在 B 模块，可以通过绝对路径来查找。

```
find_spec('A.B')
```

还可以通过相对路径来查找。

```
find_spec('.B', 'A')
```

如果能找到模块的相关信息，会返回一个 ModuleSpec 案例；如果找不到就返回 None。因此，使用 find_spec 函数可以检查一个模块能否被导入(不能导入的模块，函数返回 None)。

操作流程

步骤 1：导入 find_spec 函数。

```
from importlib.util import find_spec
```

步骤 2：检查一下 abc 模块能不能被导入。

```
result = find_spec('abc')
print(f'模块 abc {"能" if result else "不能"}被导入')
```

步骤 3：检查一下 ju_test 模块是否能导入(此模块并不存在,本例中只用来测试)。

```
result = find_spec('ju_test')
print(f'模块 ju_test {"能" if result else "不能"}被导入')
```

上述代码在格式化字符串时,使用了一个"内联"的 if…else 表达式,其含义为：如果 result 变量的值为 None,就使用字符串"能",否则使用字符串"不能"。

步骤 4：运行案例代码,输出内容如下：

```
模块 abc 能被导入
模块 ju_test 不能被导入
```

abc 是 Python 内置的模块,因此是存在的,可以被导入,但 ju_test 模块是不存在的,不能导入。

案例 57 使用 import_module 函数导入模块

导 语

import_module 函数可以在运行阶段导入指定模块,调用成功后,将返回该模块的引用。一般来说,import_module 函数适用于以下场景：动态生成 Python 代码文件后再导入当前代码上下文中。

import_module 函数有两个参数：name 参数指定要导入的模块名称,package 参数指定一个作为参考的包名。name 参数所指定的模块名称中如果使用了相对路径,则该相对路径将以 package 参数所指定的包名为参考对象。如果 name 参数不使用相对路径,则 package 参数可以省略。

操作流程

步骤 1：新建代码文件,命名为 demo.py,并在其中定义以下函数。

```
def happy():
    print('快乐编程')
```

步骤 2：再新建代码文件 main.py,作为程序的顶层代码。

步骤 3：在 main 模块中,导入 importlib 模块,因为 import_module 函数由此模块公开。

```
import importlib
```

步骤 4：使用 import_module 函数导入前面定义的 demo 模块。

```
dm = importlib.import_module('demo')
```

import_module 函数调用后，会返回 demo 模块的引用，并将引用赋值给 dm 变量。随后，代码通过 dm 变量就可以访问到 demo 模块的成员了。

注意：向 import_module 函数传递参数（name 或 package）时需要使用字符串类型来表示模块名称。

步骤 5：测试调用 happy 函数。

```
dm.happy()
```

步骤 6：运行 main.py 文件中的代码，如果看到控制台输出"快乐编程"，就说明 demo 模块已成功导入。

案例 58 重新载入模块

导 语

默认情况下，Python 在导入模块后会进行缓存（在 sys.modules 字典中可以找到），以供程序代码使用。如果被导入模块的内容发生了变化，缓存中的模块数据并不会实时刷新，即程序代码所访问的仍然是旧版本的模块内容。

此时可以调用一下 reload 函数，重新载入指定模块，sys.modules 字典中缓存的模块信息会被更新，随后，程序代码就可以访问到最新版本的模块成员了。被 reload 函数重新载入的模块必须是先前被成功导入过的（使用 import 语句），否则是不能加载模块的。

另外，reload 函数还可以用来"还原"模块数据。由于在 Python 中并没有强有力的措施来阻止外部代码修改模块成员，所以模块被导入后，模块成员极有可能被有意或无意地进行更改。例如，A 模块中定义变量 MAX_BUFFER，初始化为 1024，可是，访问 A 模块的代码能够直接将 MAX_BUFFER 的值改为 3000。这种修改有时候会破坏原有代码的逻辑，造成不必要的错误。这时候可以通过 reload 函数重新载入 A 模块，MAX_BUFFER 成员的值就会被还原为 1024 了。

操作流程

步骤 1：新建代码文件 test.py，然后定义变量 Number，初始化为 20。

```
Number = 20
```

步骤 2：新建代码文件 main.py，导入 test 模块。

```
import test
```

步骤 3：还要从 importlib 模块中导入 reload 函数。

```
from importlib import reload
```

步骤 4：编写一个无限循环（死循环，循环条件永远为 True），每当用户输入“r”时执行代码，输出 test.Number 的值到屏幕上；如果用户输入的不是“r”就退出循环。

```
while True:
    c = input('请输入"r":')
    # 如果输入的不是"r",就退出循环
    if c.lower() != 'r':
        break
    print(f'Number: {test.Number}')
```

步骤 5：运行 main.py 文件的代码，输入“r”，屏幕输出如下：

```
请输入"r":r
Number: 20
```

步骤 6：这时候，把 test.py 文件中 Number 变量的值改为 50，并保存。

```
Number = 50
```

步骤 7：再次输入“r”执行代码，输出的 Number 变量的值依然是 20。

```
请输入"r":r
Number: 20
```

这表明，test 模块的代码虽然被修改了，但模块缓存没有更新。

步骤 8：退出程序，再次回到 main.py 代码文件，加上 reload 函数的调用。

```
while True:
    c = input('请输入"r":')
    # 如果输入的不是"r",就退出循环
    if c.lower() != 'r':
        break
    reload(test)
    print(f'Number: {test.Number}')
```

步骤 9：再次运行 main.py 文件，输入“r”，输出的 Number 变量值为 50（前面步骤中已改为 50）。

```
请输入"r":r
Number: 50
```

步骤 10：将 test 模块中的 Number 变量的值改为 70。

```
Number = 70
```

步骤 11：再次输入“r”执行代码，这一次输出的 Number 变量的值就会自动更新为 70 了。

```
请输入"r":r
Number: 70
```

这表明，reload 函数重新加载了 test 模块，缓存了 Number 变量的最新值。

第3章 变量与名称空间

本章的主要内容如下：

- ✍ 变量的声明与赋值；
- ✍ 类型批注；
- ✍ globals 函数与 locals 函数；
- ✍ 直接更新名称空间字典；
- ✍ global 语句与 nonlocal 语句的用法。

3.1 变量与赋值

案例59 声明变量

导 语

Python 是动态语言，声明变量时不需要指定变量类型。声明变量后必须进行赋值，否则在访问变量时会引发 NameError 异常。

变量的类型决定于它的值，例如：

```
a = 1000
b = 'xyz'
c = 0.0016
```

上面代码声明了四个变量，依据它们各自引用的值，变量 a 为整型(int)，变量 b 为字符串类型(str)，变量 c 为浮点数类型(float)。

在相同的代码范围内(例如在模块级别声明的变量)，向同一名称的变量赋值并不会产生同名的新变量，而是让变量引用最新赋值的对象，并解除对前一个对象的引用。例如下面代码中，变量 k 先是引用字符串案例，当执行第二行代码后，变量 k 解除对字符串对象的引用，并与新的整数值建立引用关系(可称为“绑定”)。

```
k = 'test'
k = 200
```

声明变量时还可以赋值为 None，它是一个内置的值，表示变量缺少有效的引用，即没有值的变量。None 值所对应的 Python 的内置类型为 NoneType。None 转换为布尔类型的值为 False，因此，None 值可以用于判断语句中，例如：

```
if None:
    …
else:
    …
```

以下代码会输出“False”。

```
print(bool(None))
```

操作流程

步骤 1：声明四个变量，分别进行赋值（必须赋值）。

```
v1 = True                               # 布尔类型
v2 = 'start'                            # 字符串类型
v3 = 3.14159                            # 浮点数类型
v4 = [1, 2, 3]                          # 列表类型
```

步骤 2：依次输出上述四个变量的数据类型名称。

```
print(f'v1 的数据类型:{v1.__class__.__name__}')
print(f'v2 的数据类型:{v2.__class__.__name__}')
print(f'v3 的数据类型:{v3.__class__.__name__}')
print(f'v4 的数据类型:{v4.__class__.__name__}')
```

__class__属性可以获取指定对象的数据类型信息（type 类封装类型信息），再通过__name__属性获取类型名称的字符串表示方式。__class__与__name__都属于有特殊用途的属性。

注意：并非所有对象都有__name__属性，可以先调用 hasattr(obj, '__name__')进行检查，如果存在__name__属性，则 hasattr 函数返回 True，否则返回 False。

步骤 3：案例代码执行后，输出结果如下：

```
v1 的数据类型:bool
v2 的数据类型:str
v3 的数据类型:float
v4 的数据类型:list
```

案例 60 类型批注

导 语

在声明变量时，可以显式地批注其应当使用的数据类型。例如：

```
num: int = 30
```

通过批注，表明变量 num 为 int 类型，赋值时应该使用整数值。不过，类型批注并不会影响 Python 语言的动态性——如果所赋的值不是 int 类型，在运行阶段是不会发生错误的。就像这样：

```
num: int = 'table'
```

尽管批注了 int 类型，使用字符串类型的案例进行赋值，也不会影响代码的执行。类型批注仅用于提示开发人员，尽可能为变量设置恰当的值。

操作流程

步骤 1：声明一个变量 xa，并批注为 str（字符串）类型，但赋值时使用 int（整数）类型的值。

```
xa: str = 1000
```

步骤 2：在屏幕上打印 xa 变量实际引用的类型。

```
print(f'变量的实际类型:{xa.__class__.__name__}')
```

步骤 3：打印当前模块中__annotations__属性的内容。

```
print(f'变量的批注类型:{__annotations__}')
```

变量的批注信息会存储到__annotations__属性中，以字典的形式记录变量与所批注的类型。

步骤 4：运行案例代码，屏幕输出内容如下：

```
变量的实际类型:int
变量的批注类型:{'xa': <class 'str'>}
```

案例 61 声明语句也是变量赋值

导 语

Python 代码在执行声明函数（使用 def 语句）和类（使用 class 语句）时，实际上也进行了变量赋值。函数或类的名称就是变量的名称，而变量引用的是函数或类的类型案例。在

Python 中，函数(包括 lambda 表达式)、类型(由 type 类描述)、方法等都被视为对象。

例如，下面代码声明了函数 test。

```
def test():
    pass
```

在模块代码运行时，无论 test 函数是否被调用，def 关键字所在的一行(即声明语句)都会被执行，而函数体(上面例子中的 pass 语句就是函数体)代码只有在函数被调用时才会执行。声明语句执行后，会在当前(模块)的名称空间中生成一个名为 test 的变量(与 test 函数名称相同)，并把 test 函数的引用赋值给 test 变量。此过程类似于

```
test = test
```

赋值运算符(=)右边的 test 是函数引用，左边是变量名称，只是变量名与函数名相同而已。因此，还可以用其他变量去引用 test 函数，例如：

```
oth_test = test
```

赋值后，可以这样调用 test 函数

```
oth_test()
```

类似于为函数起一个别名。

对于类，也是相同的原理。

```
class A:
    pass

so_a = A
```

当案例化 A 类时，可以这样

```
var = so_a()
```

so_a 是个变量，它引用 A 类的类型对象，而 so_a()会调用 A 类的构造函数创建 A 的案例，再把 A 的案例赋给另一个变量 var。

操作流程

步骤 1：声明一个函数，命名为 num_sqr。

```
def num_sqr(x, n):
    return x ** n
```

对于当前模块的名称空间而言，此时全局变量中会存在一个名为 num_sqr 的变量，它引用了 num_sqr 函数，即变量名称与函数名称相同。

步骤 2：再声明一个变量，让它也引用 num_sqr 函数。

```
sqr_c = num_sqr
```

步骤 3：分别向屏幕打印 num_sqr 和 sqr_c 变量的值。

```
print(f'变量 num_sqr 所引用的对象:\n{num_sqr}')
print(f'变量 sqr_c 所引用的对象:\n{sqr_c}')
```

当这两行代码执行后，屏幕上会输出以下内容：

```
变量 num_sqr 所引用的对象:
<function num_sqr at 0x0000015F6FD580D0>

变量 sqr_c 所引用的对象:
<function num_sqr at 0x0000015F6FD580D0>
```

从输出结果中可以看到，两个变量所引用的对象具有相同的内存地址，表明它们都引用了同一个案例——num_sqr 函数。

步骤 4：下面代码获取在全局变量中引用了 num_sqr 函数的所有变量。

```
d = {k: v for k, v in globals().items() if v is num_sqr}
print('全局名称空间中,引用了 num_sqr 函数的变量有:')
for var, func in d.items():
    print(f'{var}: {func}')
```

调用 globals 函数返回存储全局变量的字典，并筛选出 value 为 num_sqr 对象引用的子项（通过串联的 if 语句）。

得到结果如下：

```
全局名称空间中,引用了 num_sqr 函数的变量有:
num_sqr: <function num_sqr at 0x0000015F6FD580D0>
sqr_c: <function num_sqr at 0x0000015F6FD580D0>
```

案例 62 as 关键字与赋值

在 import…或者 from … import …语句后面，都可以使用 as 关键字对导入的对象进行重新命名（分配别名）。例如：

```
from some_module import fun1 as fun2
```

从 some_module 模块中导入 fun1 函数，然后用 as 关键字分配一个别名——fun2。此过程类似于声明了新的变量 fun2 并让它引用 fun1 函数。或者为导入的模块分配一个别名

```
import some_module as new_name
```

此过程相当于声明新的变量 new_name,然后引用导入的 some_module 模块。

操作流程

步骤 1：新建 test_mod 模块,在模块中声明 trunc_str 函数。

```
def trunc_str(s, n=8):
    # 获取字符串长度
    ln = len(s)
    # 如果字符串长度小于或等于 n,直接返回原字符串对象
    if ln <= n:
        return s
    # 如果字符串长度大于 n,就截断字符串
    ns = s[:n]
return ns + '…'
```

trunc_str 函数的功能是截断字符串,当字符串 s 的长度小于或者等于 n 时,不做处理,将原字符串返回;当字符串 s 的长度大于 n 时,截断字符串,保留 n 个字符,并在新字符串的末尾加上省略号。

步骤 2：在顶层代码模块中,导入 trunc_str 函数,然后使用 as 关键字分配一个别名 truncateStr。

```
from test_mod import trunc_str as truncateStr
```

步骤 3：随后通过变量 truncateStr 就可以访问 trunc_str 函数。

```
print(truncateStr('一二三四', 6))
print(truncateStr('曾经沧海难为水,除却巫山不是云',7))
```

步骤 4：运行案例代码,屏幕输出结果如下：

```
一二三四
曾经沧海难为水……
```

案例 63　组合赋值法

导　语

Python 允许在一个赋值语句中同时初始化多个变量。例如：

```
x, y, z = 7, 8, 9
```

相当于

```
x = 7
y = 8
z = 9
```

实际上,此赋值行为是对元组类型(tuple)的解包,即

```
x, y, z = (7, 8, 9)
```

赋值运算符(=)右边是元组对象,一对小括号可以省略。赋值语句执行时,会从左到右依次提取出元组中的元素,逐个赋值给左边的变量列表。如上述代码中,7 赋值给变量 x,8 赋值给变量 y,9 赋值给变量 z。

但下面代码会发生错误。

```
a, b = 1, 2, 3
```

因为用于赋值的元组有 3 个元素,但接收的变量只有两个,在数量上不匹配。若是希望把 1 赋值给变量 a,然后将剩余的 2、3 赋值给变量 b,可以这样写

```
a, *b = 1, 2, 3
```

赋值后,a 引用整数值 1,b 引用了一个列表对象,列表中包含 2、3 两个整数值。

操作流程

步骤 1:用两个浮点型数值来初始化两个变量。

```
v1, v2 = 0.002, 3.0025
```

步骤 2:用于初始化的变量值也可以是不同类型的。

```
m1, m2 = b'\x6e', 800
```

步骤 3:用 4 个字符串对象案例化 3 个变量,其中,s1、s2 依次引用前两个元素,sn 引用剩下的两个元素。

```
s1, s2, *sn = 'abc', 'opq', 'rst', 'lmn'
```

步骤 4:输出各个变量的值。

```
print(f'v1: {v1}\nv2: {v2}')
print(f'm1: {m1}\nm2: {m2}')

print(f's1: {s1}')
print(f's2: {s2}')
print(f'sn: {sn}')
```

步骤 5:运行案例代码,输出结果如下:

```
v1: 0.002
v2: 3.0025
m1: b'n'
```

```
m2: 800
s1: abc
s2: opq
sn: ['rst', 'lmn']
```

注意：sn变量使用列表类型(list)来存储剩余的两个变量值，之所以使用列表类型，是为了允许代码修改sn变量中所包含的元素。

案例64 组合赋值与表达式列表

导 语

组合赋值语句的实质是在赋值运算符(=)的两边各放置一个表达式列表。常规情况下，赋值运算符两边的表达式个数应当相等，并且从左到右依次赋值。例如：

```
v1, v2, v3 = 'a', 'b', 'c'
```

赋值运算符两边的表达式列表实为元组对象，因此，上述代码可以写成

```
(v1, v2, v3) = ('a', 'b', 'c')
```

或者，还可以这样写

```
v1, v2, v3, = 'a', 'b', 'c',                    # 两个表达式列表末尾都有一个逗号
```

使用列表(list)的格式来进行组合赋值也是允许的，例如：

```
[v1, v2, v3] = ['a', 'b', 'c']
```

以下赋值语句，左边是列表格式，右边是元组格式，这种情况也是允许的。

```
[a, b, c] = ('a', 'b', 'c')
```

如果赋值运算符两边的元素个数不相等，会发生语法错误。

```
a, b = 1, 2, 3
a, b, c = 1, 2
```

第一行代码中，左边有两个变量，而右边有三个值；第二行代码则相反，左边有三个变量，右边有两个值。

变量名称前可以加上星号(*)，表示该变量接收多个值。这些值是从序列对象(列表、元组等)中“解包”(unpack)出来的，然后组合为新的序列赋值给带星号的变量。请看下面代码。

```
a, *b = 'a', 'b', 'c'
```

上面代码先将字符“a”赋值给变量 a，再把剩下的字符“b”和“c”组成新的列表赋值给变量 b。把顺序反过来也是可行的。

```
*a, b = 'a', 'b', 'c'
```

此时，变量 a 前面带有星号，赋值过程为：先将最后一个字符“c”赋值给变量 b，再将剩下的两个字符“a”和“b”组成新的列表赋值给变量 a。

但是，同一个变量列表中不能出现多个带星号的变量，下面语句会发生错误。

```
*a, *b = 'a', 'b', 'c', 'd'
```

因为带星号的变量所引用的值列表在元素个数上是不确定的，同时使用多个带星号的变量，会导致赋值运算符右边的值列表无法进行准确的分配。

如果赋值运算符左边只有一个变量，也是可以使用带星号的变量的，以下三条语句都是有效的。

```
*x, = 1, 2, 3
(*x) = 1, 2, 3
[*x] = 1, 2, 3
```

第一行与第二行都是把变量列表组成元组对象，由于第一行中省略了小括号，所以变量后面要加上一个逗号，表示 x 不是单个值，而是一个元组。第三行代码中变量 x 表示一个列表对象。

综上所述，不管是赋值语句的左边还是右边，表达式列表可以包装为元组(tuple)和列表(list)两种序列格式。

操作流程

步骤 1：声明 n1、n2、n3 三个变量，并进行组合赋值。

```
n1, n2, n3 = 100, 101, 103
```

此赋值语句中，赋值运算符两边的表达式列表均为元组结构。

步骤 2：声明 m1、m2、m3 变量，并用五个浮点数值赋值。

```
m1, *m2, m3 = 0.1, 0.2, 0.3, 0.4, 0.5
```

此语句先将数值 0.1 赋值给 m1 变量，再把 0.5 赋值给 m3 变量，剩下的 0.2、0.3、0.4 三个数值组成新的列表赋值给 m2 变量。

步骤 3：将字符串案例赋值给变量 q。

```
[*q] = 'abcdefg'
```

此语句与 q = 'abcdefg' 语句不同，如果 q 前面不带星号，那么 q 直接引用字符串案例。而上面代码中变量 q 前有星号，而且放到一对中括号中，表明 q 接收的是字符列表(即将字符串"abcdefg"，解包为由"a""b""c""d""e""f""g"七个单独字符组成的列表)。

步骤 4：在屏幕上打印上述各个变量的值。

```
print(f'n1: {n1}\nn2: {n2}\nn3: {n3}\n')
print(f'm1: {m1}\nm2: {m2}\nm3: {m3}\n')
print(f'q: {q}')
```

步骤 5：运行案例代码，屏幕将输出以下内容：

```
n1: 100
n2: 101
n3: 103

m1: 0.1
m2: [0.2, 0.3, 0.4]
m3: 0.5

q: ['a', 'b', 'c', 'd', 'e', 'f', 'g']
```

3.2　名称空间

案例 65　获取全局名称空间的字典

导　语

在 Python 中，变量以及它所引用的对象都以字典格式存储在内存中，并且由 Python 进程动态维护。当新的变量产生时会实时地将此变量作为新记录添加到字典中；当变量被销毁(使用 del 语句删除变量或应用程序退出)后会从字典中将此变量记录删除。

依据名称空间的范围，Python 程序在运行后会产生两种类型的名称空间字典——全局字典与局部字典。在模块级别定义的所有变量(标识符)都会存放到全局字典中，而局部字典常存在于函数或者类的内部——即存放函数(或类)内部所定义的变量。

globals 函数可以获取存放全局变量的字典引用。

```
vardic = globals()
```

不过，以迭代方式访问字典元素时会发生错误，例如 for 循环。

```
for name,value in vardic.items():
    print(f'{name}: {value}')
```

在对字典进行迭代的过程中，由于 for 语句产生了新的变量 name 和 value，存放全局变量的字典被更新,从而引发错误。解决方法有以下 3 种。

第一种方法是调用字典案例的 copy 方法复制出一个新的字典案例,因为这个案例不是 globals 函数所返回的案例,在全局变量发生变更时不会被更新,所以能顺利完成 for 循环。代码如下:

```
vardic = globals()
other_dict = vardic.copy()
for name,value in other_dict.items():
    print(f'{name}: {value}')
```

第二种方法是使用推导语句来从原来的字典案例中产生新的字典案例,因为执行推导语句不会在全局名称空间中出现新的变量。

```
vardic = globals()
other_dict = {k:v for k,v in vardic.items()}
for name,value in other_dict.items():
    print(f'{name}: {value}')
```

第三种方法与推导句式类似,即通过对原字典对象进行解包操作,然后再组成一个新的字典案例。字典案例的解包运算符是两个星号(**)。

```
vardic = globals()
other_dict = { ** vardic}
for name,value in other_dict.items():
    print(f'{name}: {value}')
```

操作流程

步骤 1:声明四个变量并初始化。

```
var1 = 'label'
var2 = None
var3 = 3500
var4 = True
```

步骤 2:定义两个函数。

```
def func_1():
    pass

def func_2():
    pass
```

步骤 3:定义一个类。

```
class members:
    pass
```

步骤 4：获取存放全局变量的字典的引用。

```
gdic = globals()
```

步骤 5：使用推导句式重新构造一个字典案例，并且过滤掉名称中以下画线开头的变量。

```
_dic = {key: value for key, value in gdic.items() if not key.startswith('_')}
```

推导语句可以将 for 语句与 if 语句串联使用。首先以 for 语句从原来的字典中提取一个子项，然后再用 if 语句后的条件验证一下变量名是否以下画线开头，如果不以下画线开头就把 key 和 value 组成“键/值”对添加到新的字典案例中。

步骤 6：在屏幕上输出变量名和变量值。

```
for name in _dic:
    print(f'{name}: {_dic[name]}')
```

步骤 7：运行案例代码，输出结果如下：

```
var1: label
var2: None
var3: 3500
var4: True
func_1: <function func_1 at 0x000002F304486BF8>
func_2: <function func_2 at 0x000002F3047FCE18>
members: <class '__main__.members'>
gdic: {… }
```

注意：不管是在模块级别调用 globals 函数，还是在函数(或类)内部调用 globals 函数，该函数始终返回全局名称空间的字典。

案例 66 获取局部名称空间的字典

导 语

locals 函数的功能(与 globals 函数相对)是返回局部名称空间中存放变量的字典案例。当 locals 函数在模块级别调用时，它返回的内容与 globals 函数相同。

locals 函数一般在函数或者类的内部调用，以获取局部的字典案例引用。例如下面代码定义了一个 work 函数，在函数内声明了三个变量，然后调用 locals 函数获取存放这些变量的字典案例。

```
def work():
    x = 100
```

```
    y = 200.03
    z = b'6fc3'
    dic = locals()
    # 解包原字典,组成新的字典案例
    # 避免因原字典动态更新而导致 for 语句出错
    _d = { ** dic}
    for k, v in _d.items():
        print(f'{k}: {v}')
```

存放局部变量的字典与全局字典一样,会实时更新,因此,避免在原来的字典案例上直接使用 for 循环,需要复制一个新的案例再进行迭代运算。

在类(class)内部调用 locals 函数所返回的字典案例中,只会包含用户代码中显式声明过的变量(不包括__module__、__qualname__等特殊成员),动态属性以及存储动态属性的__dict__成员也没有包含在字典中。

操作流程

步骤 1:定义 test 函数,并在函数内部声明四个变量和一个嵌套函数。

```
def test():
    item1 = b'f36e03'
    item2 = 'the str'
    item3 = 0.00025
    item4 = 95
    # 嵌套函数
    def inner():
        pass

    _dic = { ** locals()}

    print('test 函数中的局部变量:')
    for key in _dic:
        print(f'{key}: {_dic[key]}')
```

声明完变量和函数后,调用 locals 函数获取存放变量的字典案例,接着输出字典中的内容。

步骤 2:尝试调用 test 函数。

```
test()
```

步骤 3:调用 test 函数后,输出以下信息:

```
item1: b'f36e03'
item2: the str
item3: 0.00025
```

```
item4: 95
inner: <function test.<locals>.inner at 0x0000024D022DA0D0>
```

步骤 4：定义一个 demo 类，在类中声明两个数据成员和一个案例方法。

```
class demo:
    m_1 = 1
    m_2 = 2
    def do_something(self):
        pass
    # 获取局部变量列表
    _dic = {**locals()}
```

从 locals 函数返回的结果中获取的字典案例由_dic 成员引用，以便在类外部进行访问。

步骤 5：案例化 demo 类，并设置两个动态属性(a 和 b)。

```
v = demo()
v.a = 0.2
v.b = 0.75
```

步骤 6：使用 for 循环输出_dic 成员中的子项。

```
for k, v in v._dic.items():
    print(f'{k}: {v}')
```

输出结果如下：

```
__module__: __main__
__qualname__: demo
m_1: 1
m_2: 2
do_something: <function demo.do_something at 0x0000024D022DA158>
```

可以看出，动态属性 a、b 并没有存放到局部名称空间的字典中(动态属性存放到__dict__成员中，它也是字典结构)，而且，连存放动态属性的__dict__成员也没有被添加到局部名称空间的字典中。除了特殊成员__module__和__qualname__外，局部字典中只包含代码中明确声明过的 m_1、m_2、do_something 三个成员。

案例 67　直接更新名称空间字典

导　语

由于 Python 应用程序是通过动态维护全局或局部字典案例来存储变量的，因此，直接修改字典案例来管理变量也是可行的。尽管这种做法在代码阅读上显得不太友好，但有时候还是有实用价值的——例如以编程方式动态生成变量列表。

本案例将以编程方式向全局变量字典添加三条记录，实际效果会产生三个新的变量，随后可以在代码中直接访问这些变量。

操作流程

步骤 1：获取存储全局变量的字典案例引用。

```
g_dic = globals()
```

步骤 2：向字典案例添加三条记录。

```
g_dic['var_x'] = 'coding'
g_dic['var_y'] = 6000
g_dic['var_z'] = b'af7c32'
```

此举相当于声明了三个变量 var_x、var_y 和 var_z，并完成初始化。

步骤 3：将三个变量的值打印到屏幕上。

```
print(f'var_x: {var_x}')
print(f'var_y: {var_y}')
print(f'var_z: {var_z}')
```

从代码上看，这三个变量似乎未经过声明就访问了，但它们确实已经存在于全局变量字典中，因此在运行阶段是能够被访问的。

步骤 4：运行案例代码，屏幕输出内容如下：

```
var_x: coding
var_y: 6000
var_z: b'af7c32'
```

案例 68　使用 global 关键字声明变量

导　语

Python 的名称空间存在全局与局部两个范围，每个范围都有存在独立的字典案例来管理变量。不同名称空间下的变量字典具有相对独立性，比较典型的问题如下面代码所示。

```
ch = 'ab'                    # 全局变量

def change():
    ch = 'cd'

change()                     # 调用函数
print(f'ch: {ch}')
```

在 change 函数中向 ch 变量赋值字符串“cd”，我们期望的输出结果是：

```
ch: cd
```

然而上述代码实际输出结果是：

```
ch: ab
```

也就是说，change 函数调用后，ch 变量并没有被更新。

问题的根源是模块级别声明的 ch 与 change 函数内部声明的 ch 不是同一个变量，尽管它们的名称相同，但它们分属不同的名称空间范围。模块级别的 ch 变量存储在全局变量字典中，而 change 函数内的 ch 变量只存储于函数内的局部变量字典中。

此现象是因 Python 语言的动态特性而产生的。在 Python 代码中声明变量不需要指定类型，所以赋值语句直接完成变量的声明。若要让函数内部的 ch 变量与模块中的 ch 变量合为同一个变量，那么在 change 函数中要先用 global 关键字声明一下变量，然后再赋值。即

```
def change():
    global ch
    ch = 'cd'
```

这时，change 函数内部的变量字典中不会添加 ch 变量的记录，ch = 'cd' 修改的是模块级别的 ch 变量。在 change 函数调用之后，ch 变量的值就会变成“cd”。

不过，如果不修改变量的值(仅仅是读取)，此种情况下，函数内部是不需要使用 global 关键字的。例如：

```
label = 'news'                # 声明全局变量

def output():
    # 访问全局变量
    print(f'label: {label}')

output()                      # 调用函数
```

output 函数内部只是读取变量的值，没有使用赋值语句，就不会产生新的变量，所以它所访问的就是全局的 label 变量。

操作流程

步骤 1：在代码模块中声明 number 变量，初始化为 10。

```
number = 10
```

步骤 2：定义两个函数，依次将 number 变量的值加上 20 和 30。

```
def add_20():
    global number
```

```
    number += 20

def add_30():
    global number
    number += 30
```

为了能顺利修改全局变量 number 的值，在函数内部需要使用 global 关键字再次声明 number 变量，以表明修改的是全局变量而不是声明局部变量。

步骤 3：依次调用上述两个函数。

```
add_20()
add_30()
```

步骤 4：打印 number 变量的值。

```
print(f'number: {number}')
```

步骤 5：运行案例代码，输出结果如下：

```
number: 60
```

案例 69　使用 nonlocal 关键字声明变量

导　语

nonlocal 关键字的用法与 global 关键字相似，但 nonlocal 关键字一般用于嵌套函数中（即函数内包含函数）。例如：

```
def test():
    nvar = 1
    def inner():
        nvar = 5
    inner()                    # 调用内嵌函数
    return nvar                # 返回变量的值

print(test())
```

nvar 变量是在 test 函数中声明的，嵌套的 inner 函数试图将 nvar 变量的值修改为 5。但调用 test 函数后，返回的值仍然是 1，而不是 5。原因在于 inner 函数中声明了新的局部变量 nvar，被赋值的是这个局部变量而不是 test 函数中的 nvar 变量。解决方法是在 inner 函数中用 nonlocal 关键字声明 nvar 变量。

```
def test():
    nvar = 1
```

```
    def inner():
        nonlocal nvar
        nvar = 5
    inner()                    # 调用内嵌函数
    return nvar                # 返回变量的值
```

操作流程

步骤 1：定义一个 somework 函数，在函数内声明变量 a，并以字符串案例初始化。然后在此函数内部定义两个函数——inner1 和 inner2，分别修改变量 a 的值。接着调用 inner1 和 inner2 两个函数，再把变量 a 的值返回。

```
def somework():
    a = 'a'
    def inner1():
        nonlocal a
        a = 'b - ' + a
    def inner2():
        nonlocal a
        a = 'c - ' + a
    # 调用以上两个函数
    inner1()
    inner2()
    # 返回变量的值
return a
```

为了能让嵌套的函数内部可以顺利修改变量 a 的值，需要使用 nonlocal 关键字进行一次声明。

步骤 2：调用 somework 函数，并打印它返回的内容。

```
print(somework())
```

步骤 3：运行案例代码，屏幕输出结果如下：

```
c - b - a
```

第 4 章

代码流程控制

本章的主要内容如下：

- ✍ 顺序执行；
- ✍ 代码的“声明”过程与“调用”过程；
- ✍ 分支语句的运用；
- ✍ 代码循环；
- ✍ 异常处理。

4.1 顺序执行

案例 70 最简单的流程

导 语

在应用程序中，最简单的代码就是一句一句地执行，完全按照代码出现的顺序进行。如本例中，连续五次调用 print 函数，依序输出五个单词。

操作流程

步骤 1：新建代码文件，命名为 1.py。

步骤 2：在代码文件中依次输入以下代码，连续调用 print 函数。

```
print('circle')
    print('rectangle')
    print('ellipse')
    print('path')
    print('rhombus')
```

步骤 3：运行上述代码，屏幕上会按代码调用的顺序，输出以下五个单词。

```
circle
rectangle
```

```
ellipse
path
rhombus
```

案例 71　声明阶段与调用阶段

导　语

代码对象可以分为声明和调用两个阶段。当代码模块被执行时，无论对象是否被调用，声明语句都会被执行，声明语句执行的顺序与对象被声明的顺序相同。

例如，下面代码声明了两个函数。

```
def a(x):
    return x * x

def b():
    print('called')
```

代码在运行时，先执行 def a(x)这一行，但函数体中的 return 语句不会执行；声明 a 函数后，接着执行 def b()一行，但里面的 print('called')一 行不会执行。

函数体内部的代码只有当函数被调用时才会执行，例如，运行以下两行代码，会使 a 和 b 函数的函数体部分被执行。

```
a(3)
b()
```

类(class)的声明则有点不同，请看下面代码。

```
class new_c:
    fd_1 = 1
    df_2 = 2

    def set(self, v):
        self.fd_3 = v
```

代码首先执行 class new_c 一行，声明类。随后执行 fd_1 = 1 和 df_2 = 2 两句，声明类的两个属性，而后执行 def set(self, v)一行，声明类的案例方法，但 self.fd_3 = v 这一行不会执行，因为它不是声明语句，除非像下面代码那样，显式调用 set 案例方法。

```
x = new_c()
x.set(5)
```

函数对象在声明阶段其内部代码不会执行，但类对象在声明阶段如果 Python 查找它有显式定义的成员，就会进入类的内部执行类成员的声明语句(如上面例子中的 df_1、fd_2 和 set 成员)。

操作流程

步骤 1：以下为变量声明语句。

```
a: int
b: int
c = 0.1
```

变量 a 和 b 因为应用了类型批注，在声明时可以不进行赋值，变量 c 显式赋值为浮点类型。在代码模块运行时，哪怕这三个变量都没有被使用，但这三行代码依然会执行，因为它们是声明语句。

步骤 2：声明 test 函数。

```
def test(x):
    print(x.__class__)
```

在函数声明阶段，print(x.__class__)这一行不会被执行，只有在该函数被调用时才会执行。

步骤 3：下面代码声明两个类。

```
class F:
    other = G()

class G:
    val = 'na'
```

这段代码在运行时会抛出以下错误：

```
name 'G' is not defined
```

因为 F 类中的 other 成员使用了 G 类的案例，但在声明 F.other 成员时 G 类还没有声明，所以在全局命名空间中找不到名为 G 的类。要避免此错误，需要先声明 G 类，再声明 F 类，即

```
class G:
    val = 'na'

class F:
    other = G()
```

4.2 分支语句

案例 72 单 路 分 支

导 语

单路分支代码由简单的 if 语句构成，其格式为：

```
if <条件表达式>:
    <代码块>
```

当 if 后面的条件表达式成立(即表达式的运算结果为 True)时,代码块被执行,否则就跳过此代码块继续运行。例如:

```
def checklen(s):
    if len(s) < 5:
        return '至少需要 5 个字符'
    return '字符串长度符合要求'
```

此函数首先判断参数 s 所传递的字符串的字符个数是否小于 5,如果是,就返回字符串"至少需要 5 个字符";如果字符串长度并非小于 5,if 语句下面的 return 语句被忽略,进而执行 if 语句以外的 return 语句,返回字符串"字符串长度符合要求"。

操作流程

步骤 1:调用 input 函数,获取键盘输入的内容,并存放在 in_str 变量中。

```
in_str = input('请输入用户名:')
```

步骤 2:对输入的内容进行分析,如果内容是以"*"开头的,就打印出提示信息,否则不做任何处理。

```
if in_str.startswith('*'):
    print('用户名不能以"*"开头')
```

步骤 3:运行案例,假设输入"*admin",由于输入的内容是以"*"字符开头的,所以屏幕上会打印提示消息。具体如下:

```
请输入用户名:*admin
用户名不能以"*"开头
```

案例 73　双路分支

导　语

双路分支的 if 语句格式如下:

```
if <条件表达式>:
    <代码块 1>
else:
    <代码块 2>
```

如果条件表达式成立,就执行"代码块 1",否则就执行"代码块 2"。相比单路分支,

if…else…语句可以在判断条件不成立时做出处理。

操作流程

步骤 1：获取键盘输入内容。

```
x = input('请输入一个整数:')
```

步骤 2：将输入的字符串转换为 int 类型。

```
num = int(x)
```

步骤 3：分析 num 变量能不能被 3 整除。

```
if (num % 3) == 0:
    print(f'{num} 可以被 3 整除')
else:
    print(f'{num}不可以被 3 整除')
```

运算符%用于进行除法运算，然后返回余数。如果 num 可以被 3 整除，余数为 0，否则不为 0。

步骤 4：依次输入 12、87、43、65 四个整数进行测试，测试结果如下：

```
输入一个整数:12
12 可以被 3 整除

请输入一个整数:87
87 可以被 3 整除

请输入一个整数:43
43 不可以被 3 整除

请输入一个整数:65
65 不可以被 3 整除
```

案例 74　更复杂的分支语句

导　语

在需要判断多个条件时，if 语句中可以连用多个 elif 子句，格式如下：

```
if <条件表达式 1>:
    <代码块 1>
elif <条件表达式 2>:
    <代码块 2>
…
elif <条件表达式 n>:
```

```
    <代码块 n>
else:
    <代码块 x>
```

最后的 else 子句是当上面所有 if 或 elif 语句的条件皆不成立的情况下执行。

例如，下面代码对密码字符串进行分析。如果长度小于 6 个字符，属于不安全密码；如果长度在 6～9 个字符，安全强度为中等；如果长度在 9～12 个字符，安全强度为高；如果长度在 12 个字符以上，安全强度非常高。

```
l = len(pwd)
if l < 6:
    print('此密码不安全')
elif 6 <= l < 9:
    print('密码安全度为中等')
elif 9 <= l < 12:
    print('密码安全度为高')
else:
    print('此密码安全度非常高')
```

假设用户输入的密码为“a2dlo”，会提示“此密码不安全”；要是输入“2dg8oelitx5gi”，会提示“此密码安全度非常高”，因为这字符串的长度大于 12，else 子句之前的 if 和 elif 子句都不符合条件，只能执行 else 子句中的代码。

下面案例中，首先随机生成 50 个整数（0～100，包括 0 和 100），然后分别统计大于或等于 0 且小于 30、大于或等于 30 且小于 50、大于或等于 50 且小于 80 的整数个数，以及未符合上述条件的整数个数。

操作流程

步骤 1：导入 random 模块。

```
import random
```

步骤 2：声明一个变量 nums，初始化为空列表，稍后用于存放随机生成的整数值。

```
nums = []
```

步骤 3：随机生成整数，并存放在 nums 列表中。

```
while len(nums) < 50:
    n = random.randint(1, 100)
    # 排除重复项
    if n in nums:
        continue
    nums.append(n)
```

随机算法在生成整数时，可能会出现重复的数值，因此在 while 循环中要跳过重复的整数值。

步骤 4：声明四个变量，用于记录各个统计项目的结果。

```
c_0to30 = 0
c_30to50 = 0
c_50to80 = 0
c_other = 0
```

步骤 5：用 for 遍历 nums 列表，并用 if…elif…else 语句进行统计。

```
for x in nums:
    if 0 <= x < 30:
        c_0to30 += 1
    elif 30 <= x < 50:
        c_30to50 += 1
    elif 50 <= x < 80:
        c_50to80 += 1
    else:
        c_other += 1
```

步骤 6：输出统计结果。

```
print(f'生成的整数列表:{nums}')
print(f'大于或等于 0 且小于 30 的整数有 {c_0to30} 个')
print(f'大于或等于 30 且小于 50 的整数有 {c_30to50} 个')
print(f'大于或等于 50 且小于 80 的整数有 {c_50to80} 个')
print(f'未统计:{c_other} 个')
```

步骤 7：运行案例，屏幕输出内容如下：

```
生成的整数列表:[36, 18, 68, 54, 29, 46, 34, 59, 57, 71, 2, 81, 37, 53, 9, 56, 48, 52, 83, 72,
61, 78, 23, 63, 49, 92, 66, 77, 90, 41, 13, 64, 14, 25, 96, 94, 89, 70, 26, 1, 100, 62, 79, 31,
33, 87, 74, 7, 43, 60]
大于或等于 0 且小于 30 的整数有 11 个
大于或等于 30 且小于 50 的整数有 10 个
大于或等于 50 且小于 80 的整数有 20 个
未统计:9 个
```

案例 75　分支语句的嵌套使用

导　语

在实际应用中，if 语句经常需要嵌套使用——即 if 语句块中又包含 if 语句块。Python 的代码层次是通过缩进来区分的，因此，在嵌套使用 if 语句时，代码的缩进量绝不能马虎，否则会出现混乱和错误。

例如，下面代码有两层分支语句，但由于代码缩进不规范，导致错误。

```
if … :
    a= a+ b+c
else:
    if … :
        a=b-c
else:
    a=b*c
```

正确的写法为：

```
if … :
    a= a+ b+c
else:
    if … :
        a=b-c
    else:
        a=b*c
```

本案例演示了一个分解质因数的过程，factor 函数接收一个整数值，调用后会打印出该整数所分解出来的质因数信息。例如，调用 factor(16)，屏幕上会打印“16 ＝ 2 × 2 × 2 × 2”。

factor 函数中将嵌套使用 if 语句。

操作流程

步骤 1：定义 factor 函数。

```
def factor(n):
    # 待分解的整数不能为 1
    if n >= 2:
        # 从 2 开始测试，因为 1 乘以任何整数都等于原数
        x = 2
        print(f'{n} = ', end='')
        while x <= n:
            # 判断是否能够整除
            if (n % x) == 0:
                n = n // x                    # 整除运算
                if n != 1:
                    print(f'{x} × ', end='')
                else:
                    print(f'{x}', end='')
                    # 此时可以跳出循环
                    break
            else:
                # 如不能整除，则用下一个自然数继续测试
```

```
                x += 1
        print()
```

因为整数1与任何整数相乘的结果都等于原数，所以n的值至少应为2。变量x的值从2开始，在每一轮循环中，只有当n能被x整除并且相除的结果不为1时，x的值才会加上1。如果n能被x整除且整除的结果等于1，这时候质因数实际上已经完成分解了，没有必要再继续演算了，因此可以直接跳出循环。

步骤2：调用factor函数进行测试。

```
factor(16)
factor(100)
factor(36)
factor(80)
factor(120)
```

步骤3：运行案例代码，屏幕输出结果如下：

```
16 = 2 × 2 × 2 × 2
100 = 2 × 2 × 5 × 5
36 = 2 × 2 × 3 × 3
80 = 2 × 2 × 2 × 2 × 5
120 = 2 × 2 × 2 × 3 × 5
```

4.3 循环

案例76 输出从1到10各个整数的平方根

导 语

对一个数值进行开平方运算，可以调用math模块中的sqrt函数。此外，实现本案例可以使用while循环，设定一个变量i，初始化为1，当i的值不大于10时执行循环。在循环内部对i进行开平方运算并输出结果。每一轮循环完成时将i的值加上1。

while循环的格式如下：

```
while <条件表达式>:
    <代码块>
else:
    <代码块>
```

只有当条件表达式成立时，循环体才会执行。每一轮循环后会重新检测条件表达式是否成立，如果成立就继续循环，否则退出循环。else子句是可选的，如果出现else语句块，当循环退出后会执行else语句块。但是，如果循环体内出现break语句，循环退出后不会执行else语句块。

操作流程

步骤 1：导入 math 模块。

```
import math
```

步骤 2：初始化变量。

```
n = 10
i = 1
```

步骤 3：进入循环代码，输出从 1～10 中(包含 1 和 10)各个整数的平方根。

```
while i <= n:
    res = math.sqrt(i)
    print(f'{i} 平方根:{res}')
    i += 1
```

步骤 4：运行案例代码，输出结果如下：

```
1 平方根:1.0
2 平方根:1.4142135623730951
3 平方根:1.7320508075688772
4 平方根:2.0
5 平方根:2.23606797749979
6 平方根:2.449489742783178
7 平方根:2.6457513110645907
8 平方根:2.8284271247461903
9 平方根:3.0
10 平方根:3.1622776601683795
```

案例 77 使用 for 循环

导 语

for 循环的一般格式为：

```
for <变量列表> in <迭代器对象>:
    <代码块>
else:
    <代码块>
```

for 关键字后面是变量列表，用于在每一轮循环中临时引用从迭代器对象中取出来的子项。in 关键字之后可以是一个表达式列表，但这个表达式列表的运算结果要求是一个可迭代对象(iterable object)(例如元组、列表、字典等)。

else 子句是可选的，如果存在，那么，代码流程会在 for 循环完成执行后执行 else 子句中的代码。但如果 for 循环体中出现 break 语句，则会跳出循环，并且 else 子句中的代码不会执行。

以下案例先产生一个由随机数组成的序列，然后再通过 for 循环逐个打印序列中的元素。

操作流程

步骤 1：导入 random 模块。

```
import random
```

步骤 2：生成包含 10 个随机数的列表。

```
x = 0
numbers = []
while x < 10:
    numbers.append(random.random() * 100)
    x += 1
```

由于变量 i 的初始值为 0，while 循环只需在小于 10 的条件下运行就可以产生 10 个数值了，即取值范围为[0，9]。

步骤 3：使用 for 循环，依次输出列表中的数值。

```
for n in numbers:
    print(f'{n:10f}')
```

步骤 4：运行案例代码，输出结果如下：

```
54.433770
53.490855
50.834489
76.408401
52.748429
79.870397
75.677509
18.330777
29.729123
76.532461
```

案例 78 for 循环与 range 函数

导 语

for 循环经常会与 range 函数一起使用。range 函数可以产生一组有序的整数序列（等差数列）。

调用 range 函数并且只传递一个参数时，会生成从 0～n－1 的整数序列，序列中每一项与它的前一项的差为 1。例如：

```
range(5)
```

调用将产生整数序列：0、1、2、3、4。

下面的调用方式将产生序列 2、4、6、8。

```
range(2, 10, 2)
```

其格式为

```
range(start, stop, step)
```

start 是起始值，stop 为终值（产生的整数序列不包含终值），step 是步长，默认为 1，即每个数值与前一个数值之间的差。如果 step 为负值，那么 start 的值应该大于 stop 的值，才能生成递减的序列。

当 for 语句与 range 函数一起使用时，可以从 range 函数产生的整数序列中提取出各个元素，并进入循环，直到序列中的元素被完全枚举。例如：

```
for I in range(5):
    …
```

上述代码中，range 函数产生整数序列 0、1、2、3、4。第一轮循环 i 的值为 0，进入第二轮循环时 i 的值为 1，第三轮循环时 i 的值为 2……第五轮循环时 i 的值为 4，执行完循环代码后就会退出 for 循环。

操作流程

步骤 1：调用 range 函数产生 0～6（不包含 6）的整数序列，并用 for 循环将每个元素输出。

```
for n in range(6):
    print(n, end = '  ')
```

步骤 2：输出从 11～20（不包含 20）的整数值，步长为 2。

```
for x in range(11, 20, 2):
    print(x, end = '  ')
```

步骤 3：输出从 60 向 30（不包含 30）递减的整数列表，步长为－5。

```
for a in range(60, 30, -5):
    print(a,end = '  ')
```

由于 step 参数（步长）为负值，因此，range 函数产生的序列会从 start（初值）向 stop（终值)递减。

步骤 4：运行案例代码，输出结果如下：

```
0  1  2  3  4  5
--------------------
11  13  15  17  19
--------------------
60  55  50  45  40  35
```

案例 79　组成每个数位均不相同的三位数

导　语

本案例要完成的功能是：使用整数 1、2、3、4、5、6、7、8、9 组成各个数位互不重复的三位数，并打印出所有符合要求的结果。以下数字都是不符合要求的：

```
222  113  155  636
```

222 的百、十、个位上的数字都相同；113 的百位和十位上的数字相同；155 的十位和个位上的数字相同；636 的百位和个位上的数字相同。

假设三个数位上的数字依次(从百位到个位)为 a、b、c，根据以上对不符合要求的数字的分析，满足各个数位不重复的条件为

```
a != b and a != c and b != c
```

即 a、b、c 三个数值两两不相等。三个数值的取值范围都是[1, 9]，所以在代码流程上可以使用嵌套的 for 循环(共三个循环嵌套)，而用于循环的序列则通过调用 range 函数产生。

操作流程

步骤 1：声明一个空的列表对象，用来存放处理结果。

```
results = []
```

步骤 2：进入三轮循环(嵌套)，产生百、十、个位上互不重复的数字。

```
for a in range(1, 10):
    for b in range(1, 10):
        for c in range(1, 10):
            if a != b and b != c and a != c:
                results.append(a * 100 + b * 10 + c)
```

变量 a 乘以 100 后得到百位上的数字，变量 b 乘以 10 后得到十位上的数字，变量 c 位于个位上，不用处理，最后将它们进行相加就能得到三位数了。还有一种方法，就是把 a、b、 c 三个变量都转换为字符串类型，再连接起来形成三位数，即

```
results.append(str(a) + str(b) + str(c))
```

步骤 3：将产生的三位数数字列表输出到屏幕上。

```
c = 0
for n in results:
    c += 1
    print(n, end = '  ')

    if (c % 8) == 0:
        print()
```

变量 c 用来计算输出元素的个数，在打印出元素值后，进行换行处理——每输出八个元素换一行。

步骤 4：运行案例代码，屏幕输出结果如下：

```
123  124  125  126  127  128  129  132
134  135  136  137  138  139  142  143
145  146  147  148  149  152  153  154
156  157  158  159  162  163  164  165
167  168  169  172  173  174  175  176
178  179  182  183  184  185  186  187
189  192  193  194  195  196  197  198
213  214  215  216  217  218  219  231
234  235  236  237  238  239  241  243
245  246  247  248  249  251  253  254
256  257  258  259  261  263  264  265
267  268  269  271  273  274  275  276
278  279  281  283  284  285  286  287
289  291  293  294  295  296  297  298
312  314  315  316  317  318  319  321
324  325  326  327  328  329  341  342
345  346  347  348  349  351  352  354
356  357  358  359  361  362  364  365
367  368  369  371  372  374  375  376
378  379  381  382  384  385  386  387
389  391  392  394  395  396  397  398
412  413  415  416  417  418  419  421
423  425  426  427  428  429  431  432
435  436  437  438  439  451  452  453
456  457  458  459  461  462  463  465
467  468  469  471  472  473  475  476
478  479  481  482  483  485  486  487
489  491  492  493  495  496  497  498
```

```
512  513  514  516  517  518  519  521
523  524  526  527  528  529  531  532
534  536  537  538  539  541  542  543
546  547  548  549  561  562  563  564
567  568  569  571  572  573  574  576
578  579  581  582  583  584  586  587
589  591  592  593  594  596  597  598
612  613  614  615  617  618  619  621
623  624  625  627  628  629  631  632
634  635  637  638  639  641  642  643
645  647  648  649  651  652  653  654
657  658  659  671  672  673  674  675
678  679  681  682  683  684  685  687
689  691  692  693  694  695  697  698
712  713  714  715  716  718  719  721
723  724  725  726  728  729  731  732
734  735  736  738  739  741  742  743
745  746  748  749  751  752  753  754
756  758  759  761  762  763  764  765
768  769  781  782  783  784  785  786
789  791  792  793  794  795  796  798
812  813  814  815  816  817  819  821
823  824  825  826  827  829  831  832
834  835  836  837  839  841  842  843
845  846  847  849  851  852  853  854
856  857  859  861  862  863  864  865
867  869  871  872  873  874  875  876
879  891  892  893  894  895  896  897
912  913  914  915  916  917  918  921
923  924  925  926  927  928  931  932
934  935  936  937  938  941  942  943
945  946  947  948  951  952  953  954
956  957  958  961  962  963  964  965
967  968  971  972  973  974  975  976
978  981  982  983  984  985  986  987
```

案例80 求“水仙花数”

导 语

“水仙花数”是三位数，其特点是它每个位上面的数的三次方之和等于其自身。例如，$371=3^3+7^3+1^3$。

本案例可以运用range函数生成100～999的整数序列，然后通过for循环进行逐个验证。在验证时需要分别提取出百、十、个位上的数值，然后计算它们的三次方之和，最后检查结果是否与原数相等。

操作流程

步骤 1：生成整数序列。

```
nums = range(100, 1000)
```

步骤 2：声明一个空白的列表对象，用于存放处理结果。

```
result = []
```

步骤 3：使用 for 循环对整数序列中的元素进行逐个验证。

```
for x in nums:
    # 分解出百位、十位、个位上的数字
    a = x // 100
    b = x // 10 % 10
    c = x % 10
    # 分析处理
    if x == (a ** 3 + b ** 3 + c ** 3):
        result.append(x)
```

运算符 ** 执行指数运算，a ** 3 表示求变量 a 的三次方。

步骤 4：打印处理结果。

```
for k in result:
    print(k, end = '  ')
```

步骤 5：运行程序后，屏幕输出如下内容：

```
153  370  371  407
```

案例 81　跳出循环

导　语

在循环代码中使用 break 语句，可以立刻跳出循环。另外，还有一个功能类似的语句——continue，continue 语句执行后不会跳出循环，只是跳过当前代码执行下一轮循环而已；而 break 语句会结束整个循环。

本案例的功能是：随机产生七个整数，然后对这七个数字进行逐个分析，只要遇到一个可以被 15 整除的数字，任务结束。

操作流程

步骤 1：从 random 模块中导入 randint 函数。

```
from random import randint
```

步骤2：随机生成七个整数，保存在一个列表对象中。

```
samples = []
for n in range(7):
    samples.append(randint(100, 10000))
```

步骤3：通过循环来查找可以被15整除的数字，只要找到一个就马上终止循环。

```
for x in samples:
    if x % 15 == 0:
        print(f'找到一个可被 15 整除的数:{x}')
        break
```

步骤4：运行案例代码，会得到如下结果：

```
生成的随机数为:
[5260, 7468, 1730, 153, 9941, 4780, 585]
找到一个可被 15 整除的数:585
```

注意：由于整数列表是随机生成的，有可能会出现七个数中没有一个能被15整除的情况，只要多运行几次就能产生能被15整除的数字。

4.4 异常处理

案例82 引发异常

导 语

当应用程序发生错误时，可以使用raise语句引发指定的异常。异常是一种类型，其基类是BaseException，此类一般不会直接使用。内置类型中提供了BaseException类的一个默认实现类——Exception，该类可以在代码中直接使用。开发人员如果希望编写自定义的异常类型，应该从Exception类派生。

raise语句之后直接跟着异常类型的名称即可，也可以加上from子句。from子句可以对异常对象进行"链条"化处理，即从旧的异常中引发新的异常。例如：

```
raise new_exc from old_exc
```

其含义是从old_exc异常中引发new_exc异常，在异常处理机制中，优先捕捉new_exc异常，但从new_exc案例的__cause__属性可以访问old_exc案例。如果raise语句后没有出现from子句，那么被捕捉到的异常案例的__cause__属性将为None。

操作流程

步骤 1：引发 Exception 异常。

```
raise Exception
```

代码执行后得到如下结果：

```
Traceback (most recent call last):
  …
    run()
  File "…", line 257, in run_file
    runpy.run_path(target, run_name = '__main__')
  …
  File "c:\Users\…\1.py", line 2, in <module>
    raise Exception
Exception
```

步骤 2：从 NameError 异常引发 RuntimeError 异常。

```
raise RuntimeError from NameError
```

代码执行后，得到以下跟踪信息：

```
NameError

The above exception was the direct cause of the following exception:

Traceback (most recent call last):
  …
    raise RuntimeError from NameError
RuntimeError
```

步骤 3：异常有时候是会隐式引发的，较为典型的是某个值除以 0 时会引发 ZeroDivisionError。以下代码在执行后会引发异常。

```
3 / 0
```

案例 83　捕捉异常

导　语

异常引发后，如果代码不进行捕捉，就会交由 Python 内部框架做默认处理，这样会导致应用程序终止运行。在实际应用中，人们通常不希望出现这种情况，因此，开发者在编写代码时，可以考虑在有可能发生异常的地方进行捕捉，一旦异常被捕捉到，就会交给代码来处理，一般不会导致程序终止。

异常处理需要用到 try 语句块，常用格式如下：

```
try:
    <可能发生异常的代码>
except:
    <发生异常后的处理代码>
```

try 后面是要执行的代码块，这些代码可能会引发异常；except 之后是对已引发异常的处理代码，只有发生异常后才会执行 except 后的代码，如果 try 后面的代码顺利执行，则不会执行 except 后面的代码。

这种写法虽然简洁，但它没有批注被捕捉的异常类型，因此在异常处理代码中无法直接访问异常信息。如果确实需要访问，就得调用 sys 模块下的 exc_info 函数来获取。例如：

```
try:
    a = 5 / 0
except:
    ex = sys.exc_info()[1]
    print(f'发生错误:{ex}')
```

为了避免这些麻烦，可以在 except 子句中明确批注要捕捉的异常类型。上面代码可以改为

```
try:
    a = 5 / 0
except ZeroDivisionError:
    print('0 不能作除数')
```

如果要访问异常案例的成员，还可以用 as 关键字为异常案例分配一个变量。

```
try:
    a = 5 / 0
except ZeroDivisionError as ex:
    print(ex)
```

except 子句后面如果指定的异常类型为 Exception，那么，只要是从 Exception 类派生的异常类型都可以被捕捉到。

```
try:
    a = 5 / 0
except Exception as ex:
    print(f'异常类型:{ex.__class__}')
    print(f'异常信息:{ex}')
```

这段代码运行后的输出结果为：

```
异常类型:< class 'ZeroDivisionError'>
异常信息:division by zero
```

ZeroDivisionError 类是 Exception 的子类，所以能被捕捉到。另外，except 子句是可以多次出现的，即可以捕捉可能出现的各种类型的异常。例如：

```
try:
    …
except: Error1:
    …
except: Error2:
    …
except: Error3:
    …
except: Exception:
    …
```

最后一个 except 子句捕捉 Exception 类型的异常，这是一种“保险”方案，万一代码所引发的异常类型不在以上三种之中，就可以统一由最后一个 except 子句来捕捉，只要是 Exception 的子类都是可行的(异常类型一般是从 Exception 类派生的)。

如果只想捕捉异常而不需要进行处理，except 子句后面可以直接写上 pass 语句，例如：

```
try:
    …
except:
    pass
```

操作流程

步骤 1：引发 RuntimeError 异常，并以 Exception 类型来捕捉此异常。

```
try:
    raise RuntimeError('未知错误')
except Exception as ex:
    print(f'异常类型:{ex.__class__}')
print(f'异常信息:{ex}')
```

因为 RuntimeError 类是从 Exception 派生的，所以 except 子句后面虽然指定的是 Exception 类，但仍可以捕捉到 RuntimeError 类型的异常。运行后输出的信息如下：

```
异常类型:< class 'RuntimeError'>
异常信息:未知错误
```

用 raise 语句引发异常时，可以在异常类型名称后面通过一对括号来指定附加参数，多个参数可以用逗号(英文的逗号)来隔开。这些附加参数将存储在异常案例的 args 属性中。

步骤 2：以下代码尝试调用 open 函数来打开文件，但此文件是不存在的，会引发 FileNotFoundError 异常。

```
try:
    f = open('data.txt', mode='r')
except FileNotFoundError:
    print('未找到指定文件')
except:
    print('其他错误')
```

如果引发了 FileNotFoundError 类型以外的异常，会由最后一个 except 子句捕捉。

案例 84　异常处理中的“清理”代码

导　语

try 语句可以在最后加上 finally 子句。finally 子句是可选的，不管 try 后面的代码是否引发异常，finally 子句都会执行，所以一般可以在 finally 块中编写一些清理代码（如释放文件资源等）。

本案例将演示在 try 语句块中向文件写入文本内容的过程，并使用 finally 子句来释放 open 函数所返回的对象案例。

操作流程

步骤 1：在 try 语句中向文件写入内容。

```
try:
    # 向文件写入文本
    thefile = open('lines.txt', mode='w+t')
    thefile.writelines(['line 1\n', 'line 2\n', 'line 3\n'])
except Exception as ex:
    print(f'错误:{ex}')
```

调用 open 函数时，mode 参数设定读写模式（权限），字符“w”表示允许代码向文件写入数据，字符“t”表示写入的数据格式为文本。

注意：writelines 方法虽然支持以序列的形式写入多行文本，但是在写入文件时并不会自动添加换行符（\n、\r，或\r\n），所以需要在每行文本的末尾手动加上换行符。

步骤 2：在 try 语句块最后追加 finally 子句，关闭 open 函数返回的对象，并释放相关资源。

```
finally:
    if thefile:
        thefile.close()
        del thefile
```

del 语句可以删除变量对某个案例的引用，而不是直接删除案例。只有当案例的引用计数为 0 时，才由 Python 运行时回收。

完整的代码如下：

```
try:
    # 向文件写入文本
    thefile = open('lines.txt', mode = 'w + t')
    thefile.writelines(['line 1\n', 'line 2\n', 'line 3\n'])
except Exception as ex:
    print(f'错误:{ex}')
finally:
    if thefile:
        thefile.close()
        del thefile
```

步骤 3：运行案例代码，如果顺利执行，会在与源代码文件相同的目录下产生一个名为 lines.txt 的文件，其内容如下：

```
line 1
line 2
line 3
```

案例 85　else 子句的作用

导　语

try 语句可以与 else 子句一起使用。当 else 子句出现在 try 代码块中时，如果 try 之后的代码成功执行（未引发异常），随后会执行 else 子句，最后执行 finally 子句（如果存在）；如果在执行 try 之后的代码时发生异常，就会执行 except 子句，else 子句被忽略（不会执行）。

案例演示了将数据进行 base64 编码后写入文件中，然后又从文件中读出，并做 base64 解码，还原数据。本例将可能引发异常的 open 函数调用代码放到 try 子句中，然后在 else 子句中读写文件。

操作流程

步骤 1：从 base64 模块中导入用于做 base64 编码和解码的函数。

```
from base64 import b64encode, b64decode
```

步骤 2：声明变量，表示文件名。

```
file_name = "coded.txt"
```

步骤 3：声明变量，以字符串类型案例初始化，表示将要写入文件的内容。

```
text_data = "子丑寅卯辰巳午未申酉戌亥"
```

步骤4：将数据做base64编码，然后写入文件。

```
try:
    fobj = open(file_name, mode = 'wb')
except Exception as ex:
    print(ex)
else:
    # 用UTF-8编码处理字符串
    data = text_data.encode(encoding = 'UTF-8')
    # 进行base64编码
    b64data = b64encode(data)
    # 写入文件
    fobj.write(b64data)
finally:
    if fobj:
        fobj.close()
        del fobj
```

调用open函数时，mode参数中的“b”表示以二进制方式读写文件。编码后生成的数据如下：

```
5a2Q5LiR5a+F5Y2v6L6w5bez5Y2I5pyq55Sz6YWJ5oiM5Lql
```

步骤5：从刚刚生成的文件中读出数据，并进行还原。

```
try:
    fobj = open(file_name, mode = 'rb')
except Exception as ex:
    print(ex)
else:
    # 读取文件内容并进行base64解码
    b_data = b64decode(fobj.read())
    # 转换为字符串
    s = b_data.decode(encoding = 'UTF-8')
    print(f'解码后的字符串:\n{s}')
finally:
    if fobj:
        fobj.close()
        del fobj
```

open函数在调用时，传递给mode参数的值为“rb”，其中，“r”表示程序对文件仅有读的操作权限，“b”表示二进制格式。

从文件中读出并还原后的内容如下：

```
解码后的字符串:
子丑寅卯辰巳午未申酉戌亥
```

案例 86　省略 except 子句

导　语

如果 except 子句省略，那么必须包含 finally 子句，即

```
try:
    …
finally:
    …
```

无论异常是否发生，finally 子句都会执行，如果发生异常，异常将被忽略（没有 except 子句，不会捕捉异常）。

操作流程

步骤 1：定义 test 函数，在函数内部声明变量 a。在 try 子句中将 a 的值设置为 1，但在 finally 子句中将 a 的值设置为 2。

```
def test():
    a = 0
    try:
        a = 1
    finally:
        a = 2
    return a
```

test 函数被调用后会返回 2，因为 finally 子句始终会执行，变量 a 的值先在 try 子句中被设置为 1，但在 finally 子句中被重新赋值为 2，因此函数返回 2。

步骤 2：定义 test2 函数，在 try 子句和 finally 子句中都出现了 return 语句。

```
def test2():
    try:
        return 3
    finally:
        return 5
```

test2 函数被调用后，始终返回 5，因为函数会根据最后一个被执行的 return 语句来决定返回值。

案例 87　自定义异常类

导　语

在实际应用中，为了表示特定的错误信息，通常都需要自定义异常类。自定义异常类型

应当从 Exception 类派生，然后添加新的成员以及其他扩展行为。

Exception 类继承了 BaseException 的许多成员，其中较为常用的是 args 属性。在案例化异常类时，可以将这些参数传递给构造函数（__init__函数），案例化异常类之后可以从 args 属性获取这些参数，返回类型为元组(tuple)。

因此，从 Exception 派生的类也会继承这些成员，即自定义的异常类也可以在调用构造函数时传递参数。参数的个数是不确定的，可以是 0 个，也可以是 1 个、2 个或更多个。下面是 Exception 类案例化的两个例子(在交互终端运行)。

```
>>> ex = Exception(123, 'abc', b'6e7f')
>>> ex.args
(123, 'abc', b'6e7f')

>>> ex2 = Exception()
>>> ex2.args
()
```

第一个例子中以三个参数来案例化 Exception 类，因此，args 属性输出包含三个元素的元组；第二个例子中案例化 Exception 类时未传递参数，所以 args 属性输出空白元组。

操作流程

步骤 1：定义 custException 类，派生自 Exception 类。

```
class custException(Exception):
    def __init__(self, *args, message = None):
        # 调用基类的构造函数
        super().__init__(*args)
        # 设置案例属性
        self.message = message
```

self 是特殊对象，它引用了当前类型的案例(本例中是 custException 类的案例)。构造函数的第一个参数必须是 self，随后仍保留 args(*args 表示参数按位置传递，而且个数是动态的)，以便于将其传播到基类 Exception 中，从而使 args 属性有效。

custException 类在构造函数中新增一个 message 参数，用于表示异常的详细信息，在类型案例初始化时会将 message 参数的值赋值给当前案例的 message 属性。

步骤 2：在代码中尝试引发 custException 异常。

```
try:
    raise custException(6, 7, message = '未知错误')
except custException as ex:
    print(f'参数:{ex.args}')
    print(f'异常信息:{ex.message}')
```

在案例化 custException 类时，传递给构造函数的前两个参数(6 和 7)会传播到基类的

args 属性中，随后的 message 参数是按关键字（key word）来传递的（即传递参数时需要指定参数的名称），该参数值会传播到 custException 案例的 message 属性中。

步骤 3：运行案例代码，输出结果如下：

```
参数:(6, 7)
异常信息:未知错误
```

第5章 数学运算

本章的主要内容如下：

- 常用运算符；
- 浮点数的扩展功能；
- 指数运算与开平方根；
- 三角函数；
- 生成随机数；
- 常见的统计学函数；
- 日期/时间运算。

5.1 运算符

5.1.1 算术运算符

案例88 四则计算器

导 语

四则运算符属于双目运算符——带有两个操作数，其格式一般为

```
<左侧操作数> [运算符] <右侧操作数>
```

以下表达式皆为四则运算符的运用：

```
a + b                                # 加法
c - d                                # 减法
5 * 8                                # 乘法
var1 / var2                          # 除法
```

但以下运算方式是不允许的，因为缺少右侧操作数。

```
5 +
b *
```

以下表达式并非四则运算，而是数值的符号（正值或负值）。

```
+ 26
- 100
```

本案例实现一个简单的四则运算器。首先，用户输入两个浮点数，然后选择运算方式（加、减、乘、除），最后输出运算结果。

操作流程

步骤 1：获取用户输入的两个浮点数值，类型为字符串。

```
num1_str = input('请输入第一个数值:')
num2_str = input('请输入第二个数值:')
```

步骤 2：将输入的两个字符串类型的数值转换为 float 类型。

```
num1_fl = float(num1_str)
num2_fl = float(num2_str)
```

步骤 3：通过键盘输入选择运算方式。

```
flag = input('您的选择是:')

if flag == 'a':
    opr_char = '+'
    result = num1_fl + num2_fl
elif flag == 'b':
    opr_char = '-'
    result = num1_fl - num2_fl
elif flag == 'c':
    opr_char = '×'
    result = num1_fl * num2_fl
elif flag == 'd':
    opr_char = '÷'
    result = num1_fl / num2_fl
else:
    opr_char = '>__<'
    result = 0.0
```

如果输入的是“a”，则表示加法运算，“b”表示减法运算，“c”表示乘法运算，“d”表示除法运算。

步骤 4：输出运算结果。

```
print('{0:.2f} {1:s} {2:.2f} = {3:.2f}'.format(num1_fl, opr_char, num2_fl, result))
```

调用 format 方法对字符串进行格式化，格式控制符“.2f”表示以浮点数值方式呈现字符串，并且保留两位小数。

步骤 5：运行案例代码，输出结果如下：

```
请输入第一个数值:15.7
请输入第二个数值:8.3

请选择运算方式:
    加法运算请输入"a";
    减法运算请输入"b";
    乘法运算请输入"c";
    除法运算请输入"d"

您的选择是:a

---------------------计算结果---------------------
15.70 + 8.30 = 24.00


请输入第一个数值:0.35
请输入第二个数值:12.3

请选择运算方式:
    加法运算请输入"a";
    减法运算请输入"b";
    乘法运算请输入"c";
    除法运算请输入"d"

您的选择是:c

---------------------计算结果---------------------
0.35 × 12.30 = 4.30
```

案例 89　指数运算符

导　语

指数运算除了使用 pow 函数，还可以使用更为简单方便的指数运算符—— **（两个星号）。其格式为

```
x ** y
```

即 x 的 y 次方。如 3 ** 2 表示 3 的平方，5 ** 3 表示 5 的立方，12 ** 5 表示 12 的 5 次方。

使用分数指数还可以用于开方运算，例如，求 27 的开立方根：

```
27 ** (1/3)
```

求 16 的开平方根：

```
16 ** (1/2)
```

操作流程

步骤 1：求 2 的 10 次方。

```
a = 2 ** 10
```

步骤 2：还可以使用负指数。

```
b = 5 ** -2
```

步骤 3：求 512 的开立方根。

```
c = 512 ** (1 / 3)
```

步骤 4：求−15 的平方。

```
d = (-15) ** 2
```

此处−15 要加上括号，表示其应优先于 ** 运算符进行计算。

步骤 5：运行案例代码，结果如下：

```
2 的 10 次方:1024
5 的 -2 次方:0.04
512 的立方根:8
-15 的平方:225
```

案例 90 分解整数位

导 语

整除运算符(//)与取余运算符(%)是一对关系密切的运算符。“//”运算符进行除法运算，但只保留整数部分(即可以被整除的部分)。例如，下面表达式的计算结果是 2。

```
21 // 9
```

如果使用“%”运算符，那么被保留的是余数部分。例如：

```
21 % 9
```

运算结果是 3。

本案例实现整数位分解——即分解出各个位上的数字。例如，365可以分解出三个数字：3、6、5，7362可以分解为：7、3、6、2。

操作流程

步骤1：提示用户输入一个整数。

```
x = int(input('请输入一个整数：'))
```

步骤2：通过一个while循环分解整数位。

```
#用于存放结果的列表
w = []
i = x
while i > 0:
    # 取余,可得到最低位的数
    t = i % 10
    w.append(t)
    # 与 10 整除,可以去掉最右边一位
i = i // 10
```

让变量i引用x的值，是为了保留变量x的值（不被修改），因为后面打印屏幕信息时还需要访问变量x的值。

循环原理：假设要分解整数176，先计算176 % 10，得到余数6；接着计算176 // 10，整除后得到17。用17进入第二轮循环，计算17 % 10，得到余数7，再计算17 // 10，整除后得到1。再用1进入第三轮循环，计算1 % 10，得到余数1，再计算1 // 10，得到结果0。最后，由于变量i的值为0，退出循环。于是得到分解后的三个数字：6、7、1，随后将这个列表反转一下，就可以变成1、7、6了。

步骤3：反转列表。

```
w. reverse()
```

反转列表只要调用案例方法reverse即可，该方法不返回内容，所以，直接调用即可。

步骤4：在屏幕上输出处理结果。

```
print('输入的整数:{}'.format(x))
print('对整数的各个位进行分解:')
for n in w:
    print(f'  {n}', end = '')
```

步骤5：运行案例代码，输出信息如下：

```
输入的整数:2617
对整数的各个位进行分解:
  2  6  1  7
```

```
输入的整数:607
对整数的各个位进行分解:
  6  0  7

输入的整数:52
对整数的各个位进行分解:
  5  2
```

案例91 连接字符串

导 语

“+”运算符用于数值类型的操作数(整型、浮点型等)时会进行加法运算,而当它用于两个字符串案例之间时,就会充当“连接符”的角色,把两个字符串案例直接连起来。

例如,下面两个字符串对象“相加”后得到新的字符串对象“abcde”。

```
"ab" + "cde"
```

操作流程

步骤1:声明两个变量,并使用字符串类型的对象初始化。

```
a = "wo"
b = "rd"
```

步骤2:将以上两个字符串案例用“+”运算符连接。

```
print(f'"{a}"与"{b}"连接后得到字符串:{a + b}')
```

步骤3:再声明三个变量,同样以字符串案例初始化。

```
h = '亭'
i = '玉'
j = '立'
```

步骤4:将以上三个变量进行拼接。

```
print(f'"{h}、{i}、{j}"组成一个成语:{h + h + i + j}')
```

在连接字符时,变量h使用了两次,产生字符串“亭亭”,再连接上i和j,就变成“亭亭玉立”。

步骤5:运行案例代码,输出信息如下:

```
"wo"与"rd"连接后得到字符串:word
"亭、玉、立"组成一个成语:亭亭玉立
```

案例 92 当字符串遇上乘法运算符

导 语

字符串案例之间是不能用乘法(*)运算符进行计算的,不过,字符串与整型之间是可以使用"*"运算符的。例如:

```
"read" * 3
```

其含义是将字符串"read"重复三次,得到

```
'readreadread'
```

还可以将左右操作数互换。

```
5 * 'abc'
```

得到结果:

```
'abcabcabcabcabc'
```

操作流程

步骤 1:输出 10 个"f"字符。

```
print('f' * 10)
```

步骤 2:输出 7 个"#"字符。

```
print(7 * '#')
```

步骤 3:输出 5 个"@"字符和 8 个"->"字符串。

```
print('@' * 5 + 8 * '->')
```

因为"+"运算符可以用于连接字符串,并且"*"运算符的优先级高于"+"(先执行乘法运算,再进行加法运算),所以,'@' * 5 表达式产生的"@@@@@"与 8 * '->'表达式产生的"->->->->->->->->"可以拼接成一个新的字符串案例。

步骤 4:如果使用的整数值是负数,将不会重复字符。

```
print('^_^' * (-6))
```

步骤 5:运行案例代码,结果如下:

```
ffffffffff
#######
@@@@@->->->->->->->->
```

案例93　运算优先级

导　语

算术运算符的优先级与常规的数学运算一致，乘法、除法的优先级高于加法、减法。因此，对于复杂的运算表达式来说，如果要改变默认的优先级，可以适当地使用括号（小括号）。

例如，下面表达式的计算结果为36。

```
2 * 3 + 6 * 5
```

由于乘法运算的优先级高于加法运算，表达式会先分别计算2*3和6*5的结果，然后再相加，即6＋30，最后结果为36。

如果希望先计算3＋6，再计算乘法，就要使用括号了，即

```
2 * (3 + 6) * 5
```

此时计算结果就变为90了。

操作流程

步骤1：使用括号让加法运算优先于乘法。

```
a = (3 + 7) / 5
```

先计算3 ＋ 7，得到10，再除以5，结果是2。

步骤2：以下两个表达式虽然优先级不同，但运算结果相同。

```
b = 10 * 5 / 25
c = 10 * (5 / 25)
```

第一个表达式先计算10 * 5，得到50，再除以25，结果是2；第二个表达式先计算5 / 25，得到0.2，再乘以10，结果也是2。

步骤3：以下表达式也是加法运算优先。

```
d = 8 * (12 + 6)
```

先计算12 ＋ 6，得到18，再乘以8，结果为144。

5.1.2　比较运算符

案例94　自定义的相等比较

导　语

判断两个对象是否相等，有两个运算符：“＝＝”运算符计算两个对象是否相等，如果相

等就产生结果 True，否则产生结果 False；而"!="运算符的含义与"=="正好相反，如果两个对象不相等，计算结果为 True，否则为 False。

要在自定义的类型中重新定义这两个运算符的运算逻辑，就需要在类中存在以下两个方法：

```
__eq__(self, other)
__ne__(self, other)
```

这两个方法都是案例方法，因此它们的第一个参数皆为 self，表示引用当前类的案例，other 参数表示当前类的其他案例。这两个方法的返回类型都是布尔类型。ep 代表的是"=="运算符的执行逻辑，如果两个对象相等就返回 True，不相等就返回 False。ne 代表的是"!="运算符，如果两对象不相等就返回 True，相等就返回 False。

__eq__和__ne__方法都是在 object 类中定义的，所以，如果类型没有显式实现这两个方法，也不会影响"=="和"!="运算符的使用。如果不存在自定义的__eq__和__ne__方法，在进行相等比较运算时会调用 object 类的默认实现。

本案例实现的相等比较方案为：Test 类在初始化时需要提供两个数值，并分别保存在 item_1 和 item_2 两个属性中。如果两个 Test 对象的 item_1 和 item_2 的值相加后的和相等，就认为这两个对象相等，否则不相等。假设 Test 类有两个案例 a 和 b，如果以下两个表达式的计算结果相同，那么 a 和 b 就相等。

```
a.item_1 + a.item_2
b.item_1 + b.item_2
```

操作流程

步骤 1：定义 Test 类，并实现__eq__和__ne__方法。

```
class Test:
    def __init__(self, item1, item2):
        self.item_1 = item1
        self.item_2 = item2
    def __eq__(self, other):
        s1 = self.item_1 + self.item_2
        s2 = other.item_1 + other.item_2
        return s1 == s2
    def __ne__(self, other):
        s1 = self.item_1 + self.item_2
        s2 = other.item_1 + other.item_2
        return s1 != s2
```

__init__方法在 Test 类初始化的时候会调用，而且需要传递 item1 和 item2 两个参数(self 代表类案例本身，不需要在代码中明确指定)，在方法中，用传进来的 item1 和 item2 参数分别设置类案例的 item_1 和 item_2 属性。

实现__eq__方法时,先分别计算两个参与比较对象的 item_1 + item_2 的和,得到 s1 和 s2 变量,然后将这两个变量的相等比较结果返回即可。若相等就返回 True,若不相等就返回 False。__ne__方法的实现原理与__eq__方法相同,只是结果相反。

步骤 2:案例化两个 Test 类的对象,变量名为 x 和 y,然后对两者进行相等比较。

```
x = Test(5, 10)
y = Test(7, 8)
print(f'x 和 y 相等吗?{x == y}')
print(f'x 和 y 不相等吗?{x != y}')
```

5 + 10 的计算结果是 15,7 + 8 的计算结果也是 15,按照 Test 类的定义,x 变量和 y 变量相等。

步骤 3:再案例化两个 Test 对象,变量名依次为 c、d。

```
c = Test(6, 2)
d = Test(4, 7)
print(f'c 和 d 相等吗?{c == d}')
print(f'c 和 d 不相等吗?{c != d}')
```

6 + 2 的计算结果为 8,4 + 7 的计算结果为 11,因此,c 和 d 是不相等的。

步骤 4:运行案例代码,屏幕输出结果如下:

```
x 和 y 相等吗?True
x 和 y 不相等吗?False
c 和 d 相等吗?False
c 和 d 不相等吗?True
```

案例 95　比较对象的大小

导　语

大小比较相关的运算符有以下四个:

(1)“>”:大于。例如 a > b。

(2)“<”:小于。例如 a < b。

(3)“>=”:大于或等于。例如 a >= b。

(4)“<=”:小于或等于。例如 a <= b。

大小比较运算符的运算结果为布尔类型。表达式成立时为 True,若表达式不成立则为 False。这几个运算符多用于数值之间的比较(int、float)。

操作流程

步骤 1:声明两个变量,并用 int 类型的数值初始化。

```
a = 5
b = 3
```

步骤 2：对以上两个变量的值进行大小比较，并输出比较结果。

```
print(f'{a}小于 {b} 吗?{a < b}')
print(f'{a}大于 {b} 吗?{a > b}')
```

步骤 3：创建元组对象，并初始化。

```
ns = -3, 6, -1, 7, 0, -2
```

步骤 4：通过大小运算符进行比较，确定上述元组对象中各个元素是否大于或等于 0。

```
for x in ns:
    print(f'{x} 大于或等于 0 吗?{x >= 0}')
```

步骤 5：运行案例代码，得到的结果如下：

```
5 小于 3 吗?False
5 大于 3 吗?True
-3 大于或等于 0 吗?False
6 大于或等于 0 吗?True
-1 大于或等于 0 吗?False
7 大于或等于 0 吗?True
0 大于或等于 0 吗?True
-2 大于或等于 0 吗?False
```

案例 96　自定义的大小比较

导　语

以下方法与大小比较运算符有对应关系：

(1) __gt__：大于，与“>”运算符对应。

(2) __ge__：大于或等于，与“>=”运算符对应。

(3) __lt__：小于，与“<”运算符对应。

(4) __le__：小于或等于，与“<=”运算符对应。

本案例以 Person 类来做演示。Person 类的案例对象之间的大小比较，将取决于其 age 属性。即如果 a.age > b.age，那么就可以认为 a > b。在默认情况下是不能这样进行比较的，所以 Person 类需要明确实现__gt__、__ge__等方法。

操作流程

步骤 1：定义 Person 类，实现__gt__、__ge__、__lt__、__le__、__eq__和__ne__六个案例方法。

```
class Person:
    def __init__(self, name, age):
        self.name = name
        self.age = age
    # 实现自定义的大小比较
    def __gt__(self, other):
        return self.age > other.age
    def __ge__(self, other):
        return self.age >= other.age
    def __lt__(self, other):
        return self.age < other.age
    def __le__(self, other):
        return self.age <= other.age
    def __eq__(self, other):
        return self.age == other.age
    def __ne__(self, other):
        return self.age != other.age
```

在初始化 Person 案例时需要提供 name 和 age 两个参数，分别用以设置 name 和 age 属性。在实现__gt__等方法时，只要对参与比较的两个对象的 age 属性进行处理即可。

步骤 2：案例化四个 Person 对象，验证一下上述的自定义大小比较是否有效。

```
p1 = Person('Jack', 28)
p2 = Person('Tom', 31)
print(f'{p1.name}比 {p2.name} 小吗?{p1 < p2}')

p3 = Person('Lucy', 30)
p4 = Person('Jim', 29)
print(f'{p3.name}比 {p4.name} 大吗?{p3 > p4}')
```

步骤 3：运行案例代码，得到的结果如下：

```
Jack 比 Tom 小吗?True
Lucy 比 Jim 大吗?True
```

5.1.3 位运算符

案例 97 二进制位的逻辑运算

导 语

位(bitwise)运算符大致可以分为两类。

第一类是逻辑运算，即

(1) “&”：按位“与”，只有两者同时为 1 时结果才会是 1，否则结果为 0。

(2)“|”：按位“或”，只要其中一个为 1 时，计算结果便为 1。

(3)“^”：按位“异或”，若两者相等，结果为 0；若两者不相等，结果为 1。

(4)“~”：取反，即 0 的变为 1，1 的变为 0。

第二类是移动二进制位运算。

(1)“<<”：向左移动若干个二进制位。例如 a << 3 表示将 a 的二进制位向左移动 3 位。

(2)“>>”：向右移动若干个二进制位。例如 b >> 2 表示将 b 的二进制位向右移动 2 位。

本案例将演示二进制位的按位“与”“或”“异或”运算。

操作流程

步骤 1：声明两个变量并初始化。

```
x, y = 12, 9
```

步骤 2：对变量 x 和 y 的二进制位进行“与”“或”和“异或”运算，并输出相关信息。

```
print(f'{x:b} & {y:b} = {x & y:04b}')
print(f'{x:b} | {y:b} = {x | y:04b}')
print(f'{x:b} ^{y:b} = {x ^ y:04b}')
```

格式控制符“b”表示以二进制形式打印数值，“04b”表示以二进制形式打印数值，而且总宽度为 4 个字符，用字符“0”填充。如果计算结果为 10，打印后的格式为 0010。

步骤 3：运行案例代码，会得到以下运算结果：

```
1100 & 1001 = 1000
1100 | 1001 = 1101
1100 ^ 1001 = 0101
```

案例 98　移动二进制位

导　语

本案例将演示“<<”和“>>”运算符的用法。

假设二进制数值 x 的值为 100011，表达式 x >> 3 表示将 x 的二进制位向右移动 3 位，得到结果 000100；而表达式 x << 2 表示将 x 的二进制位向左移动 2 位，结果为 10001100。

操作流程

步骤 1：声明一个变量，用二进制数值初始化。

```
n = int('01011011', base = 2)
```

调用 int 类的构造函数(__init__)时，可以传递以字符串形式表示的整数值，然后 base 参数设置为 2，表示二进制。

步骤 2：将变量 n 的二进制位向左移动 4 位。

```
c1 = n << 4
```

步骤 3：将变量 n 的二进制位向右移动 3 位。

```
c2 = n >> 3
```

步骤 4：在屏幕上打印运算结果。

```
print(f'原数值:{n:08b}')
print(f'二进制位向左移动 4 位后:{c1:08b}')
print(f'二进制位向右移动 3 位后:{c2:08b}')
```

格式控制符"08b"表示以二进制方式输出整数值,默认宽度为 8 个字符,空白位使用字符"0"来填充。

步骤 5：运行案例代码,输出结果如下：

```
原数值:01011011
二进制位向左移动 4 位后:10110110000
二进制位向右移动 3 位后:00001011
```

5.1.4　逻辑运算符

案例 99　查找同时包含 a、e 两个字母的单词

导　语

运算符 and 进行逻辑"与"运算,只有当参与运算的所有表达式都返回 True 时,and 运算符的运算结果才会为 True。例如：

```
A and B and C
```

如果 A、B、C 的结果都为 True,那么整个表达式的运算结果为 True。如果 A、B 为 True,C 为 False,那么整个表达式的运算结果就是 False。

本案例演示从一组英语单词中查找出同时包含字母 a 和 e 的单词。

操作流程

步骤 1：创建一个元组对象,里面包含 5 个英语单词。

```
words = 'amount', 'wisdom', 'perfect', 'learn', 'daedal'
```

步骤 2：创建一个空白的列表对象,用于存放查找结果。

```
results = []
```

步骤 3：枚举元组中的单词，逐个进行分析。如果单词中同时包含“a”和“e”两个字母，就将该单词添加到 results 列表中。

```
for w in words:
    if w.count('a') and w.count('e'):
        results.append(w)
```

字符串案例的 count 方法可以统计指定的字符串在原字符串中出现的次数。只有在单词同时找到 a 和 e 时，if 语句的条件才成立（True）。由于在 Python 语言中，整数值 0 会被认为是 False，非 0 的整数值被认为是 True，所以，上述代码中不需显式地与 0 进行比较，因为一旦 count 方法返回 0，就表示单词中找不到指定的字符串。

步骤 4：在屏幕上输出查找结果。

```
print(f'单词列表:\n{words}')
print(f'其中同时包含字母"a"和"e"的单词有:\n{results}')
```

步骤 5：运行案例代码，得到的输出结果如下：

```
('amount', 'wisdom', 'perfect', 'learn', 'daedal')
其中同时包含字母"a"和"e"的单词有:
['learn', 'daedal']
```

案例 100 or 运算符

导 语

or 运算符执行逻辑“或”运算，参与运算的表达式中只要有一个是 True，其计算结果便是 True。只有当所有参与运算的表达式皆为 False 时，or 运算符的运算结果才会是 False。

本案例将在 100 以内（包含 100）的整数中找出能被 12 或者 15 整除的整数。两个条件中只要有一个成立即可，例如 48、60、72 等。

操作流程

步骤 1：创建一个空的列表对象，用于存储查找结果。

```
res = []
```

步骤 2：进行 for 循环，枚举 0 到 100（包括 0 和 100）的整数，在循环代码中判断数值能否被 12 或者 15 整除。

```
for i in range(0, 101):
    if (i % 12 == 0) or (i % 15 == 0):
        res.append(i)
```

range 函数产生的整数序列不包含末值，所以在调用时要把末值设定为 101。

步骤 3：输出处理结果。

```
print('100 以内能被 12 或 15 整除的整数有:')
for x in res:
    print(x, end = '  ')
```

步骤 4：运行案例代码，屏幕输出内容如下：

```
100 以内能被 12 或 15 整除的整数有:
0  12  15  24  30  36  45  48  60  72  75  84  90  96
```

案例 101　自定义布尔运算

导　语

判断一个对象的布尔运算结果是否为 True，Python 程序会进行以下处理过程：

(1) 检测对象是否存在__bool__方法，如果找到，就通过调用该方法来得到运算结果。

(2) 如果找不到__bool__方法，就去查找__len__方法，只要__len__方法返回非 0 值，就视为 True；如果返回 0，则视为 False；

(3) 如果__bool__方法和__len__方法都找不到，那么该对象的布尔运算结果总是 True。

由于 bool 类是从 int 类派生的，所以，对于整数值，只要不为 0 的值都会返回 True。对于浮点型数值，非 0 值也会返回 True，因为 float 类实现了__bool__方法。

本案例演示__bool__方法的实现，如果 Demo 类的案例中设置了动态属性，则它的布尔运算将返回 True；如果案例未曾设置过动态属性，则为 False。分析的依据是对象案例的__dict__成员，它引用了一个字典案例，设置到对象案例上的动态属性会被存储到此字典案例中，所以，只要__dict__成员所引用的字典对象中存在数据，就表明对象案例被设置过动态属性。

操作流程

步骤 1：定义 Demo 类，并且实现__bool__方法。

```
class Demo:
    def __bool__(self):
        if len(self.__dict__):
            return True
        return False
```

len 函数的功能是返回一个序列对象的长度（即其中包含的元素个数）。

步骤 2：案例化一个 Demo 类的对象，并赋值给变量 x。

```
x = Demo()
```

步骤 3：变量 x 未设置任何动态属性，下面代码检测其返回的布尔值。

```
if x:
    print('x 案例中存在动态属性')
else:
    print('x 案例未设置动态属性')
```

步骤 4：再创建一个 Demo 类的案例，赋值给变量 y。

```
y = Demo()
```

步骤 5：为变量 x 所引用的对象设置两个动态属性。

```
y.test1 = 5
y.test2 = 15
```

步骤 6：检测变量 y 所返回的布尔值。

```
if y:
    print('y 案例中存在动态属性')
else:
    print('y 案例未设置动态属性')
```

步骤 7：运行案例代码，得到如下结果：

```
x 案例未设置动态属性
y 案例中存在动态属性
```

5.1.5 其他运算符

案例 102　对象标识的比较运算

导　语

is 运算符用于比较两个变量是否引用同一个案例，即判断两者是否为同一对象。is 运算符的运算结果为布尔类型。当两个操作数的标识相同(它们引用同一个对象案例，其标识可通过调用 id 函数获得)，is 运算符的运算结果为 True，否则为 False。

is not 运算将产生相反的运算结果。如果 a is b 的运算结果为 True，那么 a is not b 的运算结果就是 False。

操作流程

步骤 1：声明变量 x、y，并以字符串类型的案例来初始化。

```
x, y = 'abc', 'acd'
```

步骤 2：通过 is 运算符确认一下 x 和 y 两个变量是否引用同一个对象。

```
print(f'x 与 y 是同一个对象吗?{x is y}')
```

x 和 y 所引用的字符串对象不相同(一个是“abc”,另一个是“acd”),所以,x is y 表达式的运算结果为 False。运行后输出以下文本:

```
x 与 y 是同一个对象吗? False
```

步骤 3：声明变量 s 和 r,并使用相同的 int 数值赋值(赋值后都是 7)。

```
s = 7
r = 7
```

步骤 4：判断一下,变量 s 和 r 是否为同一个对象。

```
print(f's 与 r 不是同一个对象吗?{s is not r}')
```

相同的整数值引用的是同一块内存区域,s is r 的运算结果为 True,相反地,s is not r 的运算结果就是 False。代码输出以下内容:

```
s 与 r 不是同一个对象吗?False
```

步骤 5：声明变量 m 和 n,同时引用类型 float。

```
m = float
n = float
```

步骤 6：判断一下变量 m 与 n 是否是同一个对象。

```
print(f'm 与 n 是同一个对象吗?{m is n}')
```

变量 m 和 n 引用了类型 float,它们的对象标识一致,因此,m is n 的结果是 True。输出结果如下:

```
m 与 n 是同一个对象吗?True
```

注意：在 Python 中,类型本身也被视为对象,因此,类型之间也可以使用“is”或“is not”运算符进行对象标识比较。

案例 103　not 运算符

导　语

not 运算符会使表达式产生相反的布尔值。例如,3 == 5,由于 3 与 5 并不相等,所以此表达式的运算结果为 False。如果加上 not 运算符，即 not 3 == 5，那么运算结果就会变成 True 了。

操作流程

步骤 1：将 not 运算符用在整数值 5 之前，得到的运算结果是 False。

```
print(not 5)
```

对整数值 5 进行布尔运算，返回的结果为 True，因为不为 0 的整数都被认为是 True。加上 not 运算符后得到相反的结果，即 False。

步骤 2：以下代码执行会打印出 True。

```
print(not 10 < 6)
```

表达式 10 < 6 的运算结果为 False，加上 not 运算符后结果变为 True。

步骤 3：下面代码的执行结果为 True。

```
print(not 1 > 0 or len('abc') == 3)
```

not 运算符的优先级高于 or 运算符，因此先计算 not 1 > 0，再计算 len('abc') == 3，最后才进行逻辑"或"运算。1 > 0 的运算结果是 True，加上 not 运算符后变为 False；len 函数获取字符串的长度，"abc"中字符个数为 3，即表达式 len('abc') == 3 返回 True。最后，两个表达式进行"或"运算后，结果为 True。

案例 104 检查类型成员的存在性

导 语

检查类型(或该类型的案例对象)是否包含某个成员，最常用的方法是调用 hasattr 函数。例如，检查一下 float 类中是否存在__str__方法，可以这样处理：

```
hasattr(float, '__str__')
```

由于 float 类中确实存在__str__方法，所以 hasattr 函数调用后返回 True。

本案例将演示另一种方案——通过在类中实现__contains__方法来判断成员的存在性。在使用时可以通过"in"运算符来检查。例如，要判断 Car 类中是否存在 cid 属性，可以使用以下表达式：

```
'cid' in Car
```

__contains__方法的签名如下：

```
__contains__(self, item)
```

self 参数指的是当前类的案例引用，item 参数就是要判断的属性名，例如上文中提到的 cid 属性，如果调用了__contains__方法，那么 item 参数就是“cid”。如果 item 参数提供的成员名称存在，__contains__方法就返回 True，否则返回 False。

操作流程

步骤 1：声明 test 类，实现__contains__方法，用以分析指定的成员是否存在。

```
class test:
    def __contains__(self, item):
        # 先分析类型本身的成员
        if item in self.__class__.__dict__:
            return True
        # 再分析类型案例的成员
        if item in self.__dict__:
            return True
        # 指定的成员未找到
        return False
```

在 Python 语言中，对象的成员会被存储在__dict__成员中，它是一个字典对象，而且，类型与案例之间的__dict__字典是相互独立的。也就是说，test 类中的__dict__属性存放的是与 test 类相关的成员，而 test 案例的__dict__字典中存储的是与案例相关的成员，例如为案例设置的动态属性。

因此，在检查某个成员是否存在时，既要查找 test 类的__dict__字典，又要查找 test 案例的__dict__字典。

步骤 2：在 test 类中定义一个 work 方法。此方法不做任何操作，只用于做测试。

```
def work(self):
    pass
```

步骤 3：创建 test 类案例。

```
v = test()
```

步骤 4：为 test 案例设置动态属性。

```
v.label = 'test'
```

步骤 5：分别检查一下 test 案例是否存在 work、label 和 count 三个成员。

```
if 'work' in v:
    print('此对象存在 work 方法')
else:
    print('未找到 work 方法')

if 'label' in v:
```

```
    print('此对象存在 label 属性')
else:
    print('未找到 label 属性')

if 'count' in v:
    print('此对象存在 count 属性')
else:
    print('未找到 count 属性')
```

步骤6：运行案例程序，得到如下结果：

```
此对象存在 work 方法
此对象存在 label 属性
未找到 count 属性
```

work方法是在test类中声明的，label属性是动态赋值产生的，这两者都是存在的，而count属性是不存在的（test类在声明阶段未定义，而且test案例创建后也未进行过赋值）。

案例105　复合赋值运算符

导　语

复合赋值运算符可以将当前变量的值进行运算后，再把运算结果重新赋值给当前变量。例如，下面代码声明变量a，并初始化为5。

```
a = 5
```

把变量a的值加3再赋值回变量a。

```
a = a + 3
```

使用复合赋值运算符，可以简写成

```
a += 3
```

类似地，还有

```
a -= 2
a * = 5
a / = 2
a >> = 1
a | = b
a ** = 3
a % = 3
```

操作流程

步骤 1：声明变量 m，初始化为 200。

```
m = 200
```

步骤 2：通过 id 函数取得变量 m 的对象标识，并打印。

```
print(f'复合赋值前：{id(m)}')
```

步骤 3：对变量 m 进行复合赋值。

```
m * = 5
```

步骤 4：再次打印变量 m 的对象标识。

```
print(f'复合赋值后：{id(m)}')
```

步骤 5：运行案例代码，屏幕输出的信息如下：

```
复合赋值前：140716601703472
复合赋值后：3115029372688
```

从输出结果来看，复合赋值后，变量 m 的标识改变了，这说明复合赋值会使变量 m 引用新的对象案例（原有的对象案例被丢弃）。

案例 106　模拟 C 语言的“三目”运算符

导　语

在 C 语言（包括与 C 语言风格类似的语言）中，有这么一个运算符：

```
<条件> ? <表达式 1> : <表达式 2>
```

当条件成立时，执行表达式 1，如果条件不成立就执行表达式 2。这是 C 语言中唯一的三目运算符，也称“三元”运算符。

Python 中虽然没有这个运算符，但可以通过内联的 if…else…语句（或称“条件表达式”）来模拟。其格式如下：

```
<表达式 1> if <条件> else <表达式 2>
```

当条件成立时执行表达式 1，否则执行表达式 2。

操作流程

步骤 1：声明变量 x 并赋值。

```
x = 175
```

步骤 2：使用条件表达式来控制输出的文本，然后将文本输出到屏幕上。

```
msg = '{0} {1}被 5 整除'.format(x, '能' if x % 5 == 0 else '不能')
print(msg)
msg = '{0} {1}被 3 整除'.format(x, '能' if x % 3 == 0 else '不能')
print(msg)
```

上面代码依次分析了变量 x 能否被 5 和 3 整除，如果可以整除则产生字符串“能”，不能整除就产生字符串“不能”。

步骤 3：运行案例程序，屏幕输出如下：

```
175 能被 5 整除
175 不能被 3 整除
```

5.2 浮点数的扩展功能

案例 107 Decimal 类的简单使用

导 语

decimal 模块提供了与浮点数相关的功能，可以弥补 float 类的不足。其中，Decimal 类是此模块的核心类，它表示一个十进制的浮点数值，可以通过以下几种方式进行初始化：

(1) 整数值，即 int 类型的值。

(2) 浮点数值，即 float 类型的值。

(3) 字符串，例如“1.0005”。

(4) 其他的 Decimal 案例。

(5) 一个元组案例，即 tuple 对象。该元组包含三个元素：符号用 0 表示正值，用 1 表示负值；各个位上的数字，用一个元组对象封装；指数，即科学记数法中 10(程序中用字母 E 或 e 表示)的指数，以表示小数位。

操作流程

步骤 1：导入 decimal 模块。

```
import decimal
```

步骤 2：使用浮点数值来初始化 Decimal 对象。

```
d1 = decimal.Decimal(0.00001)
```

注意：向 Decimal 的构造函数传递浮点数值会被转换为完整的十进制浮点数，小数位在 53 位以上。

步骤 3：使用字符串来初始化 Decimal 对象。

```
d2 = decimal.Decimal('3.156')
```

步骤 4：使用整数值来初始化 Decimal 对象。

```
d3 = decimal.Decimal(5520)
```

步骤 5：初始化 Decimal 对象，但不提供参数。

```
d4 = decimal.Decimal()
```

value 参数的默认值为 0，因此未提供参数的初始化得到的浮点数为 0。

步骤 6：输出上述各个 Decimal 对象的值。

```
print(f'd1: {d1}\nd2: {d2}\nd3: {d3}\nd4: {d4}')
```

步骤 7：运行案例程序，屏幕呈现结果如下：

```
d1: 0.000010000000000000000818030539140313095458623138256371021270751953125
d2: 3.156
d3: 5520
d4: 0
```

案例 108　通过元组对象来初始化 Decimal 类

导　语

Decimal 类支持通过一个元组对象来初始化。其中，传递给构造函数的元组对象要求包含三个元素：

```
(<0 或 1>, (<数字组合>), <指数>)
```

例如，要构造浮点数 1.27，应当将以下元组对象传递给 Decimal 类的构造函数。

```
(0, (1, 2, 7), -2)
```

其中，0 表示正值，1、2、7 表示要使用到的数位，−2 是指数，即 10^{-2}，表示两个小数位，最终产生十进制浮点数值 1.27。

如果需要产生负值，只要将元组序列中的第一个元素从 0 改为 1 即可。

```
(1, (1, 2, 7), -2)
```

若希望产生整数值的浮点数，将指数设定为 0 即可。例如：

```
(0, (3,5,7,1), 0)
```

产生的浮点数值为 3571。

同理，下面方法可以产生负整数值：

```
(1, (4,2,9), 0)
```

产生的数值为－429。

操作流程

步骤 1：从 decimal 模块中导入 Decimal 类。

```
from decimal import Decimal
```

步骤 2：产生浮点数值 12.00006。

```
x1 = Decimal((0, (1, 2, 0, 0, 0, 0, 6), -5))
```

在指定各个数位上的数字时，所提供的元素必须与每一个位相匹配，例如上面的代码，12.00006 中有四个 0，所以，提供数位的元组中也要依次指定四个 0，如果只包含一个 0 就会变成 0.01206 了。

步骤 3：以下代码会产生数值－0.33。

```
x2 = Decimal((1, (0, 3, 3), -2))
```

元组序列中，第一个元素如果为 0 表示正值，如果为 1 表示负值。

步骤 4：产生整数值 960。

```
x3 = Decimal((0, (9, 6, 0), 0))
```

指数为 0 可以产生不带小数部分的浮点数值。

步骤 5：将以上三个浮点数打印到屏幕上。

```
print(f'x1: {x1}\nx2: {x2}\nx3: {x3}')
```

步骤 6：运行案例程序，得到的结果如下：

```
x1: 12.00006
x2: -0.33
x3: 960
```

案例 109　使用 DecimalTuple 来初始化 Decimal 对象

导　语

DecimalTuple 类派生自内置的 tuple 类，这表明它属于元组序列。DecimalTuple 类的构造函数签名如下：

```
DecimalTuple(sign, digits, exponent)
```

sign 参数表示符号，0 代表正值，1 代表负值；digits 参数表示组成浮点数的各个数位上的数字；exponent 参数是指数，用于确定小数位。

操作流程

步骤 1：从 decimal 模块中导入 Decimal 和 DecimalTuple 两个类。

```
from decimal import Decimal,DecimalTuple
```

步骤 2：创建 DecimalTuple 案例。

```
tp = DecimalTuple(0, (2, 5, 7, 2, 5), - 3)
```

第一个参数 0 表示要产生的浮点数为正值。第二个参数指定组成浮点数的数字；第三个参数－3 表明产生的数值有 3 位小数位。

步骤 3：将已案例化的 DecimalTuple 对象传递给 Decimal 的构造函数。

```
dc = Decimal(tp)
```

步骤 4：打印浮点数的值。

```
print(dc)
```

步骤 5：运行案例程序，输出结果为：

```
25.725
```

案例 110　设置浮点数的精度

导　语

decimal 模块中公开 Context 类，该类用于设定浮点数的约束环境，例如小数位的舍入规则，科学记数法中指数的有效范围等。

其中，prec 字段用于指定浮点数的精度。此精度值并不仅仅包括小数位，而是整个浮点数值的有效位数，精度计算的起始位是非 0 的最高位。例如，prec ＝ 3，从浮点数 1.23654

产生的 Decimal 案例的值会变成 1.24，从浮点数 0.00038162 产生的 Decimal 案例的值就是 0.000382。

虽然 Decimal 类的构造函数可以接收 Context 案例，但是，这种方法并不能使浮点数的约束起作用。有效的方法是调用 Context 类的 create_decimal 或者 create_decimal_from_float 案例方法。调用方法后会返回一个 Decimal 案例，此 Decimal 案例会自动应用 Context 对象所设置的约束规则。

操作流程

步骤 1：从 decimal 模块中导入需要使用的类。

```
from decimal import Decimal, Context
```

步骤 2：创建 Context 案例，并设置 prec 字段为 4，即有效位数为 4。

```
c = Context(prec = 4)
```

步骤 3：声明一个元组序列，其中包含 4 个元素，稍后代码会通过这 4 个元素来产生 Decimal 对象。

```
src = 0.00517926, 36029.33, 11.000037, -20.00491
```

步骤 4：使用 for 循环依次访问上述元组的元素，并调用 create_decimal 方法创建 Decimal 案例。

```
for n in src:
    dx = c.create_decimal(n)
    print(f'{n:<15f}  >>>  {dx}')
```

步骤 5：运行案例程序，输出结果如下：

```
0.005179         >>>  0.005179
36029.330000     >>>  3.603E+4
11.000037        >>>  11.00
-20.004910       >>>  -20.00
```

注意：数值 36029.33 会转换为科学记数法，并保留 4 个有效位(prec = 4)，即 3.603×10^4。

案例 111　基于线程的浮点数环境

导　语

Context 类可以设置浮点数值的一些环境条件，例如精度、舍入规则等。每个线程都拥有独立的 Context 案例。

调用 getcontext 函数可以获取当前线程的 Context 案例，然后可以对其进行修改。要替换当前线程的 Context 案例，可以调用 setcontext 函数。

对 Context 案例的修改是线程独立的，即修改后仅对当前线程中的代码起作用，不会影响其他线程代码中的 Context 案例。

本案例将演示在三个新线程上设置浮点数的精度，在新线程运行的函数中，使用相同的浮点数值来创建 Decimal 案例，三个线程的代码差异是使用不同的精度。

操作流程

步骤 1：导入需要的模块。

```
import threading, decimal
```

步骤 2：定义一个函数，此函数接收一个 prec 参数，表示浮点数的精度。新线程在执行该函数时，会向 prec 参数传递数值，以便让每个线程使用独立的精度值。

```
def theFun(prec):
    # 获取当前线程的 Context 案例
    ctx = decimal.getcontext()
    # 修改浮点数精度
    ctx.prec = prec
    # 获取当前线程的名称
    tname = threading.currentThread().name
    # 创建 Decimal 案例,进行测试
    dx = ctx.create_decimal(150.6092738)
    # 打印信息
    print(f'线程:{tname},精度:{prec},浮点数:{dx}', end = '\n')
```

首先，调用 getcontext 函数，获得与当前线程关联的 Context 案例；接着修改它 prec 字段；最后用这个 Context 案例创建 Decimal 案例，并输出到屏幕上。

步骤 3：创建三个新线程，并与前面定义的 theFun 函数关联。

```
th1 = threading.Thread(target = theFun, kwargs = {'prec': 2}, name = '线程 - 1')
th2 = threading.Thread(target = theFun, kwargs = {'prec': 4}, name = '线程 - 2')
th3 = threading.Thread(target = theFun, kwargs = {'prec': 5}, name = '线程 - 3')
```

target 参数引用要在新线程上执行的函数，name 参数用于为线程分配一个名称，作为线程的标识。

步骤 4：启动三个新线程。

```
th1.start()
th2.start()
th3.start()
```

步骤 5：等待线程完成。

```
th1.join()
th2.join()
th3.join()
```

步骤6：运行案例程序，屏幕输出结果如下：

```
线程:线程-1,精度:2,浮点数:1.5E+2
线程:线程-2,精度:4,浮点数:150.6
线程:线程-3,精度:5,浮点数:150.61
```

5.3 随机数

案例112 产生一个随机整数

导 语

randrange函数的签名如下：

```
randrange(start, stop=None, step=1)
```

此函数实际上引用了Random类的randrange方法。该方法通过range函数产生一个整数序列，然后从这个整数序列中随机挑选一个值并返回。由于其中调用了range方法，因此，产生的整数序列中不会包含stop参数的值（终值）。如果希望包含终值，可以将终值设定为stop＋1，也可以改用randint函数。

randint函数的签名如下：

```
randint(a, b)
```

这个函数内部也是调用了randrange函数的，但会将终值自动加1。最终使得产生的整数序列中会包含参数a、b的值，所生成的随机数值就有可能等于a或者等于b。

本案例分别使用randrange和randint函数产生20个随机整数。

操作流程

步骤1：从random模块中导入randrange、randint函数。

```
from random import randrange, randint
```

步骤2：使用randrange函数生成20个随机整数，此过程用一个while循环来完成。

```
n = 20
while n > 0:
    x = randrange(100, 999)
    print(x, end=' ')
    n -= 1
```

随机整数的范围为 100～999，包含 100 但不包含 999。

步骤 3：再使用 randint 函数生成 20 个随机整数。

```
n = 20
while n > 0:
    x = randint(100, 999)
    print(x, end = ' ')
    n -= 1
```

步骤 4：运行案例程序，屏幕输出信息如下：

```
第一组随机整数：
490 824 338 247 634 179 167 178 932 323 129 662 343 577 410 804 203 922 514 166

第二组随机整数：
551 554 163 595 486 175 685 324 277 549 140 286 410 610 162 274 460 803 310 498
```

案例 113　从序列中随机取出一个元素

导　语

choice 函数实现从序列对象中随机抽取一个元素的功能。由于抽出的元素是随机的，所以，有可能多次抽取到同一个元素。

操作流程

步骤 1：从 random 模块中导入 choice 函数。

```
from random import choice
```

步骤 2：创建元组对象。

```
fruit = 'grape', 'banana', 'carambola', 'plum', 'cherry', 'pitaya', 'durian', 'haw', 'bennet',
'cumquat', 'orange', 'pomelo', 'ginkgo', 'betelnut'
```

步骤 3：通过 for 循环，分 6 次从刚创建的元组对象中随机抽取元素，并输出到屏幕上。

```
for i in range(1, 7):
    item = choice(fruit)
    print(f'第 {i} 轮:{item}')
```

步骤 4：运行案例程序，屏幕输出内容如下：

```
第 1 轮:carambola
第 2 轮:haw
第 3 轮:orange
第 4 轮:plum
```

```
第 5 轮:durian
第 6 轮:grape
```

案例 114　生成 0～1 的随机数

导　语

random 是一个较为基本的随机数生成函数，它无须提供参数，每次调用都会返回一个随机的浮点数。返回的浮点数值范围为 0.0～1.0。

本案例的代码将产生 30 个范围为 0～1 的随机数。

操作流程

步骤 1：从 random 模块中导入 random 函数。

```
from random import random
```

步骤 2：生成包含 30 个随机数值的列表。

```
list = [random() for x in range(0, 30)]
```

上述代码采用了推导式语法来创建列表元素。range 函数会产生 30 个整数值(0～29)，使 for 循环进行 30 次，而每一轮循环都会调用 random 函数来生成随机数。

步骤 3：将刚刚创建的列表输出。

```
for t in list:
    print(t)
```

步骤 4：运行案例程序，将得到以下结果：

```
0.7752921194672695
0.6179192477048415
0.544004827305869
0.7641340486889894
0.16455304316662278
0.322114982895767
0.8359993710563475
0.1002351001118369
0.06100987506652378
0.5759007835457446
0.7441508591311612
0.31176860536751505
0.3402127542523834
0.7018380242086919
0.8311313924774838
```

```
0.06465222120376235
0.9647640867597532
0.7524880871328589
0.877546464812801
0.5833824681848158
0.34219217279738
0.6758185498350315
0.871773235692606l
0.4075969277139295
0.2589888735787854
0.3423943462120598
0.19306203974340952
0.6695575551319477
0.38946701326225497
0.4256406315237091
```

案例 115　从原序列中选取随机样本组成新序列

导　语

choice 函数只从原序列随机抽取一个元素，如果希望从原序列中随机抽取若干个元素组成新的序列，则需要用到 sample 函数。sample 函数的签名如下：

```
sample(population, k)
```

population 参数指的是原始序列，k 参数指定新序列的大小(元素个数)。k 参数所指定的序列大小不能超过原序列的大小。假设原序列有 3 个元素，设置 k=5 会发生错误。

操作流程

步骤 1：从 random 模块中导入 sample 函数。

```
from random import sample
```

步骤 2：创建一个整数列表。

```
src = [87, 19, 155, 23, 701, 46, 264, 198, 52, 12]
```

步骤 3：从上面的列表中随机选取 5 个元素组成新的列表。

```
new_list1 = sample(src, 5)
```

步骤 4：分别打印原始列表与新组成的列表。

```
print(f'原序列:\n{src}')
print(f'随机生成的新序列:\n{new_list1}\n')
```

步骤 5：从 1000 以内的整数列表中随机选出 80 个元素，组成新的列表。

```
new_list2 = sample(range(1000), 80)
```

步骤 6：运行案例程序，结果如下：

```
原序列：
[87, 19, 155, 23, 701, 46, 264, 198, 52, 12]
随机生成的新序列：
[19, 87, 23, 155, 12]

从 1000 以内的整数序列中选取 80 个元素：
[233, 473, 665, 866, 895, 168, 200, 928, 859, 228, 489, 485, 172, 641, 110, 381, 375, 227,
269, 610, 201, 540, 555, 335, 62, 707, 807, 134, 787, 642, 901, 804, 996, 106, 11, 811, 129,
584, 36, 222, 868, 90, 921, 572, 763, 309, 522, 671, 559, 290, 948, 631, 295, 263, 243, 274,
187, 628, 117, 560, 782, 249, 394, 892, 419, 697, 923, 951, 176, 795, 800, 238, 992, 234, 687,
660, 329, 97, 601, 861]
```

案例 116　打乱列表中的元素顺序

导　语

shuffle 函数的功能是将一个列表中的元素打乱，即随机地进行重新排序。此函数在某些开发场景中非常有用。例如，在扑克牌游戏的开发过程中，每一轮游戏开始之前，可以使用 shuffle 函数来重新洗牌。

操作流程

步骤 1：导入 shuffle 函数。

```
from random import shuffle
```

步骤 2：创建一个整数列表。

```
nums = [76, 19, 81, 192, 20, 83, 302, 185]
```

步骤 3：对上述列表进行三次顺序打乱。

```
shuffle(nums)
print(f'第 1 次打乱顺序：{nums}')
shuffle(nums)
print(f'第 2 次打乱顺序：{nums}')
shuffle(nums)
print(f'第 3 次打乱顺序：{nums}')
```

shuffle 函数不会返回新的列表对象，而是对原列表中的元素重新排序。

步骤 4：运行案例程序，得到以下结果：

```
原列表:[76, 19, 81, 192, 20, 83, 302, 185]
第 1 次打乱顺序:[20, 76, 302, 192, 185, 19, 83, 81]
第 2 次打乱顺序:[83, 19, 185, 302, 76, 192, 20, 81]
第 3 次打乱顺序:[185, 81, 302, 20, 192, 76, 83, 19]
```

5.4 数学函数

案例 117 取整函数

导 语

取整运算可以向两个方向进行——上舍入与下舍入。上舍入就是获取比当前值大并且最接近的整数，例如 7.4，比它大并且最接近的整数是 8；下舍入就是获取比当前值小并且最接近的整数，例如 7.4，下舍入后就是 7。

ceil 函数执行上舍入取整运算，floor 函数执行下舍入取整运算。这两个函数的功能是相对的。

操作流程

步骤 1：导入 ceil 和 floor 函数。

```
from math import ceil, floor
```

步骤 2：声明三个变量，并用浮点数值赋值。

```
a, b, c = 17.669, 4.05, -11.63
```

步骤 3：使用 ceil 函数对上述三个浮点数进行取整。

```
print(f'{a} --> {ceil(a)}')
print(f'{b} --> {ceil(b)}')
print(f'{c} --> {ceil(c)}\n')
```

步骤 4：使用 floor 函数对三个浮点数取整。

```
print(f'{a} --> {floor(a)}')
print(f'{b} --> {floor(b)}')
print(f'{c} --> {floor(c)}')
```

步骤 5：运行案例程序，得到如下结果：

```
向上舍入:
17.669 --> 18
4.05 --> 5
-11.63 --> -11
```

```
向下舍入:
17.669 --> 17
4.05 --> 4
-11.63 --> -12
```

案例118 “四舍六入五留双”算法

导　语

round函数的舍入算法并不是常见的“四舍五入”算法，而是采用“四舍六入五留双”算法。该算法的舍入步骤如下：

（1）当尾数小于或等于4时，直接舍去。

（2）当尾数大于或等于6时，舍去尾数，并且前一位要进1。

（3）当尾数等于5并且5之后的所有数位都为0时，如果前一位是偶数，就直接舍去；如果前一位是奇数，则进1。

（4）当尾数等于5但5之后的任意数位不为0时，就舍去尾数，并且前一位要进1，不考虑前一位是否为偶数。

操作流程

步骤1：浮点数1.227保留2位小数。

```
x = 1.227
print(f'{x} --> {round(x, 2)}')
```

尾数是7，大于6，舍去尾数后前一位进1，结果是1.23。

步骤2：浮点数12.3928保留2位小数。

```
x = 12.3928
print(f'{x} --> {round(x, 2)}')
```

尾数是2，小于4，可直接舍去，结果是12.39。

步骤3：浮点数7.015保留2位小数。

```
x = 7.015
print(f'{x} --> {round(x, 2)}')
```

尾数为5，并且5之后都是0，舍去尾数后，前一位为1且为奇数，需要加1，结果为7.02。但实际运行结果为7.01，根据Python官方文档的说明，此情况并非bug，而是二进制与浮点数之间的误差造成的。

步骤4：浮点数24.865009保留2位小数。

```
x = 24.865009
print(f'{x} --> {round(x, 2)}')
```

尾数为5,但5之后出现有效数字,因此舍去5之后前一位要加1。结果为24.87。

案例119 求绝对值

导 语

内置函数abs实现了求绝对值的功能。如果传递给参数的是整数值,那么调用abs函数后也会以整数类型返回;如果传入的是浮点数值,将返回浮点数值。

另外,在math模块中也有一个求绝对值的函数——fabs,该函数总是返回浮点数值类型,不管传递给参数的数值是整数还是浮点数。decimal模块中的BasicContext/Context类公开了一个abs方法,其功能也是用于求绝对值的。

操作流程

步骤1:使用内置的abs函数来求绝对值。

```
x1 = -3.33
a1 = abs(x1)
x2 = 76.36
a2 = abs(x2)

#输出结果
print(f'|{x1}| = {a1}')
print(f'|{x2}| = {a2}')
```

输入的参数皆为float类型的数值,因此,abs函数返回的也是float类型的数值。运算结果如下:

```
|-3.33| = 3.33
|76.36| = 76.36
```

步骤2:使用math模块下的fabs函数来求绝对值。

```
import math
x3 = 9.006
a3 = math.fabs(x3)
x4 = -14.105
a4 = math.fabs(x4)

#输出结果
print(f'|{x3}| = {a3}')
print(f'|{x4}| = {a4}')
```

得到以下结果:

```
|9.006| = 9.006
|-14.105| = 14.105
```

步骤 3：使用 Context 类的 abs 方法来求绝对值。

```
import decimal
ctx = decimal.Context(prec = 5)
x5 = ctx.create_decimal( - 26.2617)
a5 = ctx.abs(x5)
x6 = ctx.create_decimal(0.20000691)
a6 = ctx.abs(x6)
print(f'|{x5}| = {a5}')
print(f'|{x6}| = {a6}')
```

Context 类的 abs 方法需要使用 Decimal 案例进行运算，所以不能直接传递 int 或 float 类型的数值，而是要先调用 Context 案例的 create_decimal 方法创建 Decimal 案例，然后再传递给 abs 方法。

计算结果为：

```
| - 26.262| = 26.262
|0.20001| = 0.20001
```

在案例化 Context 对象时，指定了 prec = 5，表示其中所使用的浮点数只保留 5 位有效数字，因此，数值 0.20000691 被舍入为 0.20001。

案例 120　最大值与最小值

导　语

max 函数返回序列中的最大值，对应地，min 函数则返回序列中的最小值。这两个函数可以这样使用：

用一个可迭代序列作为参数，例如：

```
max( [1, 5, 6] )
```

或者直接传递运态参数，即

```
min( 17, 15, 21, 65)
```

操作流程

步骤 1：求四个整数中最小的值。

```
print('85,9,24,56 中最小的数值:')
print(min([85, 9, 24, 56]))
```

min 函数在调用时，直接使用了一个列表案例作为参数。

步骤 2：求五个整数中的最大值。

```
print('7,49,100,72,18 中最大的数值:')
print(max(7, 49, 100, 72, 18))
```

max 函数在调用时，把要进行比较的整数值直接作为参数，依次传递给 max 函数。

步骤 3：运行案例程序，会得到以下结果：

```
85,9,24,56 中最小的数值:
9

7,49,100,72,18 中最大的数值:
100
```

案例 121 排序函数——sorted

导 语

sorted 是内置函数，其功能是将一组对象进行默认排序。排序方案有以下几种：

(1) 对于数值序列，将按照从小到大进行排序，即升序。

(2) 对于英文字符，先按照 A～Z 排序，再按 a～z 排序。

(3) 对于中文字符，是按照字符编码进行升序排列。

(4) 对于自定义的类，可以实现__lt__、__gt__等方法以获得排序支持。如果自定义的类未实现这些方法并且没有为 sorted 函数的 key 参数设置恰当的函数来返回用于排序的有效值，那么 sorted 函数排序失败。

sorted 函数的签名如下：

```
sorted(iterable, key, reverse)
```

iterable 参数引用需要进行排序的序列。key 参数引用一个函数，该函数要求接收一个参数，从 iterable 中取出来的每个子项都会被传递到 key 参数所引用的函数中，此函数必须返回用于排序的值(例如某个对象的某个属性)。reverse 参数是布尔值，如果为 True，表示将排序后的序列进行反转，默认为 False。假设 sorted 函数返回已排序序列 1、2、3，若 reverse 参数为 True，那么得到的最终结果是 3、2、1。

操作流程

步骤 1：定义要进行排序的列表。

```
org = ['时', '升', '非', '张', '余']
```

步骤 2：进行默认排序。

```
r1 = sorted(org)
```

步骤 3：进行默认排序，并反转排序结果。

```
r2 = sorted(org, reverse = True)
```

步骤 4：输出排序结果。

```
print(f'原字符序列:\n{org}\n')
print(f'排序后:\n{r1}\n')
print(f'排序并反转后:\n{r2}')
```

步骤 5：运行案例程序，排序前后的字符列表对比如下：

```
原字符序列:
['时', '升', '非', '张', '余']

排序后:
['余', '升', '张', '时', '非']

排序并反转后:
['非', '时', '张', '升', '余']
```

注意：本案例中用于排序的列表中使用了中文字符，其默认的排序方式是按照字符编码升序排列。Unicode 字符的编码可以通过 ord 函数来获得。

案例 122　按照字符串的长度排序

导　语

sorted 函数的 key 参数可以引用一个函数，通过这个函数可以返回自定义的用于参与排序的值。在本案例中，通过让 key 参数引用 len 函数来实现按照字符的长度（即字符个数）进行排序。

操作流程

步骤 1：创建列表案例，包含若干个长度不等的字符对象。

```
src_list = ['abe', 'cake', 'xy', '6f7e8t3d', 'z']
```

步骤 2：调用 sorted 函数进行排序，并使 key 参数引用 len 函数。

```
result = sorted(src_list, key = len)
```

步骤 3：分别输出排序前后的列表内容。

```
print(f'原序列:\n{src_list}\n')
print(f'按字符串长度排序后:\n{result}')
```

步骤 4：运行案例程序，屏幕打印内容如下：

```
原序列：
['abe', 'cake', 'xy', '6f7e8t3d', 'z']

按字符串长度排序后：
['z', 'xy', 'abe', 'cake', '6f7e8t3d']
```

案例 123　依据员工的年龄排序

导　语

本案例定义了一个 Employee 类，用于表示员工信息。当将 Employee 序列传递到 sorted 函数时，会依据员工的年龄（age 属性）排序。

此方案可以通过 key 参数引用一个返回员工年龄的函数来处理，例如：

```
def test(emp):
    return emp.age

res = sorted(emplist, key = test)
```

但本案例将采用另一种解决方案：直接在类中实现比较算法。具体而言，就是实现__gt__、__lt__等方法。实际上，只要实现任意一个比较方法，sorted 函数就可以进行排序了。

操作流程

步骤 1：定义 Employee 类，其中包含 name、age 两个属性。

```
class Employee:
    name: str
    age: int
    # 构造函数
    def __init__(self, name = '', age = 0):
        self.name = name
        self.age = age
    # 自定义输出文本
    def __repr__(self):
        return f'name: {self.name}, age: {self.age}'
    # 自定义"大于"比较运算
    def __gt__(self, other):
        return self.age > other.age
```

在构造函数（__init__）中通过传入的参数为 name 和 age 属性赋值。在本案例中，Employee 类只实现__gt__方法，用于定义“>”（大于）运算符的算法。尽管未实现__eq__、 __lt__等方法，但不影响 sorted 函数的正常工作。

Employee 类还定义了__repr__方法，主要用于调用 repr 函数时的自定义输出。如果不实现此方法，在调试时 Python 应用程序只会打印 Employee 案例的内存地址。为了便于查看运行结果，自定义__repr__方法来输出 name 和 age 属性的值。

步骤 2：创建 Employee 的新案例(4 个新案例)。

```
e1 = Employee(name = '小王', age = 28)
e2 = Employee(name = '小杜', age = 35)
e3 = Employee(name = '小雷', age = 32)
e4 = Employee(name = '小刘', age = 27)
```

步骤 3：使用上面创建的 4 个 Employee 案例构建一个列表对象。

```
e_list = [e1, e2, e3, e4]
#删除引用
del e1,e2,e3,e4
```

新创建的列表对象会保持对 4 个 Employee 案例的引用，而且后面的代码不再引用变量 e1、e2、e3 和 e4，因此可以使用 del 语句删除它们。变量仅仅保存对案例的引用，删除变量不会删除其引用的案例。

步骤 4：调用 sorted 函数进行排序。

```
result = sorted(e_list)
```

步骤 5：输出排序前与排序后的 Employee 对象列表。

```
print('排序前:')
for x in e_list:
    print(x)
print('\n 排序后:')
for e in result:
    print(e)
```

步骤 6：运行案例程序，屏幕输出的内容如下：

```
排序前:
name:小王, age: 28
name:小杜, age: 35
name:小雷, age: 32
name:小刘, age: 27

排序后:
name:小刘, age: 27
name:小王, age: 28
name:小雷, age: 32
name:小杜, age: 35
```

案例124　以自然常数为底的指数运算

导　语

exp 函数的签名如下：

```
exp(x)
```

此函数以自然常数 e 为底数，以参数 x 为指数进行运算，即 e^x。e 是常数，它的值是固定的——2.718281828459045。

操作流程

步骤 1：导入 math 模块。

```
import math
```

步骤 2：先计算 e^0。

```
r1 = math.exp(0)
print(f'e 的 0 次方:{r1}')
```

步骤 3：计算 $e^{-1.5}$。

```
r2 = math.exp(-1.5)
print(f'e 的 -1.5 次方:{r2}')
```

步骤 4：计算 e^{100}。

```
r3 = math.exp(100)
print(f'e 的 100 次方:{r3}')
```

步骤 5：计算 $e^{0.5}$。

```
r4 = math.exp(0.5)
print(f'e 的 0.5 次方:{r4}')
```

步骤 6：计算 e^{π}，其中，π 是圆周率，即 3.141592653589793。

```
r5 = math.exp(math.pi)
print(f'e 的 π 次方:{r5}')
```

步骤 7：运行案例程序，输出结果如下：

```
e 的 0 次方:1.0
e 的 -1.5 次方:0.22313016014842982
e 的 100 次方:2.6881171418161356e+43
e 的 0.5 次方:1.6487212707001282
e 的 π 次方:23.140692632779267
```

注意：计算结果 2.6881171……e+43 中的 e 并非自然常数 e，它是专用于科学记数法的符号，即 $2.6881171418161356\times10^{43}$。

案例 125　求以 10 为底数的对数

导　语

对数是幂的逆运算。以 a 为底数，求 N 的对数，可以用符号记作

$$x=\log_a N$$

x 表示计算结果——指数。例如

$$x=\log_4 16$$

得到 x 的结果为 2，因为 $16=4^2$。

在 math 模块下有个 log10 函数，它的功能是求以 10 为底的 x 的对数，函数签名如下：

```
log10(x)
```

例如，计算 $\log_{10}1000$，可以使用 log10 函数。

```
log10(1000)
```

得到结果 3.0，因为 $1000=10^3$。log10 函数的返回结果为浮点数类型，哪怕计算结果是整数，它也是以浮点数值返回的。

操作流程

步骤 1：导入 log10 函数。

```
from math import log10
```

步骤 2：求整数值的对数(以 10 为底数)。

```
a = log10(100)
b = log10(100000)
c = log10(7000)
```

步骤 3：也可以求浮点数的对数(以 10 为底数)。

```
d = log10(15.5)
e = log10(8.3)
```

步骤 4：打印以上所有计算结果。

```
print(f'log10 100 --> {a}')
print(f'log10 100000 --> {b}')
```

```
print(f'log10 7000 -->{c}')
print(f'log10 15.5 --> {d}')
print(f'log10 8.3 --> {e}')
```

步骤 5：运行案例程序，屏幕输出内容为：

```
log10 100 --> 2.0
log10 100000 --> 5.0
log10 7000 --> 3.845098040014257
log10 15.5 --> 1.1903316981702914
log10 8.3 --> 0.919078092376074
```

注意：调用 log10 函数时，所传递的参数值必须大于 0。如果传递的参数是 0 或负值，会发生错误。

案例 126　获取浮点数的分数与整数部分

导　语

modf 函数的参数 x 接收一个浮点数值，调用后会返回一个带有两个元素的元组对象。这两个元素依次是参数 x 的分数部分（小数部分）和整数部分。

例如，以下调用会返回分数 0.14000000000000012 与整数 3。

```
modf(3.14)
```

modf 函数返回的数值的符号由参数 x 的符号决定。例如：

```
m.modf(-1.2)
```

返回结果：

```
(-0.19999999999999996, -1.0)
```

传入的参数若为负值，则 modf 函数返回的值皆为负值。

操作流程

步骤 1：从 math 模块中导入 modf 函数。

```
from math import modf
```

步骤 2：创建一个列表对象，包含若干个数值，这些数值稍后会依次传递给 modf 函数。

```
numbers = [12.035, -9.00021, 4.25, 68, 21.909]
```

步骤 3：调用 modf 函数，将上述列表中的各个数值进行分数部分与整数部分的拆分。

```
for n in numbers:
    f, i = modf(n)
    print(f'{n} 拆分后\n 分数:{f:.8f}\n 整数:{i}\n')
```

步骤 4：运行案例程序，将得到以下结果：

```
12.035 拆分后
分数:0.03500000
整数:12.0

-9.00021 拆分后
分数:-0.00021000
整数:-9.0

4.25 拆分后
分数:0.25000000
整数:4.0

68 拆分后
分数:0.00000000
整数:68.0

21.909 拆分后
分数:0.90900000
整数:21.0
```

案例 127 计算最大公约数

导 语

gcd 函数返回两个整数的最大公约数，函数签名如下：

```
gcd(a, b)
```

如果 a、b 皆为 0，那么 gcd 函数也返回 0。参数 a、b 必须是整数类型，不能使用浮点数(引发 TypeError 异常)。

操作流程

步骤 1：从 math 模块中导入 gcd 函数。

```
from math import gcd
```

步骤 2：求 15 与 150 的最大公约数。

```
print(f'15 与 150 的最大公约数:{gcd(15, 150)}')
```

步骤 3：求 72 与 60 的最大公约数。

```
print(f'72 与 60 的最大公约数:{gcd(72, 60)}')
```

步骤 4：求 135 与 250 的最大公约数。

```
print(f'135 与 250 的最大公约数:{gcd(135, 250)}')
```

步骤 5：运行案例程序，输出结果如下：

```
15 与 150 的最大公约数:15
72 与 60 的最大公约数:12
135 与 250 的最大公约数:5
```

案例 128　阶 乘 运 算

导　语

阶乘是指小于或等于整数 n 的所有正整数的乘积，即

$$n! = 1 \times 2 \times 3 \times \cdots \times n$$

例如，5 的阶乘，计算过程为

$$5! = 1 \times 2 \times 3 \times 4 \times 5$$

阶乘运算中有一个特例——0 的阶乘是 1。

实现阶乘运算，可以自己编写代码来完成。如下面代码所示，fact 函数可以计算参数 n 的阶乘。

```
def fact(n):
    if n == 0:
        return 1
    r = 1
    for i in range(2, n + 1):
        r = r * i
    return r
```

math 模块中定义了一个 factorial 函数，其功能就是用来做阶乘运算的，直接调用即可，开发人员不需要自己编写计算代码。

本案例将演示 factorial 函数的使用。

操作流程

步骤 1：导入 factorial 函数。

```
from math import factorial
```

步骤 2：创建一个元组案例，用于稍后计算测试。

```
nums = 6, 3, 9, 13, 10
```

步骤 3：依次计算上述元组对象中各个整数的阶乘。

```
for x in nums:
    r = factorial(x)
    print('{0} != {1}'.format(x, r))
```

步骤 4：运行案例程序，将得到以下结果：

```
6 != 720
3 != 6
9 != 362880
13 != 6227020800
10 != 3628800
```

5.5 三角函数

案例 129 弧度制与角度制之间的转换

导 语

弧度的定义：长度等于半径的一段弧所对应的圆心角为 1 弧度，单位简写为 rad。一个圆周的弧度为 2π，即 $360°$；半圆的弧度为 π，即 $180°$。

由此可推导出

$$1° = \frac{\pi}{180}\text{rad}$$

$$1\text{rad} = \frac{180°}{\pi}$$

在三角函数中经常会使用弧度制，因此掌握角度制与弧度制之间的转换尤为重要。在 Python 中，math 模块提供了相关的转换函数。degrees 函数将弧度制的度数转换为角度制度数；radians 函数将角度制的度数转换为弧度制度数。

操作流程

步骤 1：从 math 模块中导入 degrees、radians 函数。

```
from math import degrees, radians
```

步骤 2：下面三行代码，将三个角度值转换为弧度角。

```
print(f'30° -> {radians(30):.4f} rad')
print(f'45° -> {radians(45):.4f} rad')
print(f'150° -> {radians(150):.4f} rad')
```

步骤 3：下面代码把弧度值转换为角度值。

```
print(f'2.5 rad -> {degrees(2.5):.4f}°')
print(f'0.77 rad -> {degrees(0.77):.4f}°')
print(f'4.2 rad -> {degrees(4.2):.4f}°')
```

其中，格式控制符“.4f”表示保留 4 位小数的浮点数值。

步骤 4：运行案例程序，会得到以下结果：

```
30° -> 0.5236 rad
45° -> 0.7854 rad
150° -> 2.6180 rad

2.5 rad -> 143.2394°
0.77 rad -> 44.1178°
4.2 rad -> 240.6423°
```

案例 130　常用的三角函数

导　语

Python 的 math 模块提供了以下几个三角函数：

(1) sin：正弦函数。

(2) cos：余弦函数。

(3) tan：正切函数。

虽然 math 模块未提供与余切、正割、余割对应的函数，但可以通过三角函数之间的运算来获得需要的结果。例如

$$\cot x = \frac{1}{\tan x}$$

$$\sec x = \frac{1}{\cos x}$$

$$\csc x = \frac{1}{\sin x}$$

三角函数的参数皆使用弧度制的角度，如果原始数值使用的是角度制，需要调用 radians 函数转换为弧度角。

操作流程

步骤 1：从 math 模块中导入需要使用的函数。

```
from math import sin, cos, tan, radians
```

步骤 2：根据三角函数之间的运算关系，自定义三个函数，分别用于计算正割、余割、余切。

```
#正割
def sec(x):
    return 1 / cos(x)

#余割
def csc(x):
    return 1 / sin(x)

#余切
def cot(x):
    return 1 / tan(x)
```

步骤 3：求 90°的正弦值。

```
a = 90
rad = radians(a)
res = sin(rad)
print(f'sin {a}° = {res}')
```

步骤 4：求 45°的余弦值。

```
a = 45
rad = radians(a)
res = cos(rad)
print(f'cos {a}° = {res}')
```

步骤 5：求 60°的正切值。

```
a = 60
rad = radians(a)
res = tan(rad)
print(f'tan {a}° = {res}')
```

步骤 6：求 15°的余切值。

```
a = 15
rad = radians(a)
res = cot(rad)
print(f'cot {a}° = {res}')
```

步骤 7：求 120°的正割值。

```
a = 120
rad = radians(a)
res = sec(rad)
print(f'sec {a}° = {res}')
```

步骤 8：求 75°的余割值。

```
a = 75
rad = radians(a)
res = csc(rad)
print(f'csc {a}° = {res}')
```

步骤 9：运行案例程序，计算结果如下：

```
sin 90° = 1.0
cos 45° = 0.7071067811865476
tan 60° = 1.7320508075688767
cot 15° = 3.7320508075688776
sec 120° = -2.0000000000000001
csc 75° = 1.035276180410083
```

案例 131　反三角函数

导　语

反三角函数，即根据三角函数值来计算出其所对应的角度。由于三角函数具有周期性，因此反三角函数的计算结果可以是多个值。例如，arc sin(−1)的结果可以是 270°，也可以是−90°。但在 Python 中，反三角函数仅返回单个值。表 5-1 列出了各个反三角函数的参数区间与返回值区间。

表 5-1　各个反三角函数的区间说明

函数名称	说　明	参数区间	返回值区间
asin	反正弦函数	$[-1,1]$	$\left[-\frac{\pi}{2},\frac{\pi}{2}\right]$
acos	反余弦函数	$[-1,1]$	$[0,\pi]$
atan	反正切函数	**R**(实数集)	$\left(-\frac{\pi}{2},\frac{\pi}{2}\right)$（无限接近极限值）
atan2(y, x)	反正切函数，可以计算方位角，即与 x 轴的夹角。该函数返回的角度可以覆盖多个象限：正值表示夹角为逆时针方向旋转；负值表示夹角为顺时针方向旋转。例如，atan2(−1, −1)所返回的角度为−135°	$x,y\in\mathbf{R}$	$(-\pi,\pi]$

反三角函数所返回的角度皆使用弧度制，如果需要转换为角度制，可以使用 degrees 函数。

math 模块并未提供反余切、反正割、反余割三个函数，但可以通过三角函数关系进行换算。即

$$\operatorname{arccot} x = \frac{\pi}{2} - \arctan x$$

$$\operatorname{arcsec} x = \arccos\left(\frac{1}{x}\right)$$

$$\operatorname{arccsc} x = \arcsin\left(\frac{1}{x}\right)$$

操作流程

步骤 1：从 math 模块中导入需要使用的函数。

```
from math import asin, acos, atan, atan2, degrees, pi
```

步骤 2：自定义三个函数，分别用于计算反余切、反正割和反余割函数。

```
#反余切函数
def acot(x):
    return pi / 2 - atan(x)

#反正割函数
def asec(x):
    return acos(1 / x)

#反余割函数
def acsc(x):
    return asin(1 / x)
```

步骤 3：求 0.5 的反正弦值。

```
n = 0.5
a = asin(n)
d = degrees(a)
print(f'arcsin {n} = {d}°')
```

步骤 4：求 1 的反余弦值。

```
n = 1
a = acos(n)
d = degrees(a)
print(f'arccos {n} = {d}°')
```

步骤 5：求 12.5 的反正切值。

```
n = 12.5
a = atan(n)
d = degrees(a)
print(f'arctan {n} = {d}°')
```

步骤 6：求－15.21 的反余切值。

```
n = -15.21
a = acot(n)
d = degrees(a)
print(f'arccot {n} = {d}°')
```

步骤 7：求 4.5 的反正割值。

```
n = 4.5
a = asec(n)
d = degrees(a)
print(f'arcsec {n} = {d}°')
```

步骤 8：求－20.6 的反余割值。

```
n = -20.6
a = acsc(n)
d = degrees(a)
print(f'arccsc {n} = {d}°')
```

步骤 9：求经过坐标原点(0,0)和坐标点(15,－8)的直线与 x 轴的夹角，使用 atan2 函数。

```
x = 15
y = -8
a = atan2(y, x)
d = degrees(a)
print(f'arctan2 ({x}, {y}) = {d}°')
```

步骤 10：运行案例程序，结果如下：

```
arcsin 0.5 = 30.000000000000004°
arccos 1 = 0.0°
arctan 12.5 = 85.42607874009914°
arccot -15.21 = 176.2384327386068°
arcsec 4.5 = 77.16041159309584°
arccsc -20.6 = -2.7824420499416447°
arctan2 (15, -8) = -28.072486935852957°
```

案例132 欧氏距离

导语

欧氏距离(即“欧几里得度量”),用于计算两个坐标点之间的直线距离。对于n维空间,欧氏距离的通用公式为

$$d(x,y)=\sqrt{\sum_{i=1}^{n}(x_i-y_i)^2}$$

或者

$$d(x,y)=\left(\sum_{i=1}^{n}(x_i-y_i)^2\right)^{\frac{1}{2}}$$

对于二维空间中的两个点的直线距离,可以直接写成

$$d=\sqrt{(x_2-x_1)^2+(y_2-y_1)^2}$$

如果只是计算某个坐标点与原点之间的距离,还可以简化为

$$d=\sqrt{x^2+y^2}$$

math模块提供的hypot函数用于计算坐标点(x,y)与原点(0,0)之间的距离。当然,也可以用于计算二维空间中的任意两点的距离,方法是令$x=x_2-x_1$,$y=y_2-y_1$。

操作流程

步骤1:导入hypot函数。

```
from math import hypot
```

步骤2:计算平面中两个坐标点之间的距离。

```
x1, y1 = 16, -20
x2, y2 = 25, 16
d = hypot(x2 - x1, y2 - y1)
print(f'点({x1},{y1}) 与点({x2},{y2}) 之间的直线距离为:{d}')
```

步骤3:计算坐标点与原点之间的距离。

```
x, y = -100, -60
d = hypot(x, y)
print(f'点({x,y}) 到原点的距离为:{d}')
```

步骤4:运行案例程序,结果如下:

```
点(16,-20) 与点(25,16) 之间的直线距离为:37.107950630558946
点((-100, -60)) 到原点的距离为:116.61903789690601
```

案例133　闵氏距离公式

导　语

本案例将演示编写用于计算闵氏距离(即"闵可夫斯基"距离)的函数。闵氏距离计算 n 维空间中两个坐标点的距离。其公式为

$$d(x,y)=\left(\sum_{i=1}^{n}|x_i-y_i|^p\right)^{\frac{1}{p}}$$

或者

$$d(x,y)=\sqrt[p]{\sum_{i=1}^{n}|x_i-y_i|^p}$$

当常数 $p=1$ 时,即为曼哈顿距离(绝对值距离);当 $p=2$ 时,就是欧几里得距离(欧氏距离);当 p 趋向无穷大时,就是切比雪夫距离。

操作流程

步骤1:定义 minkowski_distance 函数,用于计算闵氏距离。

```
def minkowski_distance(x: Iterable, y: Iterable, p: float):
    """
    求闵氏距离的函数.
    当 p = 1 时,为曼哈顿距离;
    当 p = 2 时,为欧几里得距离;
    当 p 趋于无穷大时,为切比雪夫距离
    """
    # 如果两个坐标的维度不同,抛出异常
    if len(x) != len(y):
        raise Exception('两个坐标的维度不相等')
    # 合并两个坐标序列
    cb = zip(x, y)
    # 求和
    s = sum([abs(xu - yu) ** p for xu, yu in cb])
    # 开 p 次方,即指数为 1/p 的幂
return s ** (1 / p)
```

在求和之前,需要使用 zip 函数将两个坐标序列进行合并。例如,有以下两个序列:

```
序列 1:2、7、9
序列 2:5、4、8
```

使用 zip 函数合并后变成

```
[(2,5), (7,4), (9,8)]
```

步骤 2：下面代码将使用上面定义的 minkowski_distance 函数来计算三维空间中两个点之间的欧氏距离。

```
p1 = (15, 7, 24)
p2 = (-30, 15, -9)
de = minkowski_distance(p1, p2, 2.0)
print(f'三维坐标 {p1} 与 {p2} 之间的欧氏距离:\n{de}\n')
```

调用 minkowski_distance 函数时，p 参数设置为 2.0，即为欧氏距离。

步骤 3：下面代码计算二维空间中两个点的曼哈顿距离。

```
p1 = 1, 5
p2 = 3, -2
dm = minkowski_distance(p1, p2, 1.0)
print(f'二维坐标 {p1} 与 {p2} 之间的曼哈顿距离为:\n{dm}')
```

调用 minkowski_distance 函数时将 p 参数设置为 1.0 就用于计算曼哈顿距离。

步骤 4：运行案例程序，输出结果如下：

```
三维坐标 (15, 7, 24) 与 (-30, 15, -9) 之间的欧氏距离:
56.37375275782161


二维坐标 (1, 5) 与 (3, -2) 之间的曼哈顿距离为:
9.0
```

5.6 统计学函数

案例 134 求和函数

导语

sum 是内置函数，接收一个 iterable 类型的对象，并返回该 iterable 对象中元素（子项）的和，即求和运算。iterable 参数支持如列表、元组等数据类型。

另外，sum 函数有一个可选的 start 参数，默认值为 0，该参数用于指定 iterable 参数中求和运算的开始位置。例如，要从 iterable 中第三个元素开始进行求和，start 参数应指定为 2。若要从一个序列中截取一部分进行运算，可以使用"切片"格式。例如：

```
n = [5, 2, 3, 7, 12, 20, 15]
#求第二、三、四个元素的和
s = sum(n[1:4])
```

[1:4]表示从原序列中截取索引 1～4 的元素，其中包含索引为 1 的元素，但不包含索引为 4 的元素，最后截取到索引分别为 1、2、3 的元素。

操作流程

步骤 1：求一个整数类型元组的总和。

```
elems = (50, 80, 20, 30, 70)
result = sum(elems)
print(f'{elems}求和后:{result}')
```

步骤 2：求一个包含浮点数值的列表的总和。

```
elems = [0.0001, 0.002, 4.513, 0.886, 0.0003]
result = sum(elems)
print(f'{elems}求和后:{result}')
```

步骤 3：求一个字符列表的总和，此代码会发生错误，sum 函数仅用于对数值（整数、浮点数）进行运算。

```
elems = ['x', 'y', 'z']
result = sum(elems)
print(f'{elems}求和后:{result}')
```

要将字符（串）进行串联，应该使用字符串案例的 join 方法。

```
result = ''.join(elems)
```

步骤 4：运行案例程序，结果如下：

```
(50, 80, 20, 30, 70)求和后:250
[0.0001, 0.002, 4.513, 0.886, 0.0003]求和后:5.401400000000001
['x', 'y', 'z']串联后:xyz
```

案例 135　算术平均数

导　语

mean 函数用于计算简单的算术平均数。设数据样本为 $x_1, x_2, x_3, \cdots, x_n$，均值 M 的计算公式为

$$M = \frac{\sum_{i=1}^{n} x_i}{n}$$

即所有数据样本的总和除以样本个数。算术平均数主要用于未分组的数据样本。

操作流程

步骤 1：从 statistics 模块中导入 mean 函数。

```
from statistics import mean
```

步骤 2：创建列表对象，作为数据样本。

```
sample = [15, 70, 28, 19, 65, 46, 23]
```

步骤 3：调用 mean 函数，求算术平均数。

```
M = mean(sample)
```

步骤 4：输出相关的信息。

```
print(f'数据样本:\n{sample}\n算术平均值:{M}\n')
```

步骤 5：运行案例程序，结果如下：

```
数据样本:
[15, 70, 28, 19, 65, 46, 23]
算术平均值:38
```

案例 136　求字符串样本的平均长度

导　语

本案例先创建一个字符串序列，然后使用 mean 函数计算序列中字符串的平均长度。由于 mean 函数只针对数值样本进行运算，所以不能直接将字符串序列传递给 mean 函数。

解决方案是生成由原字符串序列中各个字符串案例的长度组成的新序列，然后再传递给 mean 函数。获取字符串的长度可以调用 len 函数。

操作流程

步骤 1：导入 mean 函数。

```
from statistics import mean
```

步骤 2：创建字符串样本。

```
sample = '桃李春风', 'act', 'may', '山河', 'tomato', '九里山前古战场,牧童拾得旧刀枪', 'disk
space'
```

步骤 3：创建另一个数据样本，由 sample 样本中的字符串长度组成。

```
samplepoints = [len(x) for x in sample]
```

步骤 4：计算平均长度。

```
M = mean(samplepoints)
```

步骤 5：输出相关信息。

```
print('数据样本:', sample, sep = '\n')
print(f'平均长度:{M}')
```

步骤 6：运行案例程序，会得到以下计算结果：

```
数据样本:
('桃李春风', 'act', 'may', '山河', 'tomato', '九里山前古战场,牧童拾得旧刀枪', 'disk space')
平均长度:6.142857142857143
```

案例 137　调和平均数

导　语

调和平均数也称倒数平均数，因为它是样本变量倒数的算术平均数的倒数。假设样本数据为 $x_1, x_2, x_3, \cdots, x_n$，调和平均数 H 的计算公式为

$$H = \frac{1}{\frac{1}{n}\sum_{i=1}^{n}\frac{1}{x_i}} = \frac{n}{\sum_{i=1}^{n}\frac{1}{x_i}}$$

参与调和平均数计算的样本变量中不能出现 0，因为如果存在某个变量的值为 0，会使得公式的分母变得无穷大，导致无法求出有效的平均数。

操作流程

步骤 1：导入 harmonic_mean 函数，此函数用于求一个数值序列的调和平均数。

```
from statistics import harmonic_mean
```

步骤 2：创建用于测试的数据样本。

```
sample = [56.7, 98.6, 44.12, 55, 16.8, 37.23]
```

步骤 3：计算数据样本的调和平均数。

```
M = harmonic_mean(sample)
```

步骤 4：输出相关信息。

```
print('数据样本:', sample, sep = '\n')
print(f'调和平均值:{M}')
```

步骤5：运行案例程序，输出结果如下：

```
数据样本:
[56.7, 98.6, 44.12, 55, 16.8, 37.23]
调和平均值:38.70722593516536
```

案例138 中 位 数

导 语

将一组数值序列进行排序后(升序或降序)，处于序列中间位置的数值便是中位数，也称中值。假设数据序列有 n 个变量，若 n 为奇数，那么处于中间位置的数值就是要求的中位数；如果 n 是偶数，则中间两个数值的平均数为中位数。例如，序列 1、3、5 中，中位数为 3；在序列 2、3、4、5 中，中位数是 3.5，即 $\frac{3+4}{2}$。

median 函数用于求样本序列的中位数，使用的是上文所述的算法。另外，当样本中变量个数为偶数时，有时候可能不希望使用中间两个数值的平均值，而是想取出其中一个作为中位数，这时可以考虑使用 median_low 或者 median_high 函数。举个例子，对于样本 5、6、7、8，中间两个数为 6 和 7，如果调用 median_low 函数将返回 6，调用 median_high 函数则返回 7。

如果样本中的变量个数为奇数，那么 median_low 和 median_high 函数的返回结果与 median 函数相同。

操作流程

步骤1：导入 median、median_low、median_high 三个函数。

```
from statistics import median,median_low, median_high
```

步骤2：当样本中变量个数为奇数时，求中位数。

```
sample1 = [5, 9, 3, 6, 7]
m1 = median(sample1)
print('样本:', sample1)
print('中位数:', m1)
```

步骤3：当样本中变量个数为偶数时，可以用三种方式求中位数。

```
sample2 = [20, 12, 8, 16, 14, 6]
#中间两项的平均值
m2 = median(sample2)
#中间两个数中取出较大的一个
m3 = median_high(sample2)
#取出较小的那个
```

```
m4 = median_low(sample2)
print('样本:', sample2)
print('中位数(均值):', m2)
print('中位数(较大):', m3)
print('中位数(较小):', m4)
```

步骤4：运行案例程序，屏幕输出内容如下：

```
-----------样本个数为奇数------------
样本:[5, 9, 3, 6, 7]
中位数: 6

-----------样本个数为偶数------------
样本:[20, 12, 8, 16, 14, 6]
中位数(均值): 13.0
中位数(较大): 14
中位数(较小): 12
```

注意：调用median、median_low或median_high函数时，会自动对原序列进行排序。

案例139 从分组数据中求中位数

导语

当数据样本中出现重复的变量时，可以从数据分组中估计其中位数。median_grouped函数的计算公式如下

$$M = L + \frac{\frac{n}{2} - \mathrm{cf}}{f} \times \mathrm{interval}$$

其中，interval是组距，数据样本排序后，假设处于中间位置的变量为x。f是x重复出现的次数，称为频数；cf是变量x之前的所有变量的累积频数。n是数据样本的变量个数，L是处于中间分组的下限。其计算方法为

$$L = x - \frac{\mathrm{interval}}{2}$$

举例，某数据样本为4、3、2、3、5，排序之后为2、3、3、4、5，假定组距interval为1，于是

$$x = 3, n = 5, \mathrm{interval} = 1, \mathrm{cf} = 1, f = 2$$

$$L = x - \frac{\mathrm{interval}}{2} = 3 - \frac{1}{2} = 2.5$$

$$M = L + \frac{\frac{n}{2} - \mathrm{cf}}{f} \times \mathrm{interval} = 2.5 + \frac{\frac{5}{2} - 1}{2} \times 1 = 3.25$$

median_grouped 函数的签名如下：

```
median_grouped(data, interval = 1)
```

interval 参数如果忽略，则默认为 1。

操作流程

步骤 1：导入 def median_grouped 函数。

```
from statistics import median_grouped
```

步骤 2：当组距 interval 保持默认值 1 时，求数据列表的分组中位数。

```
sample = [25, 40, 80, 40, 25, 36, 40]
mg = median_grouped(sample)
print(f'样本:\n{sample}')
print(f'分组中位数:{mg}\n')
```

步骤 3：当 interval 为 2 时，求数据列表的分组中位数。

```
sample = [7, 27, 27, 27, 65, 85, 85, 85]
interval = 2
mg = median_grouped(sample, interval)
print(f'样本:\n{sample}')
print(f'组距:{interval}')
print(f'分组中位数:{mg}\n')
```

步骤 4：当数据列表不包含重复变量时，求分组中位数。

```
sample = [55, 57, 52, 53, 61, 62]
mg = median_grouped(sample)
print(f'样本:\n{sample}')
print(f'当样本不存在重复变量时,分组中位数为:{mg}')
```

步骤 5：运行应用程序，屏幕输出内容如下：

```
样本:
[25, 40, 80, 40, 25, 36, 40]
分组中位数:39.666666666666664

样本:
[7, 27, 27, 27, 65, 85, 85, 85]
组距:2
分组中位数:64.0

样本:
[55, 57, 52, 53, 61, 62]
当样本不存在重复变量时,分组中位数为:56.5
```

注意：median_grouped 函数会自动对 data 参数进行排序。

案例 140　众　数

导　语

众数是指在数据样本中重复出现次数最多的变量，即频数最大的变量。mode 函数可以返回一个序列的众数。如果序列中的数值没有重复项，或者无法确定哪个值的频数最大，就会发生错误。

操作流程

步骤 1：导入 mode 函数。

```
from statistics import mode
```

步骤 2：求一个序列的众数。

```
sample = 1, 5, 6, 6, 5, 5, 5, 3
print(f'样本:{sample}')
c = mode(sample)
print(f'众数:{c}\n')
```

步骤 3：当一个序列中不存在重复出现的项时，会发生错误。

```
sample = 5, 2, 10, 7, 4, 11
print(f'无重复项的样本:{sample}')
try:
    c = mode(sample)
except:
    c = '<发生错误>'
print(f'众数:{c}')
```

由于上述代码在运行的时候会发生异常，所以可以将 mode 函数的调用写在 try 语句块中，目的是捕捉异常。

步骤 4：运行案例程序，得到以下结果：

```
样本:(1, 5, 6, 6, 5, 5, 5, 3)
众数:5

无重复项的样本:(5, 2, 10, 7, 4, 11)
众数:<发生错误>
```

案例141 方 差

导 语

与方差有关的函数有两个——variance 和 pvariance。variance 函数返回数据序列的样本方差，pvariance 函数返回的是数据序列的总体方差。假设样本方差为 V_s，总体方差为 V_p，那么它们的计算公式分别为

$$V_s = \frac{1}{n-1}\sum_{i=1}^{n}(x_i - \bar{x})^2$$

$$V_p = \frac{1}{n}\sum_{i=1}^{n}(x_i - \bar{x})^2$$

其中，n 表示数据样本中变量个数，$\bar{x}$ 表示样本中变量的平均值。

操作流程

步骤 1：导入两个方差函数。

```
from statistics import variance,pvariance
```

步骤 2：假设对两批零件进行取样测量，分别得出 10 个测量数值。

```
sample1 = 37.1, 36.89, 37.2, 37.22, 37.01, 37.12, 36.92, 36.99, 37.03, 36.98
sample2 = 37.23, 37.012, 37.31, 36.84, 37.01, 36.91, 37.35, 36.97, 37.04, 37.11
```

步骤 3：对两组数据分别计算其样本方差与总体方差，并向屏幕打印计算结果。

```
print(f'样本 1:\n{sample1}')
print(f'样本方差:{variance(sample1)}')
print(f'总体方差:{pvariance(sample1)}')

print(f'样本 2:\n{sample2}')
print(f'样本方差:{variance(sample2)}')
print(f'总体方差:{pvariance(sample2)}')
```

步骤 4：运行案例程序，输出结果如下：

```
样本 1:
(37.1, 36.89, 37.2, 37.22, 37.01, 37.12, 36.92, 36.99, 37.03, 36.98)
样本方差:0.012404444444444438
总体方差:0.011163999999999995

样本 2:
(37.23, 37.012, 37.31, 36.84, 37.01, 36.91, 37.35, 36.97, 37.04, 37.11)
样本方差:0.028765733333333432
总体方差:0.025889160000000088
```

案例142　标　准　差

导　语

将方差的计算结果开平方根，就得到标准差。因此计算数据序列的标准差，也有两个函数——stdev 和 pstdev。stdev 用于计算样本标准差，pstdev 用于计算总体标准差。在实际应用中，标准差比方差更直观地反映数据离散(偏离均值)程度。

假设用 S_s 表示样本标准差，用 S_p 表示总体标准差，它们的计算公式依次为

$$S_s = \sqrt{\frac{1}{n-1}\sum_{i=1}^{n}(x_i - \bar{x})^2}$$

$$S_p = \sqrt{\frac{1}{n}\sum_{i=1}^{n}(x_i - \bar{x})^2}$$

在统计数据时，选用总体标准还是样本标准差，取决于数据是否完整全面。例如，要求全国人口每天饮水量的标准差，就要选用样本标准差，因为无法获取到全国所有人口每天喝多少水，而只能对 1000 人、5000 人，或 20000 人进行抽样获取数据。

如果要计算某只股票在过去一年里涨跌的标准差，这种情况可以使用总体标准差，因为一只股票在一年内的涨跌数据是可以完整获得的。

操作流程

步骤 1：导入 stdev 函数。

```
from statistics import stdev
```

步骤 2：假设随机抽取两位学生，让其各自进行三次肺活量测试，得到两组数据。

```
data1 = 2966, 3002, 2980
data2 = 3500, 3325, 3490
```

步骤 3：对两组数据分别计算标准差。

```
s1 = stdev(data1)
s2 = stdev(data2)
```

步骤 4：向屏幕输出相关信息。

```
print(f'第一组样本:\n{data1}')
print(f'标准差:{s1}\n')
print(f'第二组样本:\n{data2}')
print(f'标准差:{s2}')
```

步骤 5：运行案例程序，屏幕输出内容如下：

```
第一组样本:
(2966, 3002, 2980)
标准差:18.14754345175493

第二组样本:
(3500, 3325, 3490)
标准差:98.27681991870378
```

从计算结果来看,第一组数据的标准差较小,表明这位同学在三次肺活量测试中表现比较平稳。

5.7 分式

案例143 如何案例化 Fraction 类

导 语

与 decimal 模块的用途类似,fractions 模块也是针对特殊的数字类型提供的。分数与浮点数之间虽然可以进行转换,但由于二进制处理上的误差,在计算机中,浮点数并不能完全等同于分数。fractions 模块的核心是 Fraction 类,该类可以做一些专门针对分数的运算。

例如,计算 $\frac{1}{2}-\frac{1}{3}$,按照一般数学计算,其结果应为 $\frac{1}{6}$。但若以浮点数来计算,其结果为 0.16666666666666669,而 $\frac{1}{6}$ 转换为浮点数为 0.16666666666666666,显然,尽管两者很接近,但还是有误差的。

Fraction 类支持专用于分数运算的功能,如上面所举的例子,若使用 Fraction 类来计算 $\frac{1}{2}-\frac{1}{3}$,就能得到结果 $\frac{1}{6}$,而不是一个浮点数值。

Fraction 类是用__new__方法来定义构造函数的,而不是__init__方法,原因是该类型为不可变类型。

```
__new__(numerator = 0, denominator = None, * , _normalize = True)
```

其中,numerator 参数指定分子,denominator 参数指定分母,_normalize 参数一般保持默认值(True),它指示是否对分数进行约分。例如,Fraction(6, 8),如果_normalize 参数为 True,则生成的分数为 $\frac{3}{4}$,否则就生成 $\frac{6}{8}$。

操作流程

步骤 1:导入 Fraction 类。

```
from fractions import Fraction
```

步骤2：使用字符串来初始化 Fraction 对象。

```
fac1 = Fraction('5/9')
print(f'用字符串初始化:{fac1}')
```

初始化时表示分子是5，分母是9。

步骤3：使用浮点数来初始化 Fraction 对象。

```
fac2 = Fraction(3.5)
print(f'用浮点数初始化:{fac2}')
```

步骤4：直接指定分子和分母来初始化 Fraction 对象。

```
fac3 = Fraction(2, 5)
print(f'用分子与分母初始化:{fac3}')
```

步骤5：使用 Decimal 案例来初始化 Fraction 对象。

```
from decimal import Decimal
dcm = Decimal(0.4)
fac4 = Fraction(dcm)
print(f'用 Decimal 对象来初始化:{fac4}')
```

使用 Decimal 案例来初始化 Fraction 对象与使用浮点数来初始化相类似。

步骤6：使用其他的 Fraction 案例来初始化。

```
fac5 = Fraction(Fraction(1, 3), Fraction(2, 7))
print(f'用其他 Fraction 对象初始化:{fac5}')
```

上述代码在创建 Fraction 案例时，指定了分子为 $\frac{1}{3}$，分母为 $\frac{2}{7}$，最后产生的分数为

$$\frac{\frac{1}{3}}{\frac{2}{7}}=\frac{1}{3}\times\frac{7}{2}=\frac{7}{6}$$

步骤7：当然，分子/分母也可以是负值。

```
fac6 = Fraction(-3, -11)
print(f'分子和分母都是负值:{fac6}')
fac7 = Fraction(4, -9)
print(f'分子是正值,分母是负值:{fac7}')
fac8 = Fraction(-3, 5)
print(f'分子是负值,分母是正值:{fac8}')
```

步骤 8：运行案例程序，屏幕输出内容如下：

```
用字符串初始化:5/9
用浮点数初始化:7/2
用分子与分母初始化:2/5
用 Decimal 对象来初始化:3602879701896397/9007199254740992
用其他 Fraction 对象初始化:7/6
分子和分母都是负值:3/11
分子是正值,分母是负值:-4/9
分子是负值,分母是正值:-3/5
```

案例 144 限制分母的大小

导 语

在使用浮点数初始化 Fraction 对象时，由于误差会导致产生较大的分母或分子。例如，浮点数值 0.6 产生的 Fraction 分式为 $\frac{5404319552844595}{9007199254740992}$，而期望的分式应该为 $\frac{3}{5}$。此时，可以调用 limit_denominator 方法，以返回一个最合适的分式。

limit_denominator 方法有一个 max_denominator 参数，用来限制修正分式时分母的最大值，默认为 1000000。例如，从浮点数值 0.72 创建的分式为

$$\frac{3242591731706757}{4503599627370496}$$

然后调用 limit_denominator 方法，将分母限制在 10 以内，得到近似分式

$$\frac{5}{7}$$

操作流程

步骤 1：导入 Fraction 类。

```
from fractions import Fraction
```

步骤 2：创建一个 5 个浮点数值的元组，稍后分别使用它们来初始化 Fraction 对象。

```
floats = 0.2, 1.25, 0.875, 1.2, 8.5
```

步骤 3：通过 for 循环依次为元组中的浮点数创建分式，并输出分母大小被限制前后的值。

```
for n in floats:
    print(f'浮点数:{n}')
    fac = Fraction(n)
    print(f'产生的分式:{fac}')
    print(f'限制分母大小后:{fac.limit_denominator()}\n')
```

步骤 4：运行案例程序，输出结果如下：

```
浮点数:0.2
产生的分式:3602879701896397/18014398509481984
限制分母大小后:1/5

浮点数:1.25
产生的分式:5/4
限制分母大小后:5/4

浮点数:0.875
产生的分式:7/8
限制分母大小后:7/8

浮点数:1.2
产生的分式:5404319552844595/4503599627370496
限制分母大小后:6/5

浮点数:8.5
产生的分式:17/2
限制分母大小后:17/2
```

案例 145　常见的分式运算

导　语

Fraction 类支持常见的数学运算，如四则运算、乘方运算、整除、取余、比较运算等。

操作流程

步骤 1：导入 Fraction 类。

```
from fractions import Fraction
```

步骤 2：两个分式相加。

```
a = Fraction('1/5')
b = Fraction('2/3')
r = a + b
print(f'{a} + {b} = {r}')
```

步骤 3：两个分式相减。

```
a = Fraction('4/11')
b = Fraction('2/15')
```

```
r = a - b
print(f'{a} - {b} = {r}')
```

步骤 4：两个分式相乘。

```
a = Fraction(3, 8)
b = Fraction(7, 12)
r = a * b
print(f'{a} * {b} = {r}')
```

步骤 5：两个分式相除。

```
a = Fraction('3/10')
b = Fraction('1/2')
r = a / b
print(f'{a} / {b} = {r}')
```

步骤 6：求某个分式的立方。

```
a = Fraction('2/5')
r = a ** 3
print(f'{a} ^ 3 = {r}')
```

步骤 7：两个分式相除，获取余数。

```
a = Fraction('6/25')
b = Fraction('1/3')
r = a % b
print(f'{a} % {b} = {r}')
```

步骤 8：求分式的绝对值。

```
a = Fraction(-7, 13)
r = abs(a)
print(f'|{a}| = {r}')
```

步骤 9：运行应用程序，屏幕将输出以下结果：

```
1/5 + 2/3 = 13/15
4/11 - 2/15 = 38/165
3/8 * 7/12 = 7/32
3/10 / 1/2 = 3/5
2/5 ^ 3 = 8/125
6/25 % 1/3 = 6/25
|-7/13| = 7/13
```

5.8 日期与时间

案例 146 日期之间的比较

导 语

date、time、datetime 以及 timedelta 这些类都支持比较运算，因为它们都定义了__lt__、__ge__、__gt__、__le__、__eq__等方法。

本案例以 date 类为例来演示日期之间的比较运算。date 类只用于表示日期部分的数据（不包含时间部分，若需要时间部分，可以使用 datetime 类），构造对象案例时使用以下 3 个参数：

（1）year：年份。

（2）month：月份。

（3）day：某月份中的一天。

year 的有效值为[1,9999]；month 的有效值为[1,12]；day 的有效值视年份和月份而定，如果是 2 月并且是闰年，则为 29 天，否则为 28 天。其他的视常规月份来确定，例如 7 月是 31 天。

操作流程

步骤 1：导入 datetime 模块。

```
import datetime
```

步骤 2：创建两个 date 案例。

```
d1 = datetime.date(year = 2009, month = 12, day = 10)
d2 = datetime.date(year = 2012, month = 10, day = 3)
```

步骤 3：判断一下，d1 是否比 d2 小。

```
print(f'{d1}比{d2}小吗?\n{"是的" if d1 < d2 else "不是"}\n')
```

步骤 4：再创建两个 date 案例。

```
d3 = datetime.date(year = 2017, month = 5, day = 1)
d4 = datetime.date(year = 2017, month = 4, day = 15)
```

步骤 5：判断一下，d3 是不是大于 d4。

```
print(f'{d3}比{d4}大吗?\n{"是的" if d3 > d4 else "不是"}\n')
```

步骤 6：运行应用程序，得出以下结果：

```
2009-12-10 比 2012-10-03 小吗?
是的

2017-05-01 比 2017-04-15 大吗?
是的
```

案例 147　计算时间差

导　语

timedelta 类表示的是时间段(两个时间点之间的间距),它依次以周、日、时、分、秒、毫秒、微秒来累计时间段的长短。

date 与 datetime 类的案例在执行减法运算后会返回 timedelta 案例,表示这两个时间点之间的差。

操作流程

步骤 1:从 datetime 模块中导入需要用到的类型。

```
from datetime import date, time, datetime,timedelta
```

步骤 2:计算两个日期之间相隔多少天。

```
d1 = date(year = 2012, month = 3, day = 16)
d2 = date(year = 2014, month = 3, day = 16)
dlt_day = d2 - d1
print(f'从{d1}到{d2}相距{dlt_day.days}天')
```

timedelta 类的 days 属性返回时间段的总天数。

步骤 3:计算两个时间点之间所包含的秒数。

```
t1 = datetime(year = 2019, month = 1, day = 1, hour = 15, minute = 30, second = 0)
t2 = datetime(year = 2019, month = 1, day = 1, hour = 18, minute = 45, second = 0)
delt_m = t2 - t1
print(f'从{t1.time()}到{t2.time()}共有{delt_m.seconds}秒')
```

在仅计算时间与时间的间隔时,年(year)、月(month)、日(day)这三个参数其实并不需要,但在案例化 datetime 类时必须提供。

步骤 4:运行案例程序,结果如下:

```
从 2012-03-16 到 2014-03-16 相距 730 天
从 15:30:00 到 18:45:00 共有 11700 秒
```

案例148　timedelta类的乘法运算

导　语

timedelta类支持乘法与除法运算，但另一个操作数仅限于与整数类型(int)。即timedelta对象只可乘以或除以一个整数值。

timedelta对象的乘法运算会使时间间隔成倍增长，例如3个小时，乘以2之后就是6个小时；同理，除法运算会使时间间隔成倍缩短，例如3个小时，除以3后就是1个小时。

操作流程

步骤1：导入timedelta类。

```
from datetime import timedelta
```

步骤2：创建一个timedelta案例，时长为30分钟。

```
tlt = timedelta(minutes = 30)
```

步骤3：将上述时间段除以2。

```
print(f'{tlt}除以2之后：{tlt/2}')
```

步骤4：将上述时间段乘以3。

```
print(f'{tlt}乘以3之后：{tlt * 3}')
```

步骤5：运行以上代码，屏幕输出内容如下：

```
0:30:00除以2之后:0:15:00
0:30:00乘以3之后:1:30:00
```

第6章 函数式编程

本章的主要内容如下：

- ✍ 函数的定义与调用；
- ✍ 位置参数与关键字参数；
- ✍ 可变参数；
- ✍ 装饰器；
- ✍ lambda 表达式。

6.1 函数的定义与调用

案例149 定义函数

导 语

函数定义使用 def 关键字，格式如下：

```
def <函数名> ([<参数列表>]):
    <函数体>
```

对于无参数的函数，需要写上空的括号。例如：

```
def test():
    …
```

有参数的函数，参数名之间用逗号(英文字符)分隔。例如：

```
def test(a,b,c):
    …
```

当然，也可以为参数设定一个默认值，当调用函数而未提供参数值时，可以使用默认值。

```
def test(a = 0, b = 0, c = None):
    …
```

如果函数需要返回结果，可在函数体中使用 return 关键字。例如：

```
def test(a,b):
    return a + b
```

若是函数不需要函数体，可以使用 pass 语句，但不能留白。因为留空白不符合语法规范。

```
def test():
    pass
```

操作流程

步骤 1：定义 func_1 函数，它接收两个参数。

```
def func_1(a, b):
    print(f'函数的参数值:\na: {a}\nb: {b}\n')
```

步骤 2：定义 func_2 函数，此函数无参数。

```
def func_2():
    print('这个函数没有参数\n')
```

步骤 3：定义 func_3 函数，它带有一个参数，并且有返回值。

```
def func_3(x):
    print(f'参数值:\nx: {x}')
    print('此函数有返回值')
    return x * 10
```

步骤 4：以上三个函数的调用结果如下：

```
------ 调用 func_1 函数 ------
函数的参数值:
a: arg1
b: arg2

------ 调用 func_2 函数 ------
这个函数没有参数

------ 调用 func_3 函数 ------
参数值:
x: 5
此函数有返回值
func_3 的返回值:50
```

案例 150 函数的调用方法

导 语

在调用函数时，函数名后要加上小括号，即使不需要传递参数，也要带上一对空括号。就像这样：

```
some_func()
```

如果不加后面的小括号，表示的并不是函数调用，而是函数引用，仅仅是复制函数的内存地址（相当于创建个别名）。例如：

```
abc = func1
```

变量 abc 只是函数 func1 的别名，以下两种调用都是调用 func1 函数。

```
abc()
func1()
```

操作流程

步骤 1：定义 set_data 函数，此函数带有 x、y 两个参数。

```
def set_data(x, y):
    print(f'{set_data.__name__}函数被调用')
    print('参数:\nx: {}, y: {}'.format(x, y))
```

步骤 2：定义 other_fun 函数，此函数无参数。

```
def other_fun():
    print('{}函数被调用,此函数无参数'.format(other_fun.__name__))
```

步骤 3：定义 get_a_num 函数，该函数返回一个随机整数。

```
def get_a_num():
    from random import randint
    return randint(1,200)
```

步骤 4：调用 set_data 与 other_fun 函数。

```
set_data(20, 150)
other_fun()
```

步骤 5：对于有返回值的 get_a_num 函数，可以声明一个变量来引用函数返回的值。

```
number = get_a_num()
print(f'{get_a_num.__name__}函数返回的数值:{number}')
```

步骤 6：运行案例程序，得到结果如下：

```
set_data 函数被调用
参数:
x: 20, y: 150
other_fun 函数被调用,此函数无参数
get_a_num 函数返回的数值:175
```

注意：函数对象的__name__可以返回函数的名字，类型为字符串。

案例 151　函数的定义顺序

导　语

Python 代码文件被执行时，会按照函数被定义的顺序执行 def 关键字所在的一行代码，此时函数体不会执行。等遇到调用函数的代码时才会执行函数体中的语句。

下面代码会发生错误：

```
runNow()

def runNow():
    pass
```

上述代码是先调用 runNow 函数，然后再定义 runNow 函数。运行之后会发生异常——找不到 runNow 函数。那是因为 Python 代码是按顺序执行的，在执行调用 runNow 函数的语句时，runNow 函数的定义代码未被执行，所以此时是找不到 runNow 函数的。

所以，必须在调用函数的代码之前定义函数。

操作流程

步骤 1：定义 fun_a 和 fun_b 两个函数，并且 fun_a 函数内部调用了 fun_b。

```
def fun_a():
    return fun_b() + 'morning'

# 以下调用会发生错误
res = fun_a()
print(f'调用结果:{res}')

def fun_b():
    return 'Good '
```

虽然 fun_a 函数在调用之前已经定义，可是它内部所调用的 fun_b 函数是在 fun_a 函数调用之后才定义。在调用 fun_a 函数时，会因找不到 fun_b 函数而发生错误。

步骤 2：要避免此错误，可以先把 fun_a 和 fun_b 函数都完成定义，之后再调用 fun_a 函数。

```
def fun_a():
    return fun_b() + 'morning'

def fun_b():
    return 'Good '

res = fun_a()
print(f'调用结果:{res}')
```

案例 152　如何更改函数的引用名称

导　语

在定义函数时，会在全局变量列表中添加一个与函数名称相同的变量，这是由 Python 自动生成的。调用函数时，是通过此变量名称来引用函数对象的。

若要更改此变量的名称，可以在定义函数之后，声明一个新变量，并引用该函数，然后使用 del 语句将函数原来的名称删除（即删除与函数同名的变量引用）。例如：

```
def work():
    pass
the_new = work
del work
```

新的变量必须在 del 语句之前引用函数对象，因为当旧的引用被删除后，新的变量无法再获取到函数对象的引用。

操作流程

步骤 1：新建一个模块，命名为 demo，然后定义__do_something 函数。

```
def __do_something(s):
    print('函数执行,输入参数:', s)
```

步骤 2：声明一个新的变量，并引用__do_something 函数。

```
do_work = __do_something
```

步骤 3：删除旧的函数引用。

```
del __do_something
```

步骤 4：在主代码文件中导入 demo 模块。

```
import demo
```

步骤 5：尝试使用两个变量(__do_something 和 do_work)来调用函数。

```
demo.do_work('test')

#下面调用会发生错误
demo.__do_something('test')
```

以 do_work 名称调用函数可以正常运行，但以__do_something 名称来调用函数会发生错误，因为名为__do_something 的变量已经删除。

6.2　向函数传递参数的方式

案例 153　按位置传递参数与按关键字传递参数

导　语

向函数传递参数有两种方式——按位置传递和按关键字传递。

按位置传递参数时，为参数赋值的顺序必须与参数的声明顺序一致。例如，下面的 add 函数：

```
def add(x, y):
    return x + y
```

调用时，如果计划把 2 赋值给 x 参数，把 3 赋值给 y 参数，调用如下：

```
add(2,3)
```

如果顺序反了，则是 2 赋值给参数 y，3 赋值给参数 x，调用如下：

```
add(3, 2)
```

按关键字来传递参数，即传值时写上参数的名称，例如：

```
add(x = 5, y = 1)
```

但是，下面的传递参数方式会发生错误。

```
add(8, x = 9)
```

数值 8 按位置来传递，因此会被传递给参数 x，而第二个参数是用关键字方式来传递的，这使得参数 x 被赋值了两次。

下面的传递参数方式是允许的，因为数值 8 按位置索引传递给 x 参数，数值 1 通过关键字方式传递给 y 参数。

```
add(8, y = 1)
```

如果所有参数都以关键字方式传递，则可以不考虑顺序，例如：

```
add(y = 3, x = 2)
```

操作流程

步骤 1：定义 combine 函数。

```
def combine(p1, p2, p3):
    return '_'.join((p1, p2, p3))
```

步骤 2：下面代码在调用 combine 函数时，通过按位置来传递参数值。

```
s1 = combine('ab', 'cd', 'ef')
s2 = combine('xyz', '123', 'stx')
```

步骤 3：以下调用方式，通过按关键字来传递参数。

```
s3 = combine(p1 = 'opq', p2 = 'lmn', p3 = 'uvw')
s4 = combine(p1 = '@', p2 = '#', p3 = '%')
```

步骤 4：以下调用，是按位置传递参数与按关键字传递参数混合使用。

```
s5 = combine('xyz', 'uvw', p3 = 'efg')
```

步骤 5：以下调用会出现错误。

```
s6 = combine('hij', p2 = 'kyt', 'otx')
```

一般来说，向函数传递参数时是先传基于位置的参数，再传基于关键字的参数。如果在按关键字传递的参数之后再次出现按位置传递的参数，就会发生错误。上述代码中，p2 参数使用了关键字方式来传递参数，所以最后一个参数 p3 也要使用关键字方式来传递参数。

案例 154　只能按关键字传递的参数

导　语

定义函数时，参数列表中如果出现“*”，表明在此字符之后的参数必须按关键字来传递参数值。例如：

```
def test(a, b, *, c, d)
```

在调用 test 函数时，a、b 参数可以按位置来传递，但 c、d 两个参数必须要使用关键字传

递值。即

```
test(1, 2, c = 3, d = 4)
```

操作流程

步骤 1：定义 run 函数。

```
def run(p, args, *, mode = 0):
    print('函数被调用')
    print('参数列表:')
    print(f'p = {p}, args = {args}, mode = {mode}')
```

上述函数中，mode 参数在函数调用时必须按关键字方式来传递值。p、args 参数可按位置传递值。

步骤 2：尝试调用 run 函数。

```
run('my App', '--x', mode = 2)
```

步骤 3：由于 mode 参数指定了默认值，调用时可以省略。mode 参数被省略后会使用其默认值 0。

```
run('data_box', '-t -f')
```

步骤 4：运行以上代码，程序将输出以下调用结果：

```
函数被调用
参数列表:
p = my App, args = --x, mode = 2

函数被调用
参数列表:
p = data_box, args = -t -f, mode = 0
```

案例 155　只能按位置传递的参数

导　语

当函数的参数列表中出现"/"字符，表示该字符之前的参数必须按位置来传递值。例如：

```
def some_thing(x, y, /, z):
    pass
```

在调用 some_thing 函数时，x 和 y 参数必须按位置来传递值。

此种参数定义方法目前只能在内置的函数中使用，开发者编写的 Python 代码中还不能使用。

操作流程

步骤 1：以 abs 函数为例，该函数调用后会返回 x 的绝对值。该函数的定义如下：

```
abs(x, /)
```

表明参数 x 只能按位置来传递值，不能按关键字传递值。

步骤 2：以下调用可以正常执行。

```
a = abs(-2)
```

步骤 3：但是，以下调用会发生错误，因为不能使用关键字来传递参数值。

```
b = abs(x=10)
```

6.3 可变参数

案例 156 可变的位置参数

导 语

可变参数使参数传递值变得灵活，尤其是当参数个数不能确定时特别有用。可变参数只需要一个单独的参数就可以接收不定个数（可能是 0 个参数，也可能是一个或多数）的参数值。可变参数有两种——可变的位置参数与可变的关键字参数。

可变的位置参数前面必须加上“*”符号，才能被识别。例如：

```
def test(*pars):
    pass
```

pars 就是可变的位置参数，类型为元组（tuple）。在调用函数时，可以传递不定个数的参数值。例如：

```
test(5)
test('ab', 'cd')
test(2,4,6,8)
```

或者，可以传递 0 个参数值。

```
test()
```

操作流程

步骤 1：定义 run 函数，接收可变的位置参数。

```
def run( * args):
    print('run 函数被调用')
    print(f'参数:{args}')
    print(f'参数个数:{len(args)} \n ')
```

步骤 2：调用函数时，可传递动态个数的值。

```
run(1, 5, 7)
run()
run('hello')
run(100, 'tick', 0.0001)
```

步骤 3：还可以先创建序列对象(如列表)，然后再传递给函数。

```
ps = [2, 'f', 5, b'c']
run( * ps)
```

步骤 4：运行案例程序，结果如下：

```
run 函数被调用
参数:(1, 5, 7)
参数个数:3

run 函数被调用
参数:()
参数个数:0

run 函数被调用
参数:('hello',)
参数个数:1

run 函数被调用
参数:(100, 'tick', 0.0001)
参数个数:3

run 函数被调用
参数:(2, 'f', 5, b'c')
参数个数:4
```

注意：如果先创建了序列对象，再传递给可变参数，一定要在前加上“ * ”字符，以表示将序列中的内容“解包”为参数值列表。如果不加上“ * ”字符，即

```
run(ps)
```

这时整个列表对象会被视为单个参数来处理，输出的结果为：

```
参数：([2, 'f', 5, b'c'],)
参数个数：1
```

而加上“*”字符后，列表对象中的元素会被分解出来，作为传递的参数值列表，得到的结果如下：

```
参数：(2, 'f', 5, b'c')
参数个数：4
```

读者可以仔细对比其中的差异。

案例 157 可变的关键字参数

导语

声明函数参数时加上“**”(两个星号)，该参数就会变成个数可变的关键字参数。例如：

```
def config( ** kwitems):
    pass
```

kwitems 参数就是可变的关键字参数，在传递时，必须指定参数的名称，格式为：

```
<参数名 1> = <参数值 1>, <参数名 2> = <参数值 2>, …
```

config 函数可以这样调用：

```
config(item1 = 1, item2 = 2)
config(val_1 = 'task')
config(p1 = 'open', p2 = 'close', p3 = 0)
config()
```

可变的关键字参数实际是字典类型(dict)，因此，参数列表其实是由不固定数量的“键-值”对组成的，所以在传值时也可以先创建字典对象，然后将字典对象传递给函数，就像这样：

```
ps = {'p1':1, 'p2':2, 'p3':3}
config( ** ps)
```

将 ps 变量传递给 config 函数时，前面必须加上“**”，表示将字典对象 ps 中的元素“解包”为参数列表。

操作流程

步骤 1：定义 demo 函数，并声明可变的关键字参数。

```
def demo( ** kwargs):
    print('demo 函数被调用')
```

```
    print(f'参数:', end = '')
    for k, v in kwargs.items():
        print(f'{k} = {v}    ', end = '')
    print('\n')
```

步骤 2：以下代码调用 demo 函数。

```
demo(a = 10, b = 20)
demo()
demo(f = 100.1)
```

步骤 3：也可以先创建字典对象，再传递给 demo 函数。

```
pars = {'title': 'do some work', 'content': 'to call a function'}
demo( ** pars)
```

步骤 4：运行案例程序，屏幕输出内容如下：

```
demo 函数被调用
参数:a = 10    b = 20

demo 函数被调用
参数:

demo 函数被调用
参数:f = 100.1

demo 函数被调用
参数:title = do some work    content = to call a function
```

案例 158　可变参数的混合使用

导　语

当可变的位置参数与可变的关键字参数同时出现在函数参数列表中时，位置参数必须在关键字参数之前。例如，下面的函数定义会发生错误。

```
def mv_first( ** kwargs,  * psargs):
    pass
```

正确的定义如下：

```
def mv_first( * psargs,  ** kwargs):
    pass
```

在调用函数时，先传递位置参数的值，再传递关键字参数的值。例如：

```
mv_first(1, 2, 3, a = 4, b = 5)
```

操作流程

步骤 1：定义 demo 函数，该函数同时包含可变的位置参数和关键字参数。

```
def demo( * psargs,  ** kwargs):
    print('demo 函数被调用')
    print(f'位置参数:{psargs}')
    print(f'关键字参数:{kwargs}\n')
```

在 demo 函数内部，输出两类参数的值。如果 demo 函数在调用时没有传递任何位置参数，则 psargs 参数将引用一个空白的元组对象。同理，如果没有传递任何关键字参数，那么，kwargs 参数引用一个空白的字典对象。

步骤 2：调用 demo 函数。

```
demo()
demo(f = 0.1, g = 0.5)
demo(20, 5, 6)
demo('x', 'y', i = 1)
```

第一条调用语句中，未向 demo 函数传递任何参数；第二条调用语句中，只传递了关键字参数；第三条调用语句中，只传递了位置参数；最后的调用语句中，既传递了位置参数，又传递了关键字参数。

步骤 3：运行案例程序，输出内容如下：

```
demo 函数被调用
位置参数:()
关键字参数:{}

demo 函数被调用
位置参数:()
关键字参数:{'f': 0.1, 'g': 0.5}

demo 函数被调用
位置参数:(20, 5, 6)
关键字参数:{}

demo 函数被调用
位置参数:('x', 'y')
关键字参数:{'i': 1}
```

案例 159 可变参数与非可变参数的混合使用

导 语

当普通参数与可变参数同时出现在函数的参数列表中时，就会出现以下几种情形。

(1) 如果可变的位置参数后面出现非可变参数，那么在调用函数时，可变的位置参数后面的参数必须按关键字来传递值。例如：

```
def somefun( * args, c, d):
    pass
```

调用函数时，参数 c、d 必须按关键字传递参数，即

```
somefun(5, 6, 7, c = 8, d = 9)
```

(2) 如果可变的位置参数前面出现非可变参数，那么非可变的参数必须按位置来传递参数，不能按关键字传递参数。例如：

```
def somefun(s, t, * args):
    pass
```

以下的传递参数方式会发生错误。

```
somefun(s = 1, t = 2, 3, 4, 5)
```

下面的传递参数方式可以正常运行。

```
somefun(1,2,3,4,5)
```

其中，3、4、5 包含在可变参数 args 中。

(3) 如果函数的参数列表同时出现可变的关键字参数与非可变参数，那么可变的关键字参数必须位于参数列表末尾。例如：

```
def somefun(a, b, c, ** kw):
    pass
```

操作流程

步骤 1：定义 fun1 函数，它的参数列表中包含可变的位置参数，以及非可变参数 x 和 y。

```
def fun1( * args, x, y):
    print('fun1 函数被调用')
    print('参数:')
    print(f'args = {args}\nx = {x}\ny = {y}\n')
```

步骤 2：调用 fun1 函数时，x、y 参数必须使用关键字来传递值。

```
fun1(2, 3, 5, x = 6, y = 7)
```

调用后输出结果为：

```
fun1 函数被调用
参数:
args = (2, 3, 5)
x = 6
y = 7
```

步骤 3：定义 fun2 函数，参数列表中包含非可变参数与可变参数，此时可变的关键字参数应放到参数列表的最后。

```
def fun2(f, e, **kw):
    print('fun2 函数被调用')
    print('参数:')
    print(f'f = {f}\ne = {e}\nkw = {kw}')
```

步骤 4：调用 fun2 函数时，kw 前面的参数都要按位置来传递值。

```
fun2('one', 'two', a = 'three', b = 'four')
```

调用后输出结果如下：

```
fun2 函数被调用
参数:
f = one
e = two
kw = {'a': 'three', 'b': 'four'}
```

6.4 装饰器

案例 160 将函数对象作为参数传递

导 语

函数自身也是一种对象，因此将它作为参数传递给其他函数（或者其他类的构造函数）是允许的。这种传递参数的方式也是实现装饰器的基础原理，因此，要使用装饰器，首先应当掌握这种传递参数的方式。

调用某个函数时需要在函数名称后加上小括号，但将函数作为参数传递时是不需要带小括号的，因为只需要传递函数对象的引用即可。

例如，定义函数 test，它有一个名为 fun 的参数。

```
def test(fun):
    print(fun.__class__)
```

再定义一个 work 函数。

```
def work():
    pass
```

将 work 函数作为参数传递给 test 函数。

```
test(work)
```

操作流程

步骤 1：定义 demo 函数。

```
def demo(s):
    print(s)
```

步骤 2：定义 otherFun 函数，它有一个名为 func 的参数。

```
def otherFun(func):
    print(f'参数对象是:{func}')
```

步骤 3：调用 otherFun 函数，并将 demo 函数作为参数传递进去。

```
otherFun(demo)
```

步骤 4：运行案例程序，屏幕输出内容如下：

```
参数对象是:<function demo at 0x00000254AE188510>
```

0x00000254AE188510 是 demo 函数对象案例的内存地址。

案例 161　嵌套的函数定义

导　语

Python 代码还可以在函数体内部定义函数。嵌套的内部函数一般只供当前函数内部使用，函数外部的代码不能访问到内部的嵌套函数，但可以将嵌套函数的引用返回给外部的代码调用者。外部的代码获取到引用后，也可以调用嵌套的函数。

例如，定义 one 函数，one 函数内部还嵌套了 two 函数，并且在跳出 one 函数之前调用 two 函数。

```
def one():
    def two():
        print('嵌套的函数')
    two()
```

如果希望将内部的 two 函数引用返回给调用方，可以将代码改为：

```
def one():
    def two():
        print('嵌套的函数')
    return two
```

然后调用 one 函数。

```
the_two = one()
```

此时，the_two 变量引用了 two 函数，可以通过此变量来调用 two 函数。

```
the_two()
```

操作流程

步骤 1：定义 first 函数，它内部还嵌套了 second 和 third 两个函数。

```
def first():
    def second():
        return 10
    def third():
        return 50
    return second() + third()
```

first 函数最后将 second 函数与 third 函数的返回值相加，然后返回给调用者。

步骤 2：调用 first 函数。

```
x = first()
print(f'x = {x}')
```

调用后输出结果为：

```
x = 60
```

步骤 3：再定义 outer 函数，它里面嵌套了 inner 函数。outer 函数最后将 inner 函数的引用返回。

```
def outer():
    print('outer 函数被调用')
```

```
    def inner():
        print('inner 函数被调用')
    return inner
```

步骤 4：调用 outer 函数，获取 inner 函数的引用，保存在变量 the_fun 中。

```
the_fun = outer()
```

步骤 5：通过 the_fun 变量调用 inner 函数。

```
the_fun()
```

调用后输出如下信息：

```
outer 函数被调用
inner 函数被调用
```

案例 162　实现简单的装饰器

导　语

装饰器既可以是函数，也可以是类。一般来说，装饰器有一个约定——存在一个可以接收其他函数引用的参数。

例如，用下面代码定义一个名为 decorator 的装饰器。

```
def decorator(func):
    …
```

然后可以将装饰器应用到目标函数上。

```
@decorator
def someone():
    …
```

当 decorator 装饰器应用到 someone 函数后，someone 函数的引用就会传递给 decorator 函数的 func 参数。这相当于

```
someone = decorator(someone)
```

操作流程

步骤 1：定义 my_décor 函数，此函数将作为装饰器使用，fun 参数接收目标函数的引用。

```
def my_decor(fun):
    print('装饰器被应用，目标对象:{}'.format(fun))
```

步骤 2：定义 demo 函数，并应用上述装饰器。

```
@my_decor
def demo():
    print('demo 函数被调用')
```

步骤 3：向屏幕打印应用了装饰器的 demo 函数。

```
print(f'demo:{demo}')
```

执行以上代码后，读者会发现 demo 的引用为 None。

```
demo: None
```

因为 demo 函数应用 my_decor 装饰器后，会使用 my_décor 的返回值替换原来的 demo 变量的引用，即

```
demo = my_decor(demo)
```

而在 my_décor 函数中，并没有返回值，使得 demo 变量引用默认的 None 值。

步骤 4：为了使应用了 my_décor 装饰器后的 demo 函数还能被正常调用，应将 my_decor 函数做以下修改，让它返回 demo 函数的引用。

```
def my_decor(fun):
    print('装饰器被应用,目标对象:{}'.format(fun))
    return fun
```

步骤 5：此时就可以正常调用 demo 函数了。

```
demo()
```

调用后输出：

```
装饰器被应用,目标对象:<function demo at …>
demo 函数被调用
```

案例 163　限制调用函数的 Python 版本

导　语

按照装饰器的约定，必须存在一个参数用于接收应用目标的引用。如果装饰器在应用到目标对象上时需要设置其他参数，那么在装饰器的实现代码中必须返回一个可以接收应用目标引用的函数。例如：

```
def decorator(a, b):
    def _inner_decor(func):
        # …
```

```
        return func
    return _inner_decor
```

此装饰器定义了 a、b 两个参数。为了让此装饰器能够接收目标函数的引用，可以在装饰器内部定义一个_inner_décor 函数。_inner_décor 函数的 func 参数用来引用被修饰的函数对象。decorator 函数最后将_inner_decor 函数的引用返回。

将以上装饰器应用到 test 函数上时，可以为参数 a、b 传递参数值。

```
@decorator('abc', 'efg')
def test():
    …
```

也可以使用关键字参数。

```
@decorator(a = 'abc', b = 'efg')
def test():
    …
```

本案例将通过一个包含两个参数的装饰器，其中，major 参数表示主版本号，minor 参数表示次版本号。在把装饰器应用到目标函数时可以通过这两个参数指定版本号。如果当前 Python 运行时的版本号小于参数指定的版本，就抛出异常。这样就实现了只有特定版本的 Python 运行环境才能调用某个函数。

操作流程

步骤 1：自定义一个异常类，当版本不满足要求时抛出此类型的异常。

```
class versionError(Exception):
    pass
```

步骤 2：定义 py_vers_limited 装饰器。

```
def py_vers_limited(major = 3, minor = 5):
    def _inner(func):
        …
return _inner
```

由于装饰器定义了 major 和 minor 参数，不符合装饰器使用的默认约定。所以，此处要嵌套定义一个_inner 函数，用来接收目标函数的引用，然后将其返回。

步骤 3：版本检测应在目标函数被调用时进行，而不是在被定义时进行，所以，在_inner 函数的内部还要嵌套一个函数，这个函数对 func 参数所引用的函数进行封装。

```
def py_vers_limited(major = 3, minor = 5):
    def _inner(func):
```

```
        def __ifunc( * args, ** kwargs):
            # 获取当前 Python 的版本
            import sys
            vs = sys.version_info
            # 如果主版本号不满足要求,就不必再检查次版本号了
            if vs.major < major:
                raise versionError('版本过低')
            # 主版本号相同时,检查次版本号
            elif vs.major == major and vs.minor < minor:
                raise versionError('版本过低')
            # 此处才真正调用目标函数
            func( * args, ** kwargs)
        return __ifunc
    return _inner
```

访问 sys 模块中的 version_info 成员能获取到当前使用的 Python 版本号,结果为一个已命名的元组案例。其中,major 字段表示主版本号,minor 字段表示次版本号。

在版本检查过程中,先检查主版本号。如果主版本号不满足要求,就可以直接引发异常,而不再需要检查次版本号;如果两个主版本号相等,就需要检查次版本号是否满足要求。

__ifunc 函数封装了 func 参数所引用的函数,并从_inner 函数返回给调用方。在调用 func 参数所引用的函数之前,进行版本检查。

步骤 4:把 py_vers_limited 装饰器应用到 demo1 和 demo2 函数上。

```
@py_vers_limited(major = 3, minor = 6)
def demo1():
    print('demo1 函数被调用\n')

@py_vers_limited(major = 3, minor = 8)
def demo2(x, y, z):
    print('demo2 函数被调用')
    print(f'参数:x = {x}, y = {y}, z = {z}\n')
```

步骤 5:尝试调用以上两个函数。

```
try:
    demo1()
except Exception as ex:
    print(f'错误信息:{ex}')

try:
    demo2( - 1, - 2, - 3)
except Exception as ex:
    print(f'错误信息:{ex}')
```

步骤 6：运行案例代码，得到以下结果：

```
demo1 函数被调用
错误信息:版本过低                    # demo2 函数被调用时引发
```

笔者当前使用的 Python 版本为 3.7，demo1 函数上限制的 3.6 是满足要求的，因此能顺利调用；但 demo2 函数上限制的版本为 3.8，所以会发生错误。

案例 164　实现只能使用三次的装饰器

导　语

装饰器既可以是一个函数，也可以是一个类。如果使用自定义类来作为装饰器，按照默认约定，在类的构造函数（__new__函数或者__init__函数）中需要有一个参数用于接收目标对象的引用（例如应用了装饰器的函数）。

例如，下面代码所定义的 decorator 类，将作为装饰器使用。

```
class decorator:
    def __new__(cls, func = None):
        print('装饰器被使用')
        if func is not None:
            print(f'目标对象:{func}')
        self = object.__new__(cls)
        return self
```

其中，在__new__方法中，cls 是默认指向当前类型（即 decorator 类）的引用，传递参数时从第二个参数开始，func 参数用于接收应用了该装饰器的目标对象。

下面代码演示将 decorator 装饰器应用到 put_msg 函数。

```
@decorator
def put_msg():
    …
```

注意：put_msg 对象应用了装饰器后返回的是 decorator 案例。

本案例实现了一个受到限制的装饰器，它只能应用三次，超过三次就会发生错误。

操作流程

步骤 1：定义 limited_decorator 类，此类将作为装饰器使用。

```
class limited_decorator:
    # 类级别成员，记录装饰器被使用的次数
    _count = 0
```

```
    # 创建对象案例时调用
    def __new__(cls, func):
        # 增加装饰器使用次数
        cls._count += 1
        # 是否超过了三次
        if cls._count > 3:
            raise Exception('装饰器已被使用过三次了')
        # 创建案例
        self = object.__new__(cls)
        # 保存目标函数的引用
        self._func = func
        return self
```

_count 成员用于记录装饰器被使用的次数。当装饰器被使用时,limited_decorator 类都会案例化,__new__方法也会被调用。在__new__方法中先将_count 成员加上 1,接着判断它的值是否大于 3,如果成立就抛出异常。_count 成员应当定义为类级别的成员,如果放到案例级别,每次类型案例化时都会被初始化,是无法统计装饰器被使用的次数的。

由于装饰器会封装目标函数,然后将自己的案例返回给调用方,使得原来引用目标函数的变量值被替换,所以为了让应用了装饰器的函数能正常被调用,在 limited_decorator 类的案例对象中存储对目标函数的引用,以便在自定义的__call__方法使用。

步骤 2:在 limited_decorator 类中定义案例方法__call__,其作用是模拟函数的调用格式,从而能够调用被装饰器"隐藏"了的目标函数。

```
def __call__(self, *args, **kwargs):
    if self._func is not None:
        return self._func(*args, **kwargs)
```

步骤 3:尝试将 limited_decorator 装饰器应用到四个函数中。

```
@limited_decorator
def add(a, b):
    return a + b

@limited_decorator
def sub(a, b):
    return a - b

@limited_decorator
def mul(a, b):
    return a * b

@limited_decorator
def div(a, b):
    return a / b
```

当装饰器应用到 div 函数时，因使用次数已超过 3 次，在运行阶段会发生错误。

6.5　lambda 表达式

案例 165　打印满足条件的数字

导　语

lambda 表达式是函数的一种简写形式，常用于定义代码逻辑比较简单的函数。lambda 表达式的格式如下：

```
lambda <参数列表> : <表达式>
```

如果函数没有参数，可以省略参数列表，例如：

```
lambda : 'hello'
```

以上 lambda 表达式在调用时无须传递参数，调用后返回字符串“hello”。

lambda 表达式的“函数体”部分不使用 return 语句，而是用一个表达式来直接计算返回结果。例如：

```
lambda a, b, c: a + b + c
```

此 lambda 表达式接收三个参数，并返回这三个参数相加的总和。

由于 lambda 表达式相当于“匿名”的函数，为了让表达式在定义后能够被访问，可以声明一个变量来引用它的案例。

```
fun = lambda: 'hello'
```

随后通过 fun 变量就可以调用此 lambda 表达式。

```
result = fun()
```

本案例将编写一个函数，参数接收一个数字序列和一个 lambda 表达式。函数内部会循环访问序列中的每个数字，并且会将该数字传递给 lambda 表达式。如果 lambda 表达式返回 True，就把该数字打印到屏幕上，否则不进行任何操作。

将设置打印条件的代码交由 lambda 表达式去完成，会变得更加灵活。若打印数字的条件改变，只需要在调用函数时传递适当的 lambda 表达式即可，函数本身的代码无须修改。

操作流程

步骤 1：定义 print_with_cond 函数。

```
def print_with_cond(iterable, condi = lambda i: True):
    for x in iterable:
        if condi(x):
            print(x, end = '  ')
print('\n')
```

condi 参数接收 lambda 表达式，用于决定是否打印某个元素，如果此参数被忽略，就使用默认值，即一律返回 True。

步骤 2：创建一个数字列表。

```
numbers = [8, 19, 46, 42, 69, 240, 635, 95]
```

步骤 3：打印序列中能被 3 整除的元素。

```
con1 = lambda n: (n % 3) == 0
print_with_cond(numbers, con1)
```

步骤 4：打印序列中能被 5 整除的元素。

```
con2 = lambda n: (n % 5) == 0
print_with_cond(numbers, con2)
```

步骤 5：运行案例程序，屏幕输出结果如下：

```
原序列:[8, 19, 46, 42, 69, 240, 635, 95]

其中,能被 3 整除的有:
42  69  240

能被 5 整除的有:
240  635  95
```

案例 166　按数字的绝对值大小排序

导　语

内置函数 sorted 的签名如下：

```
sorted(iterable, *, key = None, reverse = False)
```

其中，关键字参数 key 用于指定一个函数，这个函数的输入参数接收 iterable 中的每个元素，然后返回用于进行排序的值。

本案例结合 key 参数与 lambda 表达式，返回数字序列中每个元素的绝对值，sorted 函数会根据元素的绝对值来排序。

操作流程

步骤 1：创建一个数字序列。

```
nums = -5, 2, -3, 8, -7, 12, -10
```

步骤 2：对 nums 序列进行排序。

```
result = sorted(nums, key = lambda n: abs(n))
```

key 参数引用 lambda 表达式，调用 abs 函数返回输入参数的绝对值。

步骤 3：依次输出排序前后的数字序列。

```
print(f'原序列:{nums}')
print(f'排序后:{result}')
```

步骤 4：运行案例程序，排序结果如下：

```
原序列:(-5, 2, -3, 8, -7, 12, -10)
排序后:[2, -3, -5, -7, 8, -10, 12]
```

第 7 章 属性系统

本章的主要内容如下：

✍ 动态读写属性；

✍ 与属性访问相关的函数；

✍ __slots__成员的用途；

✍ 自定义的属性访问；

✍ 描述符(Descriptor)。

7.1 动态读写属性

案例 167 简单的属性访问

导　语

由于属性系统支持动态操作，即使是一个“空白”类，也可以进行属性读写。通过赋值语句可以新增属性。

在读取属性时，如果被访问的属性不存在，会抛出 AttributeError 异常。

操作流程

步骤 1：定义一个最“简单”的 demo 类——类的内部直接用一条 pass 语句完成。

```
class demo:
    pass
```

demo 类虽然没有定义任何成员，但可以动态添加。

步骤 2：创建 demo 类案例，并赋值给变量 x。

```
x = demo()
```

步骤 3：为 demo 案例添加三个属性。

```
x.att_1 = 0.2
x.att_2 = 0.5
x.att_3 = 'car'
```

Python 的成员运算符为“.”(英文句点)，通过此运算符可以访问某个对象的成员。例如上面代码中，demo 案例的 att_1 属性，访问格式为：

```
x. att_1
```

步骤 4：依次读取刚刚添加的属性。

```
print(f'att_1: {x.att_1}')
print(f'att_2: {x.att_2}')
print(f'att_3: {x.att_3}')
```

步骤 5：以下代码会发生错误，因为 demo 案例中不存在 att_4 属性。

```
try:
    print(f'att_4: {x.att_4}')
except AttributeError as ae:
    print(f'错误:{ae}')
```

步骤 6：运行案例程序，输出结果如下：

```
att_1: 0.2
att_2: 0.5
att_3: car
错误:'demo' object has no attribute 'att_4'
```

案例 168　删除属性

导　语

del 语句可以用来删除对象引用，也可以用来删除某个对象的属性。例如，要删除案例 obj 的 context 属性，可执行以下代码：

```
del obj.context
```

属性被删除后，继续读取就会引发 AttributeError 异常。

操作流程

步骤 1：定义 person 类。

```
class person:
    pass
```

步骤 2：案例化 person 类。

```
p = person()
```

步骤 3：为 person 案例设置属性。

```
p.name = 'wang'
p.email = 'abcd@test.org'
```

步骤 4：删除 email 属性。

```
del p.email
```

步骤 5：此时，如果访问 email 属性，会发生错误。

```
try:
    print(f'E-mail: {p.email}')
except AttributeError as err:
    print(f'发生错误:{err}')
```

步骤 6：上面代码执行后，屏幕上会显示以下错误提示信息：

```
发生错误:'person' object has no attribute 'email'
```

案例 169 __dict__成员

导语

一般的类型对象都有一个__dict__成员，它是一个字典集合，用于存储对象的属性。在代码中，也可以直接访问__dic__属性来读写对象属性。

操作流程

步骤 1：定义 pet 类。

```
class pet:
    pass
```

步骤 2：案例化 pet 对象。

```
s = pet()
```

步骤 3：通过__dict__成员来添加属性。

```
s.__dict__['name'] = 'Jack'
s.__dict__['age'] = 3
s.__dict__['family'] = '宠物狗'
```

步骤 4：打印 pet 案例的属性。

```
print('name: {}\nage: {}\nfamily: {}'.format(s.name, s.age, s.family))
```

步骤 5：打印__dic__成员的内容。

```
print('\n__dict__的内容:\n{obj.__dict__}'.format(obj = s))
```

步骤 6：运行案例程序，会看到以下输出信息：

```
name: Jack
age: 3
family:宠物狗

__dict__的内容:
{'name': 'Jack', 'age': 3, 'family': '宠物狗'}
```

案例 170　区分类型属性与案例属性

导　语

类型以及类型案例各自都有__dict__成员，这表明类型本身与类型案例的属性是独立存储的。当对象案例的__dict__成员中找不到要访问的属性时，就会自动查找类型的__dict__成员。

操作流程

步骤 1：定义 demo 类。

```
class demo:
    pass
```

步骤 2：为 demo 类设置属性。

```
demo.prop1  =  100
demo.prop2  =  1010
```

步骤 3：案例化 demo 类，并设置案例属性。

```
x = demo()
x.value_a = 'c'
x.value_b = 'h'
```

步骤 4：分别输出 demo 类和 demo 类案例的__dict__成员。

```
print(f'demo 类的 __dict__ 成员:\n{demo.__dict__}\n')
print(f'demo 案例的 __dict__ 成员:\n{x.__dict__}\n')
```

执行上述代码后，屏幕输出：

```
demo 类的 __dict__ 成员：
{'__module__': '__main__', '__dict__': <attribute '__dict__' of 'demo' objects>, '__weakref__':
<attribute '__weakref__' of 'demo' objects>, '__doc__': None, 'prop1': 100, 'prop2': 1010}

demo 案例的 __dict__ 成员：
{'value_a': 'c', 'value_b': 'h'}
```

从上面的输出可以看到：prop1 和 prop2 属性是存储在 demo 类的__dict__成员中的，而 value_a 和 value_b 属性是存储在 demo 案例的__dict__成员中的。

步骤 5：通过 demo 类的案例来访问 prop1 和 prop2 属性。

```
print(f'x.prop1: {x.prop1}\nx.prop2: {x.prop2}')
```

由于在 demo 案例的__dict__成员中找不到 prop1 和 prop2 属性，因而会在 demo 类型的__dict__成员中查找 prop1 和 prop2 属性。

输出结果为：

```
x. prop1: 100
x. prop2: 1010
```

7.2 与属性访问有关的函数

案例 171 获取与设置属性

导 语

读取属性，除了使用成员运算符(.)，还可以使用 getattr()函数。函数定义如下：

```
getattr(object, name[, default])
```

object 参数表示要获取属性值的目标对象，name 参数表示要访问的属性的名称。default 参数为可选，如果提供此参数值，当在 object 中查找不到指定的属性时，会返回 default 参数的值；如果不提供 default 参数值，当找不到属性时会引发错误。

设置某对象的属性时可以使用 setattr()函数，其原型定义如下：

```
setattr(obj, name, value)
```

obj 参数表示要设置属性的目标对象，name 参数表示属性的名称，value 参数表示属性的值。

操作流程

步骤 1：定义 demo 类。

```
class demo:
    pass
```

步骤 2：案例化 demo 类。

```
a = demo()
```

步骤 3：为 demo 案例设置属性。

```
setattr(a, 'prop1', 'abc')
setattr(a, 'prop2', 'xyz')
```

步骤 4：获取以上属性的值。

```
v1 = getattr(a, 'prop1')
v2 = getattr(a, 'prop2')

print(f'prop1 属性的值:{v1}')
print(f'prop2 属性的值:{v2}')
```

步骤 5：运行案例代码，屏幕输出内容如下：

```
prop1 属性的值:abc
prop2 属性的值:xyz
```

案例 172　检查属性是否存在

导　语

当一个对象中被访问的属性不存在时，会抛出 AttributeError 异常。处理方案有两种：第一种方案是使用 getattr()函数访问属性，并为 default 参数指定一个默认值，当查找不到目标属性时会返回此默认值；第二种方案是调用 hasattr()函数来进行检查，如果目标属性存在，该函数返回 True，否则返回 False。

本案例将演示 hasattr()函数的使用，该函数的定义如下：

```
hasattr(obj, name)
```

操作流程

步骤 1：定义 demo 类。

```
class demo:
    pass
```

步骤 2：案例化 demo 类。

```
x = demo();
```

步骤3：使用hasattr()函数检查page属性是否存在，如果存在就输出page属性的值。

```
if hasattr(x, 'page'):
    print(x.page)
else:
    print('demo 案例中不存在 page 属性')
```

显然，demo案例中并不存在page属性，但由于在访问属性前作了判断，所以不会发生异常。

案例173　delattr()函数

导　语

delattr()函数的功能是删除某个对象中的指定属性，它的原型如下：

```
delattr(obj, name)
```

它类似于使用del语句来删除属性。

```
del obj.name
```

操作流程

步骤1：定义test类。

```
class test:
    pass
```

步骤2：案例化test类，并设置三个属性。

```
v = test()
v.arg1 = 1
v.arg2 = 2
v.arg3 = 3
```

步骤3：调用delattr()函数，删除arg2和arg3属性。

```
delattr(v, 'arg3')
delattr(v, 'arg2')
```

步骤4：运行案例程序，delattr()函数调用前后输出的__dict__成员对比如下：

```
delattr 函数调用前:
{'arg1': 1, 'arg2': 2, 'arg3': 3}
```

```
delattr 函数调用后:
{'arg1': 1}
```

delattr()函数调用后，arg2 和 arg3 属性已经被删除。

案例 174　vars()函数

导　语

vars()函数的调用结果，相当于访问对象的__dict__成员。如果调用 vars()函数时不传递参数，则相当于调用 locals()函数，返回本地变量列表。

操作流程

步骤 1：定义 photo 类。

```
class photo:
    pass
```

步骤 2：案例化 photo 类。

```
p = photo()
```

步骤 3：为 photo 案例设置属性。

```
p.title = 'Mountains'
p.size = 60765.3
p.dpi = 300
```

步骤 4：调用 vars()函数，打印 photo 案例的__dict__成员。

```
print(f'vars(p):\n{vars(p)}')
```

步骤 5：运行案例程序，输出结果如下：

```
vars(p):
{'title': 'Mountains', 'size': 60765.3, 'dpi': 300}
```

7.3　__slots__成员

案例 175　禁止创建__dict__成员

导　语

在定义类型时，如果包含了__slots__成员，会使得类型案例不再创建__dict__成员。这意味着不能设置动态属性。

__slots__成员可以是一个元组，或者是其他类型的序列，主要用途是列出类型中允许出现的成员名称，只有出现在__slots__列表中的成员才能进行赋值。__slots__成员相当于为类型分配一个固定的“插槽”，在创建类型案例后，可以适当地填充这些“插槽”。

操作流程

步骤 1：定义 person 类。

```
class person:
__slots__ = 'name', 'city', 'age', 'email'
```

在 person 类中定义了__slots__成员，限制 person 类的案例只能使用 name、city、age 和 email 属性。

步骤 2：案例化 person 类。

```
p = person()
```

步骤 3：为 person 案例设置属性。

```
p.name = '小林'
p.city = '深圳'
p.age = 29
p.email = 'unkt@163.com'
```

步骤 4：设置 phone_no 属性会发生错误，因为__slots__成员中没有列出 phone_no 属性。

```
try:
    p.phone_no = '13102254269'
except Exception as ex:
    print(f'错误:{ex}')
```

以上代码执行后会输出以下错误提示信息：

```
错误:'person' object has no attribute 'phone_no'
```

步骤 5：直接为 person 类(非 person 类的案例)设置 remark 属性。

```
person.remark = '人员信息'
```

虽然 remark 属性没有出现在__slots__成员的列表中，但以上代码可以成功执行。显然，__slots__成员仅仅约束类型的案例，并不会约束类型自身。

案例 176 派生类需要重新定义__slots__成员

导 语

派生类虽然会继承基类的__slots__成员，但实际上是不起作用的。因为派生类会创建

__dict__成员，这意味着派生类可以设置动态属性。所以，如果派生类需要分配固定的属性，就必须重新定义__slots__成员。

操作流程

步骤1：定义A类，通过__slots__成员指定该类允许使用key1和key2属性。

```
class A:
    __slots__ = ['key1', 'key2']
```

步骤2：B类从A类派生。

```
class B(A):
    pass
```

步骤3：C类从A类派生。

```
class C(A):
    __slots__ = A.__slots__
```

C类重新定义了__slots__成员，内容来源于基类的__slots__成员。

步骤4：案例化B类，由于类中没有定义__slots__成员，而且A类的__slots__成员是不起作用的。所以B类的案例可以设置动态属性。

```
s1 = B()
s1.key3 = 'F'
s1.key4 = 'I'
```

步骤5：案例化C类，由于它重新定义了__slots__成员，所以不能设置动态属性。

```
s2 = C()
#以下代码会出错
try:
    s2.key3 = 'F'
    s2.key4 = 'I'
except Exception as ex:
    print(f'错误:{ex}')
```

以上代码执行后会发生以下错误：

```
错误:'C' object has no attribute 'key3'
```

案例177　让对象案例的属性变成只读属性

导　语

为类型本身设置了属性，如果此属性正好存在于__slots__成员中时，那么这个属性就会变成类型案例的只读属性。“只读”仅仅是对类型案例而言的，类型自身是可以修改属性的。

操作流程

步骤 1：定义 test 类。

```
class test:
    __slots__ = ['max_items', 'min_items']
```

定义__slots__成员，分配两个固定属性。

步骤 2：直接在 test 类上设置属性。

```
test.max_items = 10
test.min_items = 3
```

步骤 3：创建 test 案例。

```
t = test()
```

步骤 4：读取属性。

```
print(f'test 案例的属性:\nmax_items = {t.max_items}\nmin_items = {t.min_items}')
```

test 案例中虽然没有设置 max_items 和 min_items 属性，但它会从类型本身的成员中查找。

步骤 5：为 test 案例设置属性。

```
try:
    t.max_items = 15
except Exception as ex:
    print('错误消息:{}'.format(ex))
```

步骤 6：运行案例代码，输出结果如下：

```
test 案例的属性:
max_items = 10
min_items = 3

错误消息:'test' object attribute 'max_items' is read - only
```

当向 test 案例赋值属性时会发生错误，并指明属性是只读的。

案例 178　以编程方式生成__slots__成员

导　语

Python 处理对象的过程为：通过 type 对象创建类型，再通过类型创建案例。例如，在 Python 中定义了 A 类，那么在运行阶段，首先通过 type 类或者其派生类的对象去创建 A

类,然后才能用 A 类去创建 A 的案例。

__slots__成员属于类型级别的,如果要用编程方式生成__slots__成员,则不能在类定义过程中通过重写__new__方法来实现。因为调用类型的__new__方法时,类型本身已经构建完成,此时再添加__slots__成员是不起作用的。因此,添加__slots__成员的时机应在类型构建之前。

基于以上思路,可以有以下两种解决方法。

第一种方法比较简单。直接用 type 类来创建新的类型,并在名称空间字典中加入__slots__成员。type 类案例化后会生成新的类型。

第二种方法就是使用元类(Meta Class),其原理与第一种方法相同。元类本质上是 type 的派生类,在继承 type 类时可以重写__new__方法,向新类型的名称空间添加__slots__成员。最后把自定义的元类与新类型关联即可(通过 metaclass 字段)。

本案例会分别演示这两种方法。

操作流程

步骤 1:使用 type 类构建新的类型,名为 demo1。

```
prps = ['item_{}'.format(i) for i in range(1, 4)]
ns = {'__slots__': prps}
#构建新类型
demo1 = type('demo1', (), ns)
```

prps 变量是个列表对象,通过 for 循环语句产生三个元素:item_1、item_2、item_3。然后创建用于构建 demo1 类的名称空间 ns,最后传递给 type 类的构造函数来产生新类型。

步骤 2:案例化 demo1 类。

```
x = demo1()
```

步骤 3:向 demo1 案例的属性赋值。

```
x.item_1 = 1
x.item_2 = 2
x.item_3 = 3
```

步骤 4:__slots__成员中未定义 item_4 属性,所以下面代码会发生错误。

```
try:
    x.item_4 = 4
except Exception as ex:
    print(f'错误:{ex}')
```

执行上面代码后,会看到以下输出:

```
错误:'demo1' object has no attribute 'item_4'
```

接下来看看如何通过元类来生成__slots__成员。

步骤5：定义元类_my_meta。

```
class _my_meta(type):
    def __new__(cls, new_type, bases, ns):
        # 生成 __slots__ 成员
        props = ('first', 'last', 'next', 'prvs')
        ns['__slots__'] = props
        # 调用基类成员
        return super().__new__(cls, new_type, bases, ns)
```

在__new__方法中，cls参数表示当前类的引用（即_my_meta）；new_type参数表示要构建新类的名称；bases参数表示新类的基类列表；ns参数是一个字典数据，表示新类的名称空间（即成员列表）。

向ns字典添加__slots__成员后，调用基类的__new__方法来构建新类。此处，__slots__成员生成的属性名有first、last、next和prvs。

步骤6：定义demo2类，并以_my_meta类作为元类。

```
class demo2(metaclass = _my_meta):
    pass
```

metaclass字段所引用的就是刚刚定义的元类。

步骤7：案例化demo2。

```
k = demo2()
```

步骤8：尝试设置案例的属性值。

```
k.first = -1
k.next = 0
```

步骤9：但以下赋值会出错，因为__slots__成员未包含label属性。

```
try:
    k.label = 'main'
except Exception as ex:
    print('错误:', ex)
```

执行后会得到以下错误提示：

```
错误: 'demo2' object has no attribute 'label'
```

案例179　类变量与__slots__之间的冲突

导　语

在类定义过程中声明的变量，可称为类变量。如果声明的类变量正好在__slots__成员中列出，那么类的定义将无法完成——会出现冲突。例如：

```
class data:
    __slots__ = 'len', 'count'
    count = 0
    len = 0
```

__slots__成员声明了 data 类将包含 len 和 count 两个属性，之后在类中声明了 len 和 count 成员并初始化。由于 count 与 len 成员已经在__slots__成员中列出，所以以上定义会在运行时出现错误。哪怕是使用 type 类来构建新类也会出现错误，例如：

```
ns = {'__slots__':('len', 'count'), 'len':0, 'count':0}
data = type('data', (), ns)
```

主要原因在于：类在构建时会根据__slots__成员所列出的内容来生成新成员，这些成员的值会由 member_descriptor 类封装。如果在类中继续声明与__slots__成员所列出的相同名称的成员，就会将前面所生成的成员替换掉，使原有数据结构被破坏。因此两者会产生冲突。

例如上面所举例的 data 类，它在构建完成后，就会自动生成 len 和 count 属性，并且类型为 member_descriptor。此时如果再声明类变量 len = 0，就会把原来的 member_descriptor 类型的值替换为 int 类型的值，原有的数据会丢失。

若是希望对__slots__成员所列出的成员进行初始化，可以在__init__函数中完成，即在类案例创建后进行初始化。

操作流程

步骤 1：定义 order 类，假设它表示某种订单的信息。然后通过__slots__成员列出固有的属性。

```
class order:
    __slots__ = 'id', 'date', 'company', 'contact'
    …
```

步骤 2：在 order 类中定义__init__方法，对属性进行初始化。

```
    def __init__(self):
        self.id = -1
        self.date = datetime.date.today()
        self.company = '未知公司'
        self.contact = '未知联系人'
```

__init__方法在类型案例初始化时(案例创建之后)调用，可以在该方法中为类型的成员设定初始值。

步骤 3：案例化 order 类。

```
od = order()
```

步骤 4：打印 order 案例中各属性的初始值。

```
print(f'订单编号:{od.id}\n订单日期:{od.date}\n公司:{od.company}\n联系人:{od.contact}')
```

步骤 5：运行后屏幕输出内容如下：

```
订单编号: - 1
订单日期:2019 - 04 - 30
公司:未知公司
联系人:未知联系人
```

7.4 自定义的属性访问

案例 180 属性协议

导 语

为了满足实际开发需求，Python 提供了属性协议。属性协议其实是一系列方法，开发者可以重写这些方法，以达到自定义属性访问的目的。

属性协议提供的方法有：

(1) __getattribute__方法。当案例属性被访问时调用。不管被访问的属性是否存在，此方法都会被调用。

(2) __getattr__方法。该方法只有当被访问的属性不存在时才会调用。如果一个类中同时定义了__getattribute__和__getattr__方法，那么__getattribute__方法调用之后就不再调用__getattr__方法。除非在__getattribute__方法中引发 AttributeError 异常。

(3) __setattr__方法。当属性被赋值时会调用此方法，不管该属性是否存在。

(4) __delattr__方法。当属性被删除时调用，例如，执行类似 del obj.attr 的语句时。

本案例将演示属性协议的基本用法。

操作流程

步骤 1：定义 test 类，并实现属性协议方法。

```
class test:
    def __getattribute__(self, name):
        print(f'{name} 属性被访问 - getattribute 方法')
        # 模拟验证
        if name.startswith('__'):
            raise AttributeError
```

```
        # 返回案例属性
        return object.__getattribute__(self, name)
    def __getattr__(self, name):
        print(f'{name} 属性被访问 - getattr 方法')
        return '其他属性值'
    def __setattr__(self, name, value):
        print(f'设置属性 {name} = {value} - setattr 方法')
        object.__setattr__(self, name, value)
    def __delattr__(self, name):
        print(f'{name} 属性被删除 - delattr 方法')
        object.__delattr__(self, name)
```

在实现__getattribute__方法时做了一个简单验证，如果被访问的属性名称以"__"开头，就引发 AttributeError 异常，这样就会调用__getattr__方法。

若要从对象案例读取属性，或者将属性存储到对象案例中，可以调用基类的相关方法，也可以直接调用 object 类的相关成员。

步骤 2：创建 test 类案例。

```
p = test()
```

步骤 3：为 test 设置 content 属性。

```
p.content = 'abcde'
```

步骤 4：读取 content 属性。

```
xa = p.content
```

步骤 5：设置__pipe 属性。

```
p.__pipe = 1
```

步骤 6：读取__pipe 属性。

```
xb = p.__pipe
```

在读取__pipe 属性时，首先会调用__getattribute__方法，但由于属性名称是以"__"开头的，引发了 AttributeError 异常。进而会调用__getattr__方法。

步骤 7：删除 content 属性。

```
del p.content
```

运行本案例程序，屏幕输出信息如下：

```
设置属性 content = abcde - setattr 方法
content 属性被访问 - getattribute 方法
```

```
设置属性 __pipe = 1 - setattr 方法
__pipe 属性被访问 - getattribute 方法
__pipe 属性被访问 - getattr 方法
content 属性被删除 - delattr 方法
```

从输出信息可以看出，当__getattribute__方法顺利执行（设置 content 属性时）且不引发异常时，__getattr__方法是不会被调用的。

案例 181　禁止访问模块中的特定成员

导　语

运用属性协议方法可以实现禁止访问一个模块中的特定成员。在 Python 中，模块也被认为是对象，由位于 types 模块下的 ModuleType 成员表示，其引用的真实类型为内置模块中的 module 类。

本案例验证规则为：模块成员如果以"_prv"结尾，就认为不允许外部代码访问，这类似于实现私有成员。在 Python 中，一般的约定是以双下画线（__）开头的成员被认为是私有成员。本案例不使用"__"开头来验证成员名称，是考虑到这样做代码会变得过于复杂，因为在模块对象中，有许多以"__"开头的特殊成员（例如__name__、__path__、__package__等），这些成员都要提供给外部代码访问。如果禁止这些成员的访问，会导致代码无法正常运行。

对成员的访问验证比较简单，只要实现__getattribute__方法，检查被访问的成员名称是否以"_prv"结尾，如果是，就会抛出异常。

操作流程

步骤 1：新建模块，命名为 my_mod。

步骤 2：导入需要使用的模块。

```
import types
import sys
```

步骤 3：定义一个异常类，命名为 MemberAccessError，稍后作为自定义异常类使用。

```
class MemberAccessError(Exception):
    pass
```

步骤 4：定义 MyModule 类，并从 ModuleType 类派生。

```
class MyModule(types.ModuleType):
    …
```

步骤 5：重写__getattribute__方法，对被访问成员进行验证。

```
def __getattribute__(self, name):
    # 验证成员名称
    if name.endswith('_prv'):
        raise MemberAccessError(f'{name} 成员不允许访问')
    return super().__getattribute__(name)
```

步骤 6：替换模块的默认类型。

```
sys.modules[__name__].__class__ = MyModule
```

注意：替换模块的默认类型，只需要让模块的__class__属性引用 MyModule 类即可。但赋值时要通过 sys.modules 字典来完成，不能直接在模块中向__class__成员赋值。

步骤 7：在模块中定义一些成员，稍后用于测试。

```
def theFirst():
    pass

def test2_prv():
    pass

min_prv = 0
minimum = 0

max_prv = 10
maximum = 10
```

步骤 8：在顶层代码文件中，导入刚刚编写的 my_mod 模块。

```
import my_mod as md
```

步骤 9：尝试访问模块中的成员。

```
# 以下访问不会发生错误
c = md.minimum

# 以下访问会出错
try:
    md.test2_prv()
except Exception as ex:
    print(ex)
```

当访问 test2_prv()函数时会发生错误，而访问 minimum 成员时一切正常。

7.5 描述符

案例 182 描述符的协议方法

导 语

描述符(Descriptor)本质上是一个类,它可用于对属性值进行封装。一个类被识别为描述符的条件,是分析该类是否存在以下方法。

(1) __get__方法。获取属性值时调用,此方法将返回属性的值。

(2) __set__方法。设置属性值时调用,可以在此方法中对属性值进行验证,或者决定其存储方式。

(3) __delete__方法。当属性被删除时调用。

(4) __set_name__方法。当描述符被案例化并赋值给某个属性时调用,通过实现此方法,可以获取到属性的名称。

在使用描述符时,描述符的案例要存储在当前案例的父级对象的变量字典中。例如,要使描述符在案例属性中生效,那么描述符的案例就要存储在类变量中;如果想让描述符在类属性中生效,就要把描述符案例放到类的父级对象上——此处只能是元类。

操作流程

步骤 1:定义 my_descr 类,该类将作为描述符使用。

```
class my_descr:
    # 设置默认值
    def __init__(self, default = None):
        self._value = default
    # 以下为描述符协议方法
    def __get__(self, obj, type):
        print('getting value … ')
        # obj 参数如果为 None,表明访问的是非案例属性
        if obj is None:
            return self
        return self._value
    def __set__(self, obj, value):
        print('setting value … ')
        self._value = value
```

__init__方法接收一个 default 参数,它用于指定属性的默认值(或初始值)。在实现__get__方法时,obj 参数表示的是属性所在的对象案例,如果此参数为 None,就表明被访问的是类属性,而非案例属性。__set__方法中,obj 参数也是指目标属性所在的对象案例,value 参数表示属性的值。

为了便于演示,my_descr 类将属性值保存在它的案例属性_value 中。此做法最大的缺

点是：由于 my_descr 案例是存储在目标类型上的，会导致目标类型的所有案例都会共享同一个 my_descr 对象。假设 A 类中定义了属性 a，并且属性 a 使用 my_descr 描述符来封装它的值。之后 A 类的所有案例的 a 属性将使用同一个 my_descr 对象，产生的结果为：若 A 类有两个案例 s 和 t，那么，设置 s.a = 3 后，t.a 的值也会变成 3。即所有 A 类的案例的 a 属性的值相同。

步骤 2：定义 demo 类，在其中定义成员 a、b，并且都使用 my_descr 描述符来封装。

```
class demo:
    a = my_descr(0)
    b = my_descr(0)
```

步骤 3：案例化 demo 类，并对其属性赋值。

```
d = demo()
d.a = 100
d.b = 105
```

步骤 4：输出 a、b 属性的值。

```
print(f'd.a = {d.a}\nd.b = {d.b}')
```

步骤 5：运行案例程序，输出结果如下：

```
setting value …
setting value …
getting value …
getting value …
d.a = 100
d.b = 105
```

当设置 d.a 案例属性的值时，my_descr 描述符中__set__方法会被调用。同样地，获取属性 a、b 的值时，__get__方法会被调用。

注意：不能直接在 demo 类上设置 a、b 属性的值。例如：

```
demo.a = 200
demo.b = 300
```

这样做会把 a、b 成员所引用的 my_descr 案例替换掉，导致描述符无法使用。

案例 183　作用于类级别的描述符

导　语

存储在类级别的描述符案例，只能在类的案例上起作用，因此，若要让描述符在类上面能起作用，就必须将描述符的案例存储在类的父级对象中。

在 Python 中，类是由 type 对象或者 type 的子类来创建的，也就是元类。所以，描述符案例要在类上面有效使用，就必须存储在元类中。

操作流程

步骤 1：定义 my_property 类，该类稍后将作为描述符使用。

```
class my_property:
    def __get__(self, obj, type):
        print('getting value … ')
        if obj is None:
            return self
        if not hasattr(self, '_val'):
            return None
        return self._val
    def __set__(self, obj, value):
        print('setting value … ')
        self._val = value
```

步骤 2：定义 cust_meta 类，它从 type 类派生，将作为其他类型的元类使用。

```
class cust_meta(type):
    max_count = my_property()
    min_count = my_property()
```

在上述元类中，定义属性 max_count 和 min_count，并且都使用了 my_property 描述符。

步骤 3：定义 demo 类，以 cust_meta 为元类。

```
class demo(metaclass = cust_meta):
    pass
```

步骤 4：此时读写 demo 类的属性，就可以通过 my_property 描述符来封装属性值了。

```
demo.max_count = 50
demo.min_count = 2
#输出
print(f'demo.max_count = {demo.max_count}\ndemo.min_count = {demo.min_count}')
```

步骤 5：得到运行结果如下：

```
setting value …
setting value …
getting value …
getting value …
```

```
demo.max_count = 50
demo.min_count = 2
```

注意：此时，my_property描述符对于demo类的案例是无效的。例如：

```
kd = demo()
kd.max_count = 60
kd.min_count = 1
```

kd变量所引用的demo案例不会使用my_property描述符来封装属性值。

案例184 防止描述符被替换

导 语

当描述符案例存储在类字典中时，如果直接在类上设置同名属性，会把属性所使用的描述符替换掉。例如，A类的x属性使用了Descriptor描述符。

```
class A:
    x = Descriptor()
```

假设直接对A.x进行赋值。

```
A.x = 15
```

赋值后，A.x属性就变成引用int类型案例了，而不再是Descriptor描述符的案例。此操作将导致A类的案例无法使用Descriptor描述符来封装属性值。

要防止类属性中的描述符被意外替换，就得从类的父级对象入手，即元类。在自定义的元类中重写__setattr__方法来对要设置的属性进行验证。本案例稍后将演示这一过程。

操作流程

步骤1：定义my_descriptor类，稍后用于描述符。

```
class my_descriptor:
    def __init__(self, default = None):
        self._val = default
    def __get__(self, obj, type):
        #print('getting value … ')
        if obj is None:
            return self
        return self._val
    def __set__(self, obj, value):
        #print('setting value … ')
        self._val = value
```

步骤 2：定义 meta_sam 类，并从 type 类派生，将作为元类使用。

```
class meta_sam(type):
    def __setattr__(self, name, value):
        # 如果属性名已经存在
        if hasattr(self, name):
            p = getattr(self, name)
            # 看看是不是描述符
            if hasattr(p, '__get__') or hasattr(p, '__set__'):
                # 如果是描述符且类型相同,可以替换
                if type(p) == type(value):
                    super().__setattr__(name, value)
        else:
            # 如果属性名不存在,就不必验证
            super().__setattr__(name, value)
```

meta_sam 只需要重写__setattr__方法，然后在方法内部对属性值进行验证：如果要设置的属性已经存在，首先判断是不是描述符对象（方法是检查__get__、__set__等成员）；如果属性值是描述符对象，再判断是不是与原有的属性值的类型相同。若类型相同，表明新值与原值的描述符类型相同，可以替换。

步骤 3：定义 demo 类，并以 meta_sam 为元类。

```
class demo(metaclass = meta_sam):
    x = my_descriptor(-1)
    y = my_descriptor(-1)
```

x 和 y 为 demo 类中使用了 my_descriptor 描述符的属性。

步骤 4：验证描述符对象是否会被同名属性替换。

```
demo.x = 'abc'
demo.y = 0.001
demo.z = 2

print(f'demo.x 的类型:{type(demo.x)}')
print(f'demo.y 的类型:{type(demo.y)}')
print(f'demo.z 的类型:{type(demo.z)}')
```

上面代码执行后输出：

```
demo.x 的类型:<class '__main__.my_descriptor'>
demo.y 的类型:<class '__main__.my_descriptor'>
demo.z 的类型:<class 'int'>
```

由于 z 是新添加的成员，因此它的类型为 int，而 x、y 成员经过了验证处理，最终其新值未被存储，所以 my_descriptor 描述符对象不会被替换。

步骤 5：使用新的 my_descriptor 案例替换成员 x 的值。

```
demo.x = my_descriptor(1)
print(f'demo.x 的类型:{type(demo.x)},默认值:{demo.x._val}')
```

执行结果如下：

```
demo.x 的类型:<class '__main__.my_descriptor'>,默认值:1
```

demo 类在定义时使用的 my_descriptor 描述符的默认值为－1，被新的 my_descriptor 案例替换后，其默认值变为 1。

案例 185　实现基于特定类型的描述符

导　语

本案例将实现一个自定义的描述符类，在案例化时需要传递一个 valtype 参数，以表示该描述符将要封装的属性值类型。当属性使用该描述符后，只能接收与 valtype 参数所指定类型相同的值，否则会发生错误。从而实现类型约束的功能。

操作流程

步骤 1：定义 typed_descr 类，它将作为描述符使用。在初始化时需要提供约束类型和默认值。

```
class typed_descr:
    def __init__(self, valtype, default):
        if not isinstance(valtype, type):
            raise TypeError('valtype 参数必须是类型')
        if not isinstance(default, valtype):
            raise TypeError('默认值的类型与 valtype 参数所提供的类型不匹配')
        self._type = valtype
        self._val = default
    def __get__(self, obj, otype):
        if obj is None:
            return self
        return self._val
    def __set__(self, obj, value):
        if not isinstance(value, self._type):
            raise TypeError('所提供的值不符合类型要求')
        self._val = value
```

要判断 valtype 参数所指定的内容是否为类型对象，可以使用 isinstance 函数，因为 type 对象（或者它的子类）可用于创建类型，所以，类型都是 type 对象的案例。

步骤 2：定义 test 类，其中包含 p1、p2 成员，并且使用 typed_descr 描述符。

```
class test:
    p1 = typed_descr(float, 0.0)
    p2 = typed_descr(str, '…')
```

步骤 3：案例化 test 类。

```
v = test()
```

步骤 4：向 p1 属性赋值一个 bytes 对象。由于 p1 属性通过描述符约束了其类型为 float，此时赋值类型为 bytes，会发生错误。

```
try:
    v.p1 = b'abegd'
except Exception as ex:
    print(f'错误:{ex}')
```

执行以上代码后，程序会输出以下错误提示信息：

```
错误:所提供的值不符合类型要求
```

步骤 5：向 p2 属性赋值，由于所赋的值为 str 类型，类型匹配，可以正常执行。

```
v.p2 = 'to'
```

案例 186　如何让案例属性存储独立的值

导　语

描述符用于类型时，一般会将其案例存储在类中，这使得类的所有案例都共享同一个描述符对象。因此，如果在实现__get__、__set__等方法时，把属性值存放在描述符自身的案例中，就会导致类型的所有案例都读写相同的属性值。这种情况与实际需求不符，因为每个类案例都应该拥有各自独立的数据。

本案例将演示如何将属性值存储在类型案例中，而不是存储在描述符案例中。

操作流程

步骤 1：定义 my_descr 类，并实现描述符协议。

```
class my_descr:
    def __set_name__(self, owner, name):
        # 将属性名称存放在 _fd_name 成员上
        self._fd_name = f'_{owner.__name__}_{name}'
    def __get__(self, obj, objtype):
        if obj is None:
            return self
        if not hasattr(obj, self._fd_name):
            return None
```

```
        return getattr(obj, self._fd_name)
    def __set__(self, obj, value):
        if obj is not None:
            setattr(obj, self._fd_name, value)
```

my_descr 类实现了__set_name__方法，此方法也属于描述符协议。当描述符案例化后赋值给目标类的成员时，会调用此方法。通过 name 参数可以获取引用当前描述符的属性名称，owner 参数表示引用当前描述符的类型。

实现__set_name__方法的作用是生成用来保存属性值的成员名称。假设使用该描述符的类名称为 test，引用该描述符的属性名称为 id，那么，生成的成员名称就是_test_id。属性的值就保存在 test 案例的_test_id 成员中。这样，每个 test 案例的_test_id 成员的值都是相互独立的。

步骤 2：定义 demo 类，包含成员 x，并且使用了 my_descr 描述符。

```
class demo:
    x = my_descr()
```

步骤 3：创建两个 demo 类的案例。

```
d1 = demo()
d2 = demo()
```

步骤 4：依次对两个案例的 x 属性赋值。

```
d1.x = 160
d2.x = 240
```

步骤 5：分别输出两个案例的 x 属性的值。

```
print(f'd1.x = {d1.x}\nd2.x = {d2.x}')
```

步骤 6：分别输出两个案例的__dict__字典。

```
print(f'd1.__dict__ = {vars(d1)}')
print(f'd2.__dict__ = {vars(d2)}')
```

步骤 7：运行案例程序，输出结果如下：

```
d1.x = 160
d2.x = 240
d1.__dict__ = {'_demo_x': 160}
d2.__dict__ = {'_demo_x': 240}
```

从以上输出可以发现，类型使用了描述符封装属性后，其案例的__dict__字典不再存储同名成员（属性 x 没有出现在 demo 案例的__dict__字典中），而是将属性值存储在 my_ descr 对象生成的_demo_x 成员中。

案例 187　使用 property 类来封装属性值

导　语

Python 内置了一个通用描述符类——property。property 类仅对属性的读取、写入和删除操作进行封装，封装途径是通过构造函数的参数来引用所需要的方法案例。property 类的构造函数定义如下：

```
property(fget = None, fset = None, fdel = None, doc = None)
```

其中，fget 参数引用的方法用于返回属性值，fset 参数引用的方法用于设置属性值，fdel 参数用于删除属性。此外，doc 参数指定属性的帮助文档。

property 类自身已经实现了__get__、__set__、__delete__等描述符协议方法，因此多数情况下，开发者可以直接使用，不需要编写描述符类型。

操作流程

步骤 1：定义 pet 类，封装 name、age、owner 属性。

```
class pet:
    # 初始化
    def __init__(self):
        self.__name = ''
        self.__age = 0
        self.__owner = ''
    # 获取 name 属性的方法
    def _get_name_(self):
        return self.__name
    # 设置 name 属性的方法
    def _set_name_(self, value):
        self.__name = value
    # 删除 name 属性的方法
    def _del_name_(self):
        del self.__name
    # 定义 name 属性
    name = property(fget = _get_name_,
                    fset = _set_name_,
                    fdel = _del_name_,
                    doc = '宠物的名字')
    # 获取 age 属性的方法
    def _get_age_(self):
        return self.__age
    # 设置 age 属性的方法
```

```
    def _set_age_(self, value):
        self.__age = value
    # 删除 age 属性的方法
    def _del_age_(self):
        del self.__age
    # 定义 age 属性
    age = property(fget = _get_age_,
                   fset = _set_age_,
                   fdel = _del_age_,
                   doc = '宠物的年龄')
    # 获取 owner 属性的方法
    def _get_owner_(self):
        return self.__owner
    # 设置 owner 属性的方法
    def _set_owner_(self, value):
        self.__owner = value
    # 删除 owner 属性的方法
    def _del_owner_(self):
        del self.__owner
    # 定义 owner 属性
    owner = property(fget = _get_owner_,
                     fset = _set_owner_,
                     fdel = _del_owner_,
                     doc = '宠物的主人')
```

一般的顺序是先确定用于属性的 get、set、del 行为的方法，然后再案例化 property 类，这样做可以保证 property 类的构造函数参数能够顺利引用相关的方法。

步骤 2：案例化 pet 类，并为属性赋值。

```
p = pet()
p.name = 'Jacky'
p.age = 2
p.owner = 'Tommy'
```

步骤 3：输出各个属性的值。

```
print(f'name = {p.name}')
print(f'age = {p.age}')
print(f'owner = {p.owner}')
```

步骤 4：运行案例程序，会看到以下输出：

```
name = Jacky
age = 2
owner = Tommy
```

案例 188　将 property 类作为装饰器使用

导　语

将 property 类作为装饰器来封装属性，可以简化代码，也能使类型结构更清晰。假设 A 类有 p1 和 p2 属性，可以使用以下方式来定义属性。

```
class A:
    p1 = property()
    @p1.getter
    def p1(self):
        return self._p1
    @p1.setter
    def p1(self, value):
        self._p1 = value

    p2 = property()
    @p2.getter
    def p2(self):
        return self._p2
    @p2.setter
    def p2(self, value):
        self._p2 = value
```

property 类公开了 getter、setter 和 deleter 方法，用于引用对应的案例方法，这些方法都可以作为装饰器使用。

由于 property 类的构造函数的第一个参数 fget 可用于引用读取属性的方法，而装饰器的标准约定是必须存在一个可以接收函数（或方法）引用的参数，因此，上面代码可以将属性的定义与 getter 的绑定合并以简化代码，即

```
class A:
    @property
    def p1(self):
        return self._p1
    @p1.setter
    def p1(self, value):
        self._p1 = value

    @property
    def p2(self):
        return self._p2
    @p2.setter
    def p2(self, value):
        self._p2 = value
```

Python 的官方文档提供了 property 类的纯 Python 参考代码。

```
class Property(object):

    def __init__(self, fget = None, fset = None, fdel = None, doc = None):
        self.fget = fget
        self.fset = fset
        self.fdel = fdel
        if doc is None and fget is not None:
            doc = fget.__doc__
        self.__doc__ = doc

    def __get__(self, obj, objtype = None):
        if obj is None:
            return self
        if self.fget is None:
            raise AttributeError("unreadable attribute")
        return self.fget(obj)

    def __set__(self, obj, value):
        if self.fset is None:
            raise AttributeError("can't set attribute")
        self.fset(obj, value)

    def __delete__(self, obj):
        if self.fdel is None:
            raise AttributeError("can't delete attribute")
        self.fdel(obj)

    def getter(self, fget):
        return type(self)(fget, self.fset, self.fdel, self.__doc__)

    def setter(self, fset):
        return type(self)(self.fget, fset, self.fdel, self.__doc__)

    def deleter(self, fdel):
        return type(self)(self.fget, self.fset, fdel, self.__doc__)
```

观察上面代码，可发现 getter()、setter()和 deleter()方法的处理结果是返回一个新的 property 案例，替代旧的 property 案例。因此，把它们作为装饰器使用时，被装饰的方法名称必须与定义的属性名称相同。以下代码所示的 bike 类的 color 属性将无法进行写入。

```
class bike:
    @property
    def color(self):
        return self._color
```

```
    @color.setter
    def size(self, val):
        self._color = val
```

因为此类中，color 属性只传递了 fget 参数，相当于仅调用了 getter()方法。setter()方法虽然被调用了，但返回的 property 新案例将由名为 size 的成员引用，所以 color 成员所引用的依然是旧的 property 案例。正确的使用方法是把 size()方法更名为 color。

```
@property
def color(self):
    return self._color
@color.setter
def color(self, val):
    self._color = val
```

操作流程

步骤 1：定义 report 类，它包含 id、caption 和 voltage 属性。

```
class report:
    @property
    def id(self):
        print('获取 id 属性')
        return self._id
    @id.setter
    def id(self, value):
        print('设置 id 属性')
        self._id = value

    @property
    def caption(self):
        print('获取 caption 属性')
        return self._caption
    @caption.setter
    def caption(self, value):
        print('设置 caption 属性')
        self._caption = value

    @property
    def voltage(self):
        print('获取 voltage 属性')
        return self._voltage
    @voltage.setter
    def voltage(self, value):
        print('设置 voltage 属性')
        self._voltage = value
```

步骤 2：案例化 report 类。

```
p = report()
```

步骤 3：向 report 案例的三个属性赋值。

```
p.id = 43081
p.caption = 'some data'
p.voltage = 320.2
```

步骤 4：输出三个属性的值(读取属性值)。

```
print(f"""
id = {p.id}
caption = {p.caption}
voltage = {p.voltage}
""")
```

步骤 5：运行本案例程序，屏幕输出结果如下：

```
设置 id 属性
设置 caption 属性
设置 voltage 属性
获取 id 属性
获取 caption 属性
获取 voltage 属性

id = 43081
caption = some data
voltage = 320.2
```

案例 189　在模块中使用描述符

导　语

本案例演示了一种将描述符用于模块类型的方案。基本思路是：自定义一个模块类，接着在该类中使用 property 描述符定义属性，最后将此类替换目标模块的默认类型。替换后，直接通过模块对象的引用就能读写属性了。

操作流程

步骤 1：新建 test_mod 模块。

步骤 2：导入 sys 模块。

```
import sys
```

步骤 3：在 test_mod 模块中定义 cust_module 类，从内置的 module 类派生，并定义

remark 属性。

```
class cust_module(type(sys)):
    @property
    def remark(self):
        print('读取 remark 属性')
        return _remark
    @remark.setter
    def remark(self, rmk):
        print('设置 remark 属性')
        self._remark = rmk
```

module 类的引用可以使用 type(sys)来获取,因为代码中导入了 sys 模块,所以这样访问较为方便。当然,也可以导入 types 模块,然后从 types.ModuleType 成员获得 module 类的引用。

步骤 4:用 cust_module 类替换 test_mod 模块的默认类型。

```
sys.modules[__name__].__class__ = cust_module
```

注意:要替换模块对象的类型,需要以属性方式访问__class__成员才会生效,直接在模块中定义__class__成员不起作用。

步骤 5:在顶层代码模块中导入 test_mod 模块。

```
import test_mod
```

步骤 6:尝试读写 test_mod 模块的 remark 属性。

```
test_mod.remark = '备注信息'
print('test_mod.remark:', test_mod.remark)
```

执行上述代码,将得到如下输出:

```
设置 remark 属性
读取 remark 属性
test_mod.remark:备注信息
```

这表明在 cust_module 类中定义的 remark 属性是可行的。

第 8 章

类 与 对 象

本章的主要内容如下：

- 类的定义与案例化；
- 方法成员；
- 元类；
- 继承与多态；
- 对象复制；
- 特殊成员；
- 上下文管理。

8.1 类的定义与案例化

案例 190 class 关键字

导 语

类型定义可以使用 class 关键字，其格式如下：

```
class <类名> ([基类列表]):
    <类代码>
```

类名后面的括号中可以注明基类列表，默认是从 object 类派生。因此，以下两种写法均可。

```
class paper(object):
    pass

class paper:
    pass
```

如果类的正文代码部分不需要定义新成员，可以直接使用 pass 语句。由于 Python 类型支持动态属性，所以，类的正文部分可以留“空白”。

操作流程

步骤 1：定义 test1 类，该类从 object 类派生，且内部只有一条 pass 语句，属于最“简单”的类。

```
class test1(object):
    pass
```

步骤 2：类型默认是从 object 类派生，所以 object 可以省略，例如下面 test2 类。

```
class test2:
    pass
```

步骤 3：定义 test3 类，并在类中定义两个成员（字段）。

```
class test3:
    id = -1
    kind = 'member'
```

步骤 4：定义 test4 类，其中包含一个案例方法。

```
class test4:
    def bind(self):
        pass
```

步骤 5：定义 test5 类，其中包含字段与案例方法。

```
class test5:
    a = 0
    b = 1
    def c(self):
        pass
```

案例 191　类型的案例化

导　语

类型案例化的格式如下：

```
class diskinfo:
    …

d = diskinfo()
```

在类型名称后面加上括号，就会创建类型的案例，并将案例的引用赋值给变量 d。如果有参数，就在括号里指定参数，格式与函数调用相同。例如：

```
d = diskinfo('label - 1', 5000)
```

操作流程

步骤 1：定义 task 类，它包含一个 run 案例方法。

```
class task:
    def run(self):
        pass
```

步骤 2：案例化 task 类。

```
t = task()
```

步骤 3：调用案例方法。

```
t.run()
```

步骤 4：设置动态属性。

```
t.tid = 23201
```

案例 192　__new__方法与__init__方法

导　语

在类型被案例化的过程中，会依次调用__new__方法和__init__方法，类似 C++语言中的构造函数。

调用__new__方法用于创建对象案例，它需要至少一个参数，该参数表示要案例化的类型，一般是当前类型。例如：

```
class model:
    def __new__(cls):
        ...
```

其中，参数 cls 就是 model 类。

__new__方法必须返回对象案例，常规的做法是调用 object 类的__new__方法——以默认的方式产生对象案例。例如：

```
def __new__(cls):
    return object.__new__(cls)
```

任何时候都不要使用以下方法创建案例：

```
def __new__(cls):
    return cls()
```

以上方法是错误的，因为案例化语句本身就会调用__new__方法，如果在__new__方法中又使用案例化语句，会导致__new__方法被无限递归调用。

__new__方法调用后会得到类型的案例，然后调用__init__方法，并把类型案例传递给__init__方法的第一个参数。所以，__init__方法需要至少一个引用当前类案例的参数。该方法主要用于初始化类型案例的数据，它不需要显式的返回值(即返回 None)。

__new__方法和__init__方法不要求必须同时定义，除非需要编写自定义的处理代码。因为 object 类自身就存在这两个方法。在自定义新类时，如果没有明确定义这两个方法，类型在案例化时会自动调用 object 类的方法。如果新类型并不是直接从 object 类派生，则在案例化时会自动从类型的继承层次中向上查找要调用的成员，如果到了 object 类依然未查找要调用的成员，就会引发错误。

多数情况下，新类只需要定义__init__方法即可，设置一些属性的初始值。只有要在类型案例化之前进行特殊处理(例如添加类级别的新成员)时才考虑定义__new__方法。

操作流程

步骤 1：定义 keybase 类。

```
class keybase:
    ...
```

步骤 2：在 keybase 类中定义__new__方法。

```
def __new__(cls):
    print('__new__ 方法被调用')
    print(f'cls 参数:{cls}')
    return object.__new__(cls)
```

注意：*__new__方法必须返回类型案例，否则案例化失败，随后也不会调用__init__方法。*

步骤 3：在 keybase 类中定义__init__方法。

```
def __init__(self):
    print('__init__ 方法被调用')
    print(f'self 参数:{self}')
```

步骤 4：案例化 keybase 类，并将引用赋值给变量 kb。

```
kb = keybase()
```

步骤 5：运行案例程序，会输出以下内容：

```
__new__方法被调用
cls 参数:<class '__main__.keybase'>
```

```
__init__方法被调用
self 参数:<__main__.keybase object at 0x000002C7DFB1CD68>
```

注意：在方法参数命名上，一般把引用当前类的参数命名为 cls，把引用当前类案例的参数命名为 self。但这仅仅是一种约定，而非语法规则，开发者也可以使用其他名称。

案例 193 带参数的构造函数

导 语

一般情况下，构造函数只使用__init__方法即可。方法的第一个参数(约定命名为 self，但也可以用其他名称)是当前类型案例的引用，所以如果构造函数需要参数，应从第二个参数算起。

假设有一个 homePage 类，它的__init__方法定义如下：

```
class homePage:
    def __init__(self, title, url):
        self._title = title
        self._url = url
```

实际上，此构造函数应有两个参数——title 和 url，self 不需要显式传递，在__init__方法调用时，会自动将 homePage 案例传递给 self 参数。因此，homePage 类的案例化方式如下：

```
p = homePage('my home', 'http://cake.net')
```

或者

```
p = homePage(title = 'my home', url = 'http://cake.net')
```

如果定义的类中还定义了__new__方法，则要确保__new__方法和__init__方法的参数一致。因为类型在案例化时所传递的参数，会先传递给__new__方法，然后再传递给__init__方法。当两个方法所接收的参数不一致时，会发生错误。

例如，下面的 shop 类，__new__方法与__init__方法所接收的参数不一致。

```
class shop:
    def __new__(cls):
        return object.__new__(cls)
    def __init__(self, id, name):
        self._id_ = id
        self._name_ = name
```

然后，案例化 shop 类会发生错误。

```
sp = shop(1021, 'Jeky\'s Shop')
```

将__new__方法的参数改为与__init__方法一致，就可以正常运行了。

```
def __new__(cls, id, name):
    return object.__new__(cls)
```

这里要注意的是：object 类默认提供的__new__方法只能接收一个参数，所以，上面代码在调用时只传递了 cls 参数(当前类型的引用)。

若一个类中同时定义了__new__方法和__init__方法，而许多时候，参数只考虑在__init__方法中使用(__new__中忽略)。可__new__方法的参数又必须与__init__方法的参数一致，一旦__init__方法的参数有改动，那么__new__方法的参数也要随之修改，这样会显得很麻烦。面对此种情况，__new__方法不妨使用动态个数的参数。即

```
def __new__(cls, * psargs, ** kwargs):
    return object.__new__(cls)
```

这样，无论__init__方法中的参数怎么变动，__new__方法都能处理。

操作流程

步骤 1：定义 employee 类。

```
class employee:
    def __new__(cls, * ps, ** kw):
        print(f'正在创建 {cls.__name__} 案例')
        prs = ( * ps, * kw.items())
        print(f'参数:{prs}\n')
        return object.__new__(cls)
    def __init__(self, eid, ename, eage, ecity):
        print(f'正在初始化 {type(self).__name__} 案例')
        print(f'参数:eid:{eid}, ename:{ename}, eage:{eage}, ecity:{ecity}\n')
        self.id = eid
        self.name = ename
        self.age = eage
        self.city = ecity
```

employee 类同时定义了__new__方法和__init__方法，并且由于__init__方法中定义了参数，所以__new__方法使用动态参数来接收。

步骤 2：案例化 employee 类，在调用构造函数时传递 eid、ename、eage、ecity 参数的值。

```
ek = employee(1, 'Dick', eage = 32, ecity = '成都')
```

在上面代码中，eid 和 ename 参数采用的是按位置传递参数值，而 eage 和 ecity 参数采用的是按关键字来传递参数值。对__new__方法而言，eid 和 ename 会传递给 ps 参数，类型

为元组；eage 和 ecity 则传递给 kw 参数，类型为字典。

步骤 3：输出 employee 案例所存储的属性列表。

```
dx = vars(ek)
for k, v in dx.items():
    print(f'{k}: {v}')
```

步骤 4：运行案例代码，屏幕输出内容如下：

```
正在创建 employee 案例
参数:(1, 'Dick', ('eage', 32), ('ecity', '成都'))

正在初始化 employee 案例
参数:eid:1, ename:Dick, eage:32, ecity:成都

属性列表:
id: 1
name: Dick
age: 32
city:成都
```

案例 194　实现__del__方法

导　语

当类型案例被引用的计数为 0 或者交互控制退出时，就会被清理，并回收其占用的内存。此时，__del__方法会被调用。

使用 del 语句可以删除某个案例的引用，但不一定会调用案例的__del__方法。只有当引用计数递减到 0 时，__del__方法才会被调用。

开发人员可以在类中定义__del__方法，以完成有特殊需求的清理工作。

操作流程

步骤 1：定义 demo 类，并实现__del__方法。

```
class demo:
    def __del__(self):
        print('正在清理 demo 案例')
```

当 demo 类的案例被清理时，会向屏幕输出一条消息。

步骤 2：案例化 demo 类，并由四个变量引用。

```
a = demo()
b = a
c = b
d = c
```

变量 a、b、c、d 实际引用的都是同一个 demo 案例。将变量 a 赋值给变量 b，只是复制对 demo 案例的引用，不会复制 demo 案例本身。后面的变量 b 赋值给变量 c，变量 c 赋值给变量 d 都是复制 demo 案例的引用。

步骤 3：依次删除四个变量。

```
print('删除变量 a')
del a
print('删除变量 b')
del b
print('删除变量 c')
del c
print('删除变量 d')
del d
```

步骤 4：运行以上代码，屏幕输出信息如下：

```
删除变量 a
删除变量 b
删除变量 c
删除变量 d
正在清理 demo 案例
```

根据输出结果可知，只有当最后一个引用 demo 案例的变量被删除后，才会调用__del__方法。

8.2 方法成员

案例 195 实 例 方 法

导 语

案例方法在调用的时候，总是隐式地将当前案例的引用传递给方法的第一个参数（此参数通常命名为 self），显式传递将从方法的第二个参数开始。

下面代码定义 get_style 案例方法。

```
class example:
    def get_style(self):
        …
```

假设变量 x 引用了 example 类的案例，get_style 方法调用如下：

```
x. get_style()
```

下面这种调用方法也是允许的。

```
example.get_style(x)
```

如果 get_style 方法除了 self 之外还有其他参数，传递参数值的方式与函数相同。

```
x. get_style(1, 2, 3)
```

操作流程

本案例将实现一个转换类，将字节序列对象转换为字符串。转换后的字符串由序列中每字节拼接而成，连接符为“_”。

步骤 1：定义 bytes_converter 类，其构造函数接收一个参数，以表示单字节的进制表示方法。如果为 2 则表示二进制。其有效值为 2、8、16。

```
class bytes_converter:
    def __init__(self, numbase = 16):
        # numbase 参数指定进制
        if numbase not in (2, 8, 16):
            raise Exception('numbase 参数的有效值为:2、8、16')
        self._base = numbase
```

初始化 bytes_converter 案例后，表示进制的参数值将存储到_base 属性中。

步骤 2：定义案例方法 convert_to_str，接收输入的字节序列，返回转换后的字符串案例。

```
def convert_to_str(self, bts):
    if type(bts) is not bytes:
        raise TypeError('bts 参数应为 bytes 类型')
    r = []
    for b in bts:
        if self._base == 2:                        # 二进制
            r.append(bin(b))
        elif self._base == 8:                      # 八进制
            r.append(oct(b))
        elif self._base == 16:                     # 十六进制
            r.append(hex(b))
        else:
            r.append(str(b))
    # 将列表中的元素拼接成字符串
    return "_".join(r)
```

bts 参数要求是 bytes 类型，可以用表达式 b'xxx'表示，例如，b'12cd5d'。

步骤 3：声明变量 orgb，表示要进行转换的原始字节序列。

```
orgb = b'k76h52e'
```

步骤 4：案例化三个 bytes_converter 类，分别向构造函数传递参数值 2、8、16。

```
cb, co, cx = bytes_converter(2), bytes_converter(8), bytes_converter(16)
```

步骤 5：依次调用三个 bytes_converter 案例的方法 convert_to_str，对 orgb 变量所引用的 bytes 对象进行转换。

```
strb = cb.convert_to_str(orgb)
stro = co.convert_to_str(orgb)
strx = cx.convert_to_str(orgb)

print(f'二进制:{strb}')
print(f'八进制:{stro}')
print(f'十六进制:{strx}')
```

步骤 6：运行案例程序，得到的结果如下：

```
原字节序列:b'k76h52e'
二进制:0b1101011_0b110111_0b110110_0b1101000_0b110101_0b110010_0b1100101
八进制:0o153_0o67_0o66_0o150_0o65_0o62_0o145
十六进制:0x6b_0x37_0x36_0x68_0x35_0x32_0x65
```

案例 196 类 方 法

导 语

类方法是基于类型本身而调用的方法。类方法在定义时，需要至少一个参数（通常命名为 cls）来接收当前类型的引用。

在定义类方法时，需要使用 classmethod 对象来包装。例如，下面代码将定义一个名为 somemework 的类方法。

```
class test:
    def somemework(cls, src, dest):
        …
    somemework = classmethod(somemework)
```

将 classmethod 对象作为装饰器使用，代码结构会变得更清晰简练。

```
class test:
    @classmethod
    def somemework(cls, src, dest):
        …
```

类方法在调用时,直接通过类型来引用,无须创建类型案例。类型自身会隐式传递给 cls 参数。例如:

```
test.somemework(src = 'pt.json', dest = '/view')
```

操作流程

步骤 1:定义 demo 类,该类包含一个名为 do_something 的类方法。

```
class demo:
    @classmethod
    def do_something(cls, a, b, c):
        print('类方法被调用,参数:')
        print(f'cls: {cls}')
        print(f'a: {a}')
        print(f'b: {b}')
        print(f'c: {c}')
```

步骤 2:调用 do_thing 方法。

```
demo.do_something(5, 10, 15)
```

注意:在代码中不需要为 cls 参数传值,它会隐式引用 demo 类。

步骤 3:运行案例程序,输出结果如下:

```
类方法被调用,参数:
cls: <class '__main__.demo'>
a: 5
b: 10
c: 15
```

案例 197　静 态 方 法

导　语

静态方法既与类型无关,也与类型的案例无关,因此,它不需要隐式地定义第一个参数来接收类型或者案例的引用。

静态方法的定义与常规函数极为相似,但静态方法需要配合 staticmethod 类来使用。例如:

```
class foo:
    def add(a, b):
        ...
    add = staticmethod(add)
```

以装饰器的方式使用 staticmethod 类会更简便，即

```
class foo:
    @staticmethod
    def add(a, b):
        ...
```

调用静态方法时，直接通过类型来引用即可。

```
foo.add(1, 4)
```

操作流程

步骤 1：定义 data_helper 类。

```
class data_helper:
    ...
```

步骤 2：在 data_helper 类中定义静态方法 connect_db。

```
    @staticmethod
    def connect_db(server, database, password):
        print(f'静态方法 {data_helper.connect_db.__name__} 被调用,参数:')
        print(f'''server: {server}
database: {database}
password: {password} ''')
```

步骤 3：在 data_helper 类中定义静态方法 disconnect。

```
@staticmethod
def disconnect():
    print(f'\n 静态方法 {data_helper.disconnect.__name__} 被调用')
```

步骤 4：运行案例程序，得到以下结果：

```
静态方法 connect_db 被调用,参数:
server: localhost
database: samDB
password: 123456

静态方法 disconnect 被调用
```

8.3 元类

案例 198 使用 type 类创建新类型

导 语

使用 type 类可以直接创建新的类型，用到的构造函数定义如下：

```
type(name, bases, dict)
```

name 参数指定新类型的名称；bases 参数一般为元组类型，指定新类型的基类列表，如果新类型直接从 object 类派生，可以指定 bases 参数为空元组；dict 参数为字典类型，表示新类型的成员列表。

操作流程

步骤 1：定义_run 函数，然后将该函数作为新类型的方法成员。

```
def _run(self):
    print(f'self: {self}')
```

步骤 2：创建一个字典对象，用于定义新类型的成员列表。

```
members = {
    'fd1': 1,
    'fd2': 5,
    'run': _run
}
```

新类型具有三个成员，其中 run 是案例方法。

步骤 3：使用 type 类创建新类型，并把新类型的引用赋值给变量 new_type。

```
new_type = type('G', (), members)
```

注意：new_type 只是变量的名称，而不是新类型的名称，新类型的名称是 G。

步骤 4：为了访问方便，可以让引用新类型的变量名称与类型名称一致，故将上述代码做以下修改。

```
G = type('G', (), members)
```

步骤 5：案例化新类型。

```
v = G()
```

步骤6：输出案例的类型信息以及成员列表。

```
print(f'案例类型:{v.__class__}')
print(f'案例成员:{dir(v)}')
```

执行后，屏幕输出内容为：

```
案例类型:<class '__main__.G'>
案例成员:['__class__', '__delattr__', '__dict__', '__dir__', '__doc__', '__eq__', '__format__',
'__ge__', '__getattribute__', '__gt__', '__hash__', '__init__', '__init_subclass__', '__le__',
'__lt__', '__module__', '__ne__', '__new__', '__reduce__', '__reduce_ex__', '__repr__',
'__setattr__', '__sizeof__', '__str__', '__subclasshook__', '__weakref__', 'fd1', 'fd2', 'run']
```

其中，fd1、fd2和run就是上面代码中members字典所定义的成员列表。

步骤7：尝试调用案例方法run。

```
v. run()
```

调用后，输出：

```
self: <__main__.G object at 0x000002857325C9E8>
```

案例199 元类的实现过程

导 语

尽管type类可以直接创建新类型，但代码过于松散，不便于封装和维护。因此，自定义的类型的创建过程，可以使用元类(meta class)来替代直接调用type类的构造函数。

正因为元类的作用是创建类型，所以它必须从type类派生，然后可以通过扩展现有成员或添加新成员的方式来实现自定义。

如果新类需要指定某个元类，可以在声明类时通过metaclass参数来引用元类。例如：

```
class production(meta class = some_meta):
    pass
```

其中，some_meta为元类的引用，它的声明如下：

```
class some_meta(type):
    …
```

在程序代码运行后，首先创建some_meta类，然后再由some_meta类去创建production类(some_meta类的案例就是production类)。故元类也可以称为“创建类的类”。

操作流程

步骤 1：定义 my_meta 类，从 type 类派生，因此它是一个元类。

```
class my_meta(type):
    def __new__(cls, newType, bases, members):
        print(f'元类:{cls.__name__}')
        print(f'新类的名称:{newType}')
        print(f'基类:{bases}')
        print('新类的成员:')
        for k, v in members.items():
            print(f'{k}: {v}')
        obj = type.__new__(cls, newType, bases, members)
        print(f'\n 元类的案例:{obj}')
        return obj
```

__new__方法接收四个参数：cls 参数引用 my_meta 类本身；newType 参数是新类型的名称；bases 参数表示新类的基类列表，如果新类直接派生于 object，则此参数为空的元组；members 是一个字典数据，包含新类的成员列表。

步骤 2：定义 Data 类，并将 my_meta 作为元类。

```
class Data(metaclass = my_meta):
    def get_init_count(self):
        return 0
    default_pos = -1
```

步骤 3：运行案例代码，输出内容如下：

```
元类:my_meta
新类的名称:Data
基类:()
新类的成员:
__module__: __main__
__qualname__: Data
get_init_count: <function Data.get_init_count at 0x000001B248D1F158>
default_pos: -1

元类的案例:<class '__main__.Data'>
```

从输出结果可以看到，元类 my_meta 的案例就是 Data 类。

步骤 4：其实通过 my_meta 类的构造函数也可以创建新类型，因为它是 type 的子类，所以也能直接用于创建新类型。

```
Port = my_meta('Port', (Data,), {'x': 100, 'y': 200})
```

以上代码使用 my_meta 类的构造函数创建了名为 Port 的新类型。代码执行后屏幕输出如下：

```
元类:my_meta
新类的名称:Port
基类:(<class '__main__.Data'>,)
新类的成员:
x: 100
y: 200

元类的案例:<class '__main__.Port'>
```

案例 200　向元类传递参数

导　语

在类的声明代码中可以向元类传递参数，但只能通过关键字来传递参数。例如：

```
class meta(type):
    def __new__(cls, type, bs, mbs, a = 0, b = 0):
        …
```

假设 test 类以 meta 为元类，在声明阶段可以向 a、b 参数赋值。

```
class test(metaclass = meta, a = 1, b = 2):
    …
```

操作流程

步骤 1：定义 cust_meta 类，并从 type 类派生，表明它是一个元类。

```
class cust_meta(type):
    def __new__(cls, ntype, bases, members, flag = 0):
        print('元类案例化')
        print(f'flag 参数的值:{flag}')
        return type.__new__(cls, ntype, bases, members)
```

__new__方法除了定义默认的四个参数外，还定义了 flag 参数。

步骤 2：定义 demo 类，并以 cust_meta 为元类。

```
class demo(metaclass = cust_meta, flag = 3):
pass
```

在声明 demo 类时，指定 flag 参数的值为 3，此值会传递给 cust_meta. __new__方法的 flag 参数。

步骤 3：运行程序代码，得到的输出结果如下：

```
元类案例化
flag 参数的值:3
```

案例 201 元类与继承

导 语

假设 A 类以 M 为元类，且 B 类从 A 类继承，那么 B 类也会以 M 为元类。也就是说，子类会继承父类的 metaclass 参数值。

操作流程

步骤 1：定义元类 my_meta。

```
class my_meta(type):
    def __new__(cls, newType, bases, members):
        print(f'正在创建 {newType} 类,它的基类是 {bases}')
        return type.__new__(cls, newType, bases, members)
```

步骤 2：定义 Ball 类，并以 my_meta 为元类。

```
class Ball(metaclass = my_meta):
    pass
```

步骤 3：定义 Football 类，该类从 Ball 类派生。

```
class Football(Ball):
    pass
```

步骤 4：定义 Basketball 类，它也是从 Ball 类派生。

```
class Basketball(Ball):
    pass
```

步骤 5：运行案例程序，屏幕输出信息如下：

```
正在创建 Ball 类,它的基类是 ()
正在创建 Football 类,它的基类是 (<class '__main__.Ball'>,)
正在创建 Basketball 类,它的基类是 (<class '__main__.Ball'>,)
```

从上面的输出信息可以看到，元类 my_meta 的__new__方法被调用了三次。除了创建 Ball 类，在创建 Football 类和 Basketball 类时也会调用。这表明 Ball 类的元类也被子类继承。

案例 202 __prepare__方法

导 语

__prepare__是类方法，一般在元类中定义。它的作用是返回一个 dict 类(字典)案例或者 dict 的子类案例。返回的字典对象将用于构造新类型的成员列表，并且随后会传递给__new__方法。

本案例将自定义一个字典类，在访问该字典时，会对它的键(key)列表进行排序。接着通过实现__prepare__方法将此字典用于存储新类型的成员。

操作流程

步骤 1：定义 sorted_dict 类，从 dict 类派生，稍后用于__prepare__方法。

```
class sorted_dict(dict):
    # 获取排序后的键列表
    def keys(self):
        _keys = super().keys()
        _s = sorted(_keys, key = lambda k: str(k))
        return tuple(_s)
    # 返回排序后的列表，其中每个元素皆由 key,value 组成
    def items(self):
        _keys = self.keys()
        _items = [(x, self[x]) for x in _keys]
        return tuple(_items)
    # 取出并删除字典中的最后一项
    def popitem(self):
        _keys = self.keys()
        # 获取排序后最后一个键
        _lastkey = _keys[len(_keys) - 1]
        _val = super().pop(_lastkey)
        return _lastkey, _val
    # 自定义字符串表示形式
    def __str__(self):
        _keys = self.keys()
        # 拼接字符串
        _prts = [f'{k!r}: {self[k]!r}' for k in _keys]
        _str = ', '.join(_prts)
        return f'{{{_str}}}'
    def __repr__(self):
        return f'{type(self).__name__}({str(self)})'
    # 自定义迭代行为
    def __iter__(self):
        return iter(self.keys())
    def __del__(self):
        print(f'{type(self).__name__} 字典案例被释放\n')
```

该类首先替换基类的 keys 方法和 items 方法，返回排序后的键列表和子项列表。接着替换__iter__方法，返回排序后的迭代器案例。为了使转换为字符串后的字典数据与排序后的键列表保持一致，需要替换__str__和__repr__方法。

步骤 2：定义 my_meta 类，该类将作为元类来使用，所以要从 type 类派生。

```
class my_meta(type):
    def __new__(cls, newtype, bases, members):
        print(f'正在构建 {newtype} 类\n')
        return type.__new__(cls, newtype, bases, members)
    @classmethod
    def __prepare__(cls, new_type, bases):
        print(f'正在创建 {sorted_dict.__name__} 字典案例\n')
        return sorted_dict()
```

__prepare__方法是在 my_meta 类案例创建之前被调用的，所以，此方法必须声明为类方法（加上 classmethod 装饰器）。在本案例中，__prepare__方法将返回 sorted_dict 案例。

步骤 3：定义 demo1 类和 demo2 类。这两个类成员相同，不同的是，demo2 以 my_meta 为元类。

```
class demo1:
    def q4(self):
        pass
    def z9(self):
        pass
    w = 'it'
    g = 5
    a = 70


class demo2(metaclass = my_meta):
    def q4(self):
        pass
    def z9(self):
        pass
    w = 'it'
    g = 5
    a = 70
```

步骤 4：依次输出 demo1 类和 demo2 类的成员列表。

```
print('demo1 类的成员列表:')
dx1 = vars(demo1)
for k, v in dx1.items():
    if not k.startswith('__'):
        print(f'{k}: {v}')

print('\ndemo2 类的成员列表:')
dx2 = vars(demo2)
for k, v in dx2.items():
    if not k.startswith('__'):
        print(f'{k}: {v}')
```

代码运行后输出的成员列表如下：

```
demo1 类的成员列表：
q4: <function demo1.q4 at 0x000002B155C9E620>
z9: <function demo1.z9 at 0x000002B155C9E6A8>
w: it
g: 5
a: 70

demo2 类的成员列表：
a: 70
g: 5
q4: <function demo2.q4 at 0x000002B155C81EA0>
w: it
z9: <function demo2.z9 at 0x000002B155C81E18>
```

经过对比可以发现两个类的成员在排序上的差异。demo1 类的成员是按照声明的顺序输出的，而 demo2 类的成员是经过排序的。

注意：本案例在输出成员信息时忽略了名称以下画线"__"开头的成员，因为这些成员大多是在 demo2 类创建后由 Python 程序自动添加的。忽略输出这些成员可避免干扰。

步骤 5：demo2 类在应用了 my_meta 为元类后，还输出了以下信息。

```
正在创建 sorted_dict 字典案例
正在构建 demo2 类

sorted_dict 字典案例被释放
```

__prepare__方法在创建 demo2 类之前就已经执行，只有这样才可以创建新的字典案例，以构造 demo2 类的成员列表。sorted_dict 字典案例在创建 demo2 类之后就被释放（所占内存被回收）了，这表明元类在创建新类时会将原字典案例中的数据复制到新的字典案例中。也就是说，代码在打印 demo2 类的成员列表时，所访问的是 Python 内部为 demo2 构建的新字典案例。

8.4 继承与多态

案例 203 类型派生

导 语

当子类从父类派生后，它既保留父类的功能，也拥有自身的功能。所以，类型派生的目的是功能扩展。

在类的声明语句中可以指定其父类(基类),例如:

```
class A:
    pass

class B(A):
    pass
```

上述代码中,A 类是父类,B 类是 A 的子类,因为它从 A 类派生。

Python 语言支持多继承,即子类可以从多个父类派生。例如下面例子,C 类同时继承了 A 类和 B 类。

```
class A:
    pass

class B:
    pass

class C(A, B):
    pass
```

操作流程

步骤 1:定义 C1 类,它包含 open()方法。

```
class C1:
    def open(self):
        print('打开文件')
```

步骤 2:定义 C2 类,它包含 close()方法。

```
class C2:
    def close(self):
        print('关闭文件')
```

步骤 3:定义 C3 类,它包含 read()方法。

```
class C3:
    def read(self):
        print('读取文件')
```

步骤 4:定义 D 类,它包含 write()方法,并且同时继承 C1、C2、C3 类。

```
class D(C1, C2, C3):
    def write(self):
        print('写入文件')
```

此时的 D 类实际上包含了四个案例方法，可以使用以下代码将这些案例方法输出。

```
print('D类的成员：')
print(', '.join([x for x in dir(D) if not x.startswith('__')]))
```

得到的结果为：

```
D类的成员：
close, open, read, write
```

其中，write()方法为 D 类自身定义的，open()方法继承自 C1 类，close 方法继承自 C2 类，read 方法继承自 C3 类。

步骤 5：案例化 D 类。

```
v = D()
```

步骤 6：依次调用 D 案例的四个方法。

```
v.open()
v.read()
v.write()
v.close()
```

步骤 7：调用四个方法后，输出结果如下：

```
打开文件
读取文件
写入文件
关闭文件
```

案例 204　类型继承中的多态

导　语

多态，简单地说，就是一种事物具备多种形态。在类型派生过程中，父类的成员会被子类继承，不同的对象案例访问同一成员，会产生不同的行为或者结果。在 Python 中，多态主要表现在方法上。

假设父类中存在 X()方法，那么它的子类案例都可以调用 X()方法。由于案例不同，使得传递给方法的第一个参数(通常命名为 self)的引用也会不同。

操作流程

步骤 1：定义 Animal 类，它包含 speak()方法。在 speak()方法中，输出当前类型案例的名称。

```
class Animal:
    def speak(self):
        print(f'此为 {type(self).__name__} 对象')
```

步骤 2：定义 Dog 类，从 Animal 类派生。

```
class Dog(Animal):
    pass
```

步骤 3：定义 Pig 类，从 Animal 类派生。

```
class Pig(Animal):
    pass
```

步骤 4：定义 Cat 类，也是派生自 Animal 类。

```
class Cat(Animal):
    pass
```

步骤 5：分别案例化 Dog 类、Pig 类和 Cat 类。

```
a = Dog()
b = Pig()
c = Cat()
```

步骤 6：Dog 类、Pig 类，以及 Cat 类都继承了 Animal 类的 speak()方法。所以，可以依次调用三个案例的 speak()方法。

```
a.speak()
b.speak()
c.speak()
```

步骤 7：运行案例程序，输出结果如下：

```
此为 Dog 对象
此为 Pig 对象
此为 Cat 对象
```

根据以上结果可知，不同的案例调用 speak()方法，传递给 self 参数的引用也不同。

案例 205　覆盖基类的成员

导　语

在派生类中定义的成员，如果其名称与基类中的成员相同，那么该成员就会替换基类中的成员。

假设 A 类中定义了 Hello()方法，B 类从 A 类派生，而 B 类中也定义了 Hello()方法。

因此，A. Hello 与 B. Hello 所引用的不是同一个方法案例，B 类的 Hello()方法覆盖了 A 类的 Hello()方法。

操作流程

步骤 1：定义 Base 类，其中包含一个 Work()方法。

```
class Base:
    def Work(self):
        print("Base's Work")
```

步骤 2：定义 Derive 类，从 Base 类派生。Derive 类也定义了 Work()方法。

```
class Derive(Base):
    def Work(self):
        print("Derive's Work")
```

步骤 3：分别打印 Base 类和 Derive 类的 Work()方法的引用地址。

```
print('Base.Work: {}'.format(Base.Work))
print('Derive.Work: {}'.format(Derive.Work))
```

执行上述代码后，程序输出内容为：

```
Base.Work: <function Base.Work at 0x0000011CB9E3E158>
Derive.Work: <function Derive.Work at 0x0000011CB9E3E1E0>
```

两个 Work 方法的内存地址不相同，说明它们不是同一个方法案例，即 Base 类的 Work()方法已经被 Derive 类覆盖。

步骤 4：分别案例化 Base 类和 Derive 类，然后调用各自的 Work()方法。

```
k = Base()
k.Work()
n = Derive()
n.Work()
```

调用方法后输出：

```
Base's Work
Derive's Work
```

案例 206　访问基类的成员

导　语

不管派生类所定义的成员是否会替换基类成员，通过类来访问就可以让编译器明确要访问的成员。例如：

```
class C:
    def pick(self):
        print('C.pick')

class D(C):
    def pick(self):
        print('D.pick')
        C.pick(self)
```

在 D 类的 pick()方法中要调用 C 类的 pick()方法，由于 pick()是案例方法，而且 C.pick()是通过类本身来访问案例方法的，此时需要显式地向 self 参数传递参数值。

以上方法一般只用于派生类覆盖基类成员的场合，因为如果基类成员未被覆盖，通过派生类的案例也能访问到基类成员的。毕竟派生类会继承基类的成员。

操作流程

步骤 1：定义 the_base 类，其中包含 play 方法和 change 方法。

```
class the_base:
    def play(self):
        print("the_base.play")
    def change(self):
        print("the_base.change")
```

步骤 2：定义 test 类，该类从 the_base 类派生。

```
class test(the_base):
    def change(self):
        print('test.change')
        # 调用基类的 change 方法
        the_base.change(self)
        # 调用基类的 play 方法
        self.play()
```

test 类的 change()方法覆盖了 the_base 类的 change()方法，所以访问 the_base 类的 change()方法时需要通过类名引用，并且 self 参数要显式地传递参数值。但调用 play 方法时，就不需要通过 the_base 的类名引用，直接以 self 对象(test 类的案例引用)即可调用。因为 test 类继承了 the_base.play 成员，并且没有被覆盖。

步骤 3：案例化 test 类，并调用 change()方法。

```
var = test()
var.change()
```

步骤 4：运行程序后屏幕输出信息如下：

```
test.change
the_base.change
the_base.play
```

案例207 使用super类来访问基类的成员

导 语

尽管通过直接引用可以访问基类的成员，但在实际开发中并不容易。如果基类的名字被修改了，那么其派生类中的所有引用代码也要修改。若使用super类的案例作为“中间代理”来引用基类，不管当前类型的基类是什么，只需要案例化super类就能自动搜寻并引用基类。

super类一般用在被派生类覆盖的成员中，用于访问基类中的同名成员。super类可以在__new__方法、__init__方法、案例方法以及类方法中使用。

操作流程

步骤1：定义A类，其中包含foo方法(案例方法)。

```
class A:
    def foo(self):
        print('A 案例的 foo 方法被调用')
```

步骤2：定义B类，它从A类派生，并且覆盖了A类的foo()方法。在实现B类的foo()方法时，也调用了基类(即A类)的foo()方法。

```
class B(A):
    def foo(self):
        # 调用基类的方法
        super().foo()
        print('B 案例的 foo 方法被调用')
```

无参数案例化super类(即super())，会自动查找B类的直接基类，此处找到的是A类。因此，super()调用后会引用A类的案例，它相当于

```
super(B, self).foo()
```

传递给super类构造函数的第一个参数是类型，第二个参数是当前的类案例，其满足条件为isinstance(self, B)必须返回True，即要求self是B类的案例。

步骤3：案例化B类。

```
vk = B()
```

步骤4：调用B案例的foo()方法。

```
vk.foo()
```

步骤 5：调用后屏幕输出信息如下：

```
A 案例的 foo()方法被调用
B 案例的 foo()方法被调用
```

案例 208　调用基类的类方法

导　语

在派生类中要调用基类的类方法，有两种方案可供选择：

第一种方案是直接通过基类来访问。类方法并不需要类型案例参与，它是类型本身绑定的，因此，通过类的引用可以直接调用。例如：

```
class A:
    @classmethod
    def some(cls):
        …
class B(A):
    @classmethod
    def some(cls):
        …
        A.some()
```

第二种方案就是使用 super 类。即

```
class B(A):
    @classmethod
    def some(cls):
        …
        super().some()
```

操作流程

步骤 1：定义 X 类，然后在 X 类中定义类方法 go()。

```
class X:
    @classmethod
    def go(cls):
        print('调用 X 的类方法 go')
```

步骤 2：定义 Y 类，并覆盖 X 类的 go()方法。

```
class Y(X):
    @classmethod
    def go(cls):
        # 调用基类的类方法
        super().go()
        print('调用 Y 的类方法 go')
```

调用无参数的 super 类构造函数，会查找当前类型的直接基类，即 X 类，然后调用它的 go 方法。相当于

```
super(Y, Y).go()
```

当传递给 super 类构造函数的两个参数都为类型时，必须满足条件 issubclass(type2, type1)，即 type2 是 type1 的派生类。即

```
super(type1, type2)
```

所以在本案例中两个参数都要指定为 Y 类，这是因为 super 类是按照类型的 MRO (Method Resolution Order)所列出的顺序去查找成员的，而且查找结果是从 index(type1)+1 开始记录的，即 Y 类的直接基类。type1 参数指定为 Y，就会从 X 类中查找 go()方法。如果 type1 指定为 X，而 X 的基类是 object 类，查找方向会返回到 super 类本身，结果是找不到 go 方法。

步骤 3：调用 Y 类的 go 方法。

```
Y. go()
```

go 是类方法，调用前不需要案例化 Y 类。

步骤 4：调用后程序将输出以下内容：

```
调用 X 的类方法 go
调用 Y 的类方法 go
```

案例 209 super 类的非绑定用法

导 语

super 类的构造函数定义了两个可选参数，即

```
super([type[, object - or - type]])
```

如果在案例化时仅提供 type 参数，则此 super 对象被视为“非绑定”案例——它未与具体的目标对象关联。非绑定的 super 对象并不能直接访问，故以下例子会发生错误。

```
class base:
    def eat(self):
        …

class derive(base):
    def eat(self):
        # 调用基类的 eat 方法
        super(type(self)).eat()
        …
```

上面代码中，derive类从base类派生，并以eat()方法覆盖了基类的eat()方法。在实现derive.eat方法时，使用了super(type)的案例构造方式。代码运行后，在调用基类的eat()方法时会发生错误，即super对象找不到“eat”成员。

要想顺利地调用基类的方法，就得把super的案例化改为绑定方式，即与当前案例(self)绑定。

```
super(type(self), self).eat()
```

如果确实希望以非绑定方式来使用super类，则super对象不能直接访问eat()方法，而是要通过__get__方法来访问。

```
super(type(self)).__get__(self, type(self)).eat()
```

这时非绑定的super类会使代码变得复杂化，不过看到super类实现了__get__方法，读者或许想到了描述符。

正是因为super类中存在__get__方法，使得非绑定的super对象可以作为描述符来使用，这样调用起来就简单许多了。

操作流程

步骤1：定义track类，然后在track类中定义play()方法。

```
class track:
    def play(self):
        print('track.play')
```

步骤2：定义stereo_track类，从track类派生。重写__new__方法，将非绑定的super对象作为描述符使用，并由_base属性引用。

```
class stereo_track(track):
    def __new__(cls):
        # 设置类级别属性
        cls._base = super(cls)
        return object.__new__(cls)
    def play(self):
        # 调用基类的方法
        self._base.play()
        print('stereo_track.play')
```

stereo_track类覆盖了基类的play()方法，在play()方法的实现代码中，只需要通过_base属性就能访问到基类(track)的案例引用了。

步骤3：创建stereo_track案例并调用play()方法。

```
stereo_track().play()
```

步骤 4：运行以上代码，得到输出结果如下：

```
track.play
stereo_track.play
```

案例 210　方法解析顺序（MRO）

导　语

method resolution order，简写为 MRO，即方法解析顺序。一般来说，MRO 是一个元组对象（存储在类的__mro__成员中），它列出了在基类中查找成员的顺序。

MRO 列表中的第一个元素为当前类，最后一个元素为 object 类。假设 C 类从 B 类派生，B 类从 A 类派生，那么从 C 类上获取的 MRO 列表为：C、B、A、object。也就是说，在 C 类或 C 类的案例中访问某个成员 X，如果 C 类中找不到 X，就会进而在 B 类中查找；要是 B 类中还是找不到 X，就在 A 类中查找……直至找到 X 成员为止，如果到了 object 类中也找不到成员 X，就会引发错误。

对于多继承来说，MRO 的顺序是通过从当前类为起点，沿着类的派生线路向上进行递归搜索，遇到 object 为止。MRO 列表中的第一个元素是当前类，最后一个元素是 object 类。例如，假设存在如图 8-1 所示的类型派生结构，T、E 类派生出 Q 类，K 类派生出 N 类，而后 Q、N 类派生出 W 类。

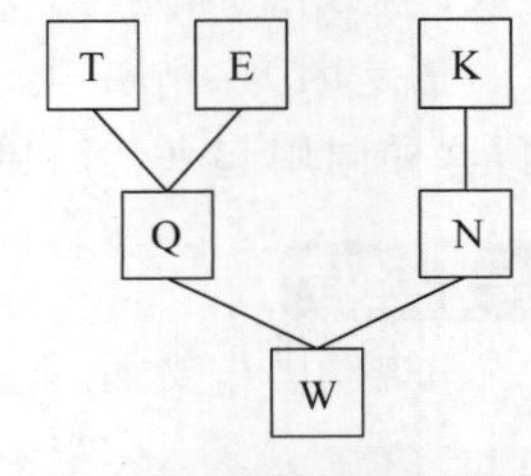

图 8-1　类派生结构案例

转换为 Python 代码如下：

```
class T:
    pass

class E:
    pass

class K:
    pass

class Q(T, E):
    pass

class N(K):
    pass

class W(Q, N):
    pass
```

如果当前为 W，那么，MRO 的查找过程为：

(1) MRO 中的第一个元素是 W。

(2) W 类的第一个基类是 Q，第二个元素是 Q。

(3) Q 类的第一个基类是 T,第三个元素是 T。

(4) T 类的基类是 object,查找中断,转向 Q 的第二个基类 E,这是 MRO 中的第四个元素。

(5) E 类的基类是 object,此路线中断,转向 W 类的第二个基类 N,这是 MRO 中的第五个元素。

(6) N 类的基类是 K,这是第六个元素。

(7) K 类的基类是 object,整个过程查找完毕。

最后,得到 W 类的 MRO 列表为:W、Q、T、E、N、K、object。

如果当前类是 Q,它的第一个基类是 T,而 T 的基类为 object,随即中断并转向 Q 的第二个基类 E,E 的基类为 object,查找结束。得到的 MRO 列表为:Q、T、E、object。

使用 super 类访问直接基类的成员比较容易,直接用无参数的构造函数即可。如果要访问派生层次中的特定基类的成员,则需要为 super 类的构造函数指定两个参数:

```
super(type, object)
```

type 参数用于定位派生层次中要访问的基类,被访问的基类总是 type 参数所指定类型在 MRO 列表中的下一个元素。object 参数一般为当前类的案例引用。

以上文所举的例子来演示,如果要访问 T 类的成员,那么在案例化 super 类时 type 参数应指定为 Q,因为 Q 的下一个元素是 T。同理,如果要访问 Q 类的成员,super 构造函数的 type 参数就得指定为 W。

操作流程

步骤 1:定义 base1 类,在类中定义 work 方法。

```
class base1:
    def work(self):
        print('base1.work')
```

步骤 2:定义 base2 类,在类中也定义 work 方法。

```
class base2:
    def work(self):
        print('base2.work')
```

步骤 3:定义 workboard 类,它以 base1、base2 为基类。

```
class workboard(base1, base2):
    def work(self):
        # 访问 base2 的成员
        super(base1, self).work()
```

workboard 类的 MRO 列表为 workboard、base1、base2、object,要访问 base2 类的成员,super 构造函数的 type 参数应设定为 base1,因为 base1 的下一个元素就是 base2。

案例 211 “鸭子”类型

导 语

“鸭子”类型就是“当一只鸟叫起来声音像鸭子，走路和游泳的动作也很像鸭子，那么，这只鸟就会被认为是鸭子”。“鸭子”类型关注的不是类型，而是对象的成员。动态语言的函数可以接收任意类型的参数，只需要检查参数所引用的对象是否存在要访问的成员即可，而不关心其是否实现接口或是否存在继承关系。

在 Python 中存在大量“鸭子”类型，例如描述符，它不需要继承特定的类型，只要在类中定义__get__、__set__等成员，就会被视为描述符。

“鸭子”类型虽然具有极大的灵活性，但由于没有类型约束，可能出现意外情况而导致程序未能按预期运行。例如，函数 X()定义了 adder 参数，函数代码会查找 adder 参数所引用的对象是否存在__add__方法，以完成加法运算。由于存在很大的不确定性，有时即使找到了__add__方法，也未必是函数 X()所需要的成员，因为这个__add__方法有可能不是进行加法运算的，也有可能调用后会返回 None(未得到运算结果)。因此，X()函数的开发者应当编写详细的文档，以说明 adder 参数需要什么样的成员，以避免被错误地调用。

操作流程

步骤 1：定义 play_a_game()函数，它有一个 game 参数。调用时，要求 game 参数所引用的对象存在 get_name()方法。

```
def play_a_game(game):
    if not hasattr(game, 'get_name'):
        raise RuntimeError('game 参数不存在 get_name() 方法')
    method = getattr(game, 'get_name')
    if not callable(method):
        raise RuntimeError('此成员不可调用')
    # 调用 get_name 方法
    game.get_name()
```

步骤 2：分别定义 game1、game2、game3 类，它们都有一个类方法——get_name()。

```
class game1:
    @classmethod
    def get_name(cls):
        print('三国联盟')

class game2:
    @classmethod
    def get_name(cls):
        print('发明家')
```

```
class game3:
    @classmethod
    def get_name(cls):
        print('现代空战')
```

步骤 3：尝试调用 play_a_game()函数。

```
play_a_game(game1)
play_a_game(game2)
play_a_game(game3)
```

步骤 4：调用后输出结果如下：

```
三国联盟
发明家
现代空战
```

game1、game2、game3 并不存在继承关系，也没有实现特定的类型，它们的共同点就是存在 get_name 方法。play_a_game 函数只检查成员，而不考虑类型。

案例 212　issubclass()函数与派生类检查

导　语

issubclass()函数用于检查一个类是否为另一个类的子类（派生类）。issubclass()函数的签名如下：

```
issubclass(cls, class_or_tuple)
```

第一个参数是待检查的类。第二个参数既可以是一个类，也可以是由多个类组成的元组对象。以下代码检测 X 类是不是 B 的派生类。

```
issubclass(X, B)
```

如果 X 是 B 的子类，函数调用就会返回 True，否则返回 False。

issubclass()函数的第二个参数可以指定一个元组对象。

```
issubclass(K, (A,B,C))
```

相当于

```
issubclass(K,A) or issubclass(K,B) or issubclass(K,C)
```

只要 A、B、C 中至少有一个是 K 的基类，issubclass()函数就会返回 True。

操作流程

步骤1：定义A、B类。

```
class A:
    pass

class B:
    pass
```

步骤2：定义M类，从B类派生。

```
class M(B):
    pass
```

步骤3：定义N类，基类是A、B，属于多继承。

```
class N(A, B):
    pass
```

步骤4：检查M类是否为A类的子类。

```
print(f'issubclass(M,A) -> {issubclass(M,A)}')
```

步骤5：检查N是否为A、B的子类。

```
print(f'issubclass(N, (A,B)) -> {issubclass(N,(A,B))}')
```

步骤6：运行案例程序，输出结果如下：

```
issubclass(M,A) -> False
issubclass(N, (A,B)) -> True
```

M类与A类不存在继承关系，issubclass()函数返回False；N类同时继承A类和B类，issubclass函数返回True。

案例213 自定义派生类的检查逻辑

导 语

issubclass()函数的分析过程依赖于类型的__subclasscheck__成员，该成员的一般签名如下：

```
__subclasscheck__(self, subclass)
```

其中，self参数表示当前的类型，subclass参数表示待检查的派生类。如果subclass是self的派生类，则__subclasscheck__方法返回True，否则返回False。由于Python中支持

“鸭子”类型，因此不存在派生关系的两个类，issubclass()函数也可以返回 True。开发者可以根据实际情况去实现__subclasscheck__方法，self 与 subclass 两个参数所引用的类型并不要求存在真实的派生关系。

__subclasscheck__只能在元类中定义，不能直接在类中定义。

操作流程

步骤 1：定义 meta 类，从 type 类派生，此类将作为元类使用。

```
class meta(type):
    def __subclasscheck__(self, subclass):
        method_name = 'create'
        if hasattr(self, method_name) and hasattr(subclass, method_name):
            # 判断是否为类方法
            m1 = type(getattr(self, method_name))
            m2 = type(getattr(subclass, method_name))
            # 类方法的类型名称为"method"
            if m1.__name__ == 'method' and m2.__name__ == 'method':
                # 成员名称相同，且都是类方法，则返回 True
                return True
        return False
```

本案例所实现的__subclasscheck__方法，只要满足以下两个条件的类型，会被视为存在派生关系。

(1) 存在名为 create()的方法。

(2) 此 create()方法是类方法。

步骤 2：定义 T、A、C、N 四个类，它们都以 meta 为元类。

```
class T(metaclass = meta):
    @classmethod
    def create(cls):
        return cls()


class A(metaclass = meta):
    @classmethod
    def create(cls):
        return cls()


class C(metaclass = meta):
    @classmethod
    def copy(cls):
        pass
```

```
class N(metaclass = meta):
    def create(self):
        return type(self)()
```

步骤3：调用issubclass()函数进行派生类检查。

```
b = issubclass(A, T)
print(f'A {"是" if b else "不是"} T 的派生类')

b = issubclass(C, A)
print(f'C {"是" if b else "不是"} A 的派生类')

b = issubclass(N, T)
print(f'N {"是" if b else "不是"} T 的派生类')
```

A类和T类都存在create()方法，而且是类方法，issubclass()函数返回True；C类和A类中虽然都存在类方法，但C类中的类方法名为copy()而不是create()，issubclass()函数返回False；N类和T类虽然都存在名为create()的方法，但N类中的create()方法不是类方法，所以issubclass()函数的调用结果为False。

步骤4：运行案例程序，屏幕输出结果如下：

```
A 是 T 的派生类
C 不是 A 的派生类
N 不是 T 的派生类
```

案例214　初始化派生类型

导　语

当一个类派生出另一个类时，__init_subclass__方法就会被调用。此方法是类方法，就算被定义为案例方法也会隐式转换为类方法，其签名如下：

```
__init_subclass__(cls)
```

cls参数引用的是派生类。除了必需的cls参数外，__init_subclass__方法在实现时可以定义其他参数，也可以使用可变的关键字参数(参数前面有“**”符号)。方法参数是在类声明语句中传递的。假设B类从A类派生，要传递整数值2给ver参数，则代码如下：

```
class B(A, ver = 2):
    pass
```

通常，实现__init_subclass__的主要功能是对派生类进行初始化，例如设置一些必备的属性值。

操作流程

步骤 1：定义 person 类，并且实现__init_subclass__方法。

```
class person:
    def __init_subclass__(cls, **prps):
        if prps:
            for key, val in prps.items():
                setattr(cls, key, val)
```

上述__init_subclass__方法实现了从动态关键字参数 prps 获取属性名与属性值，然后设置到 cls 类（即派生类）上。

步骤 2：定义 student 类，从 person 类派生。在声明语句中传递要设置的默认属性。

```
class student(person, name = '某某学员', age = 20, major = 'C 语言'):
    pass
```

步骤 3：定义 employee 类，从 person 类派生。同样，通过声明语句传递默认属性。

```
class employee(person, name = '某某员工', age = 23, city = '<默认城市>', partm = '<默认部门>'):
    pass
```

步骤 4：分别打印出 student 类和 employee 类的属性。

```
print('{}类的属性列表:'.format(student.__name__))
for p, v in vars(student).items():
    if not p.startswith('__'):
        print(f'{p}: {v}')
print('\n{}类的属性列表:'.format(employee.__name__))
for p, v in vars(employee).items():
    if not p.startswith('__'):
        print(f'{p}: {v}')
```

步骤 5：运行案例程序，屏幕显示信息如下：

```
student 类的属性列表:
name:某某学员
age: 20
major: C 语言

employee 类的属性列表:
name:某某员工
age: 23
city: <默认城市>
partm: <默认部门>
```

案例215 抽 象 类

导 语

Python中的抽象类与Java、C#等语言中的抽象类不同。在C#等语言中，抽象成员是不包含实现代码的，而Python语言中的抽象成员可以包含实现代码。

在Python代码中，要使一个类成为抽象类，必须同时满足以下条件。

(1) 所定义的类需要将ABCMeta类作为元类，或者从ABC类派生。此处的"ABC"是Abstract Base Class的缩写，即抽象基类。

(2) 类成员要使用abstractmethod装饰器。

如果某个类从ABC类派生，或使用ABCMeta元类，但其内部未存在使用abstractmethod装饰器的成员，那么该类不会被认为是抽象类；如果某个类存在使用了abstractmethod装饰器的成员，但未从ABC类派生或未使用ABCMeta元类，那么该类也不会被认为是抽象类。

从ABC类派生与使用ABCMeta元类任选一种方案即可，例如，下面代码所定义的K类与F类都是可行的。

```
class K(metaclass = ABCMeta):
    …


class F(ABC):
    …
```

其实，这两种方案本质上是相同的，因为ABC类在声明时使用了ABCMeta作为元类。ABC类的源代码如下：

```
class ABC(metaclass = ABCMeta):
    __slots__ = ()
```

当然，如果有扩展的需要，也可以从ABCMeta类派生出自己的类，ABCMeta的派生类也可以作为抽象类的元类使用。

使用了ABCMeta元类的类也要定义抽象成员才能构成抽象类。下面代码中，Base1类是抽象类，但Base2类不是。因为Base2类未曾定义抽象成员。

```
class Base1(ABC):
    @abstractmethod
    def fly(self):
        …


class Base2(ABC):
    def fly(self):
        …
```

抽象类不能案例化，必须派生出一个子类，并且实现所有抽象成员。如果有部分抽象成员未被实现，此派生类依然不能案例化。

操作流程

步骤 1：从 abc 模块中导入 ABC 类、abstractmethod 装饰器。

```
from abc import ABC, abstractmethod
```

步骤 2：定义抽象类 ball，包含抽象方法 play()。

```
class ball(ABC):
    @abstractmethod
    def play(self):
        pass
```

步骤 3：定义 football 类和 basketball 类，它们都实现抽象类 ball。

```
class football(ball):
    def play(self):
        print('踢足球')

class basketball(ball):
    def play(self):
        print('打篮球')
```

步骤 4：案例化 football 类和 basketball 类，并分别调用其案例方法。

```
b1 = football()
b2 = basketball()
b1.play()
b2.play()
```

步骤 5：类方法与静态方法也可以定义为抽象成员。下面代码将定义抽象类 X，它包含抽象的类方法 set()，以及抽象的静态方法 redo()。

```
class X(ABC):
    # 抽象的类方法
    @classmethod
    @abstractmethod
    def set(cls):
        pass
    # 抽象的静态方法
    @staticmethod
    @abstractmethod
    def redo():
        pass
```

注意：当抽象成员使用多个装饰器时，请确保 abstractmethod 装饰器位于最里层，即最接近被修饰的方法。

步骤 6：Y 类实现 X 类的抽象成员。

```
class Y(X):
    @classmethod
    def set(cls):
        print('类方法 set 被调用')
    @staticmethod
    def redo():
        print('静态方法 redo 被调用')
```

步骤 7：尝试调用 set()方法和 redo()方法。

```
Y.set()
Y.redo()
```

案例 216 虚拟子类

导语

ABCMeta 类如果要公开一个 register()方法，可以将一个与抽象类极为相似的类注册为抽象类的虚拟子类。虚拟子类并非真正从抽象类继承，只是它的成员实现了抽象类的抽象成员。这种虚拟子类是为了兼容"鸭子类型"。

例如，A 是抽象类，它包含抽象方法 say_hello。B 类也定义了一个 say_hello()方法，并且方法签名与抽象方法 say_hello()相同。

```
class A(ABC):
    @abstractmethod
    def say_hello(self, name):
        pass

class B:
    def say_hello(self, name):
        print(f'你好,{name}')
```

然后调用 register()方法，将 B 类注册为 A 类的虚拟子类。

```
A.register(B)
```

注册虚拟子类后，调用 issubclass()函数会返回 True。

```
issubclass(B, A)                         # 返回 True
```

尽管 register 方法是在 ABCMeta 类中定义的，但 ABC 类以 ABCMeta 为元类，就会继承元类的方法，A 类派生自 ABC 类，也继承了 register()方法。此方法还可以以装饰器的方式调用。

```
@A.register
class B:
    def say_hello(self, name):
        …
```

操作流程

步骤 1：定义 Person 类，从 ABC 类派生，使其成为抽象类。此类包含抽象属性 ID 和 Name。

```
class Person(ABC):
    # 获取 ID 属性
    @property
    @abstractmethod
    def ID(self):
        return None
    # 设置 ID 属性
    @ID.setter
    @abstractmethod
    def ID(self, id):
        pass
    # 获取 Name 属性
    @property
    @abstractmethod
    def Name(self):
        return None
    # 设置 Name 属性
    @Name.setter
    @abstractmethod
    def Name(self, name):
        pass
```

步骤 2：定义 Sales 类，尽管它不是从 Person 类派生，但它包含与 Person 类相同的成员，可以注册为 Person 的虚拟子类。

```
@Person.register
class Sales:

    def __init__(self, id = None, name = None):
        self._id = id
        self._name = name
```

```
    @property
    def ID(self):
        return self._id
    @ID.setter
    def ID(self, id):
        self._id = id

    @property
    def Name(self):
        return self._name
    @Name.setter
    def Name(self, name):
        self._name = name
```

步骤 3：调用 issubclass()函数会得到结果 True。

```
b = issubclass(Sales, Person)
print(f'{Sales.__name__} {"是" if b else "不是"} {Person.__name__} 的子类')
```

上面代码输出的文本信息如下：

```
Sales 是 Person 的子类
```

案例 217　获取类的直接子类

导　语

每个类都会公开一个__subclasses__方法，此方法返回一个列表对象，该列表对象包含此类的直接子类(派生类)。只有当子类是从该类直接派生时才会被__subclasses__方法返回，间接派生的类会被排除。

操作流程

步骤 1：定义 G 类。

```
class G:
    pass
```

步骤 2：类 M、N 直接从 G 类派生。

```
class M(G):
    pass

class N(G):
    pass
```

步骤 3：S 类从 N 类派生，是 G 的间接子类。

```
class S(N):
    pass
```

步骤 4：输出 G 类的__subclasses__方法所返回的列表。

```
subs = G.__subclasses__()
print('G类的直接子类:')
for i in subs:
    print(i.__name__)
```

步骤 5：运行上述代码，输出 G 类的直接子类有：

```
G类的直接子类:
M
N
```

注意：S 类是 N 类的直接子类，但并非 G 类的直接子类，所以 G 类的__subclasses__方法所返回的列表不包含 S 类。

8.5　对象复制

案例 218　id()函数

导　语

id()函数返回对象的唯一标识，用一个整数值表示。在 CPython 中，id()函数返回的是对象的内存地址。

如果两个变量的标识相同，表明它们引用的是同一个对象。判断两个变量是否引用同一个对象，也可以使用 is 运算符。即

```
id(a) == id(b)
```

等效于

```
a is b
```

操作流程

步骤 1：看看两个值相同（皆为 1000）的整数的 id 是否相同。

```
a = 1000
b = 1000
print(f'变量 a 的对象标识:{hex(id(a))}')
```

```
print(f'变量 b 的对象标识:{hex(id(b))}\n')

c = int(1000)
d = int(1000)
print(f'变量 c 的对象标识:{hex(id(c))}')
print(f'变量 d 的对象标识:{hex(id(d))}\n')
```

代码执行结果为：

```
变量 a 的对象标识:0x1f8af7f2770
变量 b 的对象标识:0x1f8af7f2770

变量 c 的对象标识:0x1f8af7f2770
变量 d 的对象标识:0x1f8af7f2770
```

可见，对于相同的数值，无论是直接赋值，还是通过 int 类构造函数来赋值，它们指向的都是同一个对象。

步骤 2：看看相同的字符串对象，其标识是否也相同。

```
e = 'port'
f = 'port'
print(f'变量 e 的对象标识:{hex(id(e))}')
print(f'变量 f 的对象标识:{hex(id(f))}\n')

g = str('port')
h = str('port')
print(f'变量 g 的对象标识:{hex(id(g))}')
print(f'变量 h 的对象标识:{hex(id(h))}\n')
```

上面代码的执行结果为：

```
变量 e 的对象标识:0x1f8ae77f3e8
变量 f 的对象标识:0x1f8ae77f3e8

变量 g 的对象标识:0x1f8ae77f3e8
变量 h 的对象标识:0x1f8ae77f3e8
```

从中也能发现，不管是不是通过 str 类的构造函数来赋值，只要是同一个字符串，其内存地址相同，即为同一个对象。

步骤 3：再看看对于自定义的类，不同案例间是否标识相同。先定义一个 demo 类，然后创建两个 demo 案例，分别由变量 s、t 来引用。

```
class demo:
    pass

s = demo()
```

```
t = demo()
print(f'变量 s 的对象标识:{hex(id(s))}')
print(f'变量 t 的对象标识:{hex(id(t))}\n')
```

得到的结果是：

```
变量 s 的对象标识:0x1f8af861160
变量 t 的对象标识:0x1f8af8610b8
```

两个 demo 案例并不是同一个对象，所以它们的标识不会相同(分布于不同的内存空间中)。

步骤 4：接下来看看两个空列表是否为同一个对象。

```
w = []
v = []
print(f'变量 w 的对象标识:{hex(id(w))}')
print(f'变量 v 的对象标识:{hex(id(v))}\n')
```

输出内容如下：

```
变量 w 的对象标识:0x1f8af868448
变量 v 的对象标识:0x1f8af8683c8
```

可见，尽管都是空白的列表对象，但是应用程序为它们分配了各自的内存空间，所以它们不是同一个对象。

步骤 5：接下来看看两个元素相同的非空列表是否为同一对象。

```
x = [1, 3, 2]
y = [1, 3, 2]
print(f'变量 x 的对象标识:{hex(id(x))}')
print(f'变量 y 的对象标识:{hex(id(y))}\n')
```

执行的结果为：

```
变量 x 的对象标识:0x1f8ae807608
变量 y 的对象标识:0x1f8af85a148
```

哪怕两个列表中的元素相同，但毕竟是两个独立的案例，因此不是同一对象。

案例 219　浅拷贝与深拷贝

导　语

在复制对象时，可分为浅拷贝与深拷贝。

浅拷贝仅复制对象本身，不会复制对象中所引用的其他对象；而深拷贝不仅会复制对象本身，连同此对象中所引用的其他对象也会进行递归式复制。

copy模块提供了用于复制对象的两个函数：copy()函数完成浅拷贝操作，即返回对象的“影子”版本。deepcopy()函数将进行对象的深拷贝。

操作流程

步骤1：定义addressInfo类，假设它表示地址信息。其中，province属性表示省份，city属性表示城市。

```
class addressInfo:
    def __init__(self, province, city):
        self.province = province
        self.city = city
```

步骤2：定义person类，它的address属性引用一个addressInfo案例。

```
class person:
    def __init__(self, name, age, address):
        self.name = name
        self.age = age
        self.address = address
```

步骤3：从copy模块中导入copy()和deepcopy()函数。

```
from copy import copy,deepcopy
```

步骤4：创建一个person案例。

```
p0 = person('小陈', 35, addressInfo('广东', '珠海'))
```

步骤5：接下来对比一下浅拷贝与深拷贝的差异。

```
p1 = copy(p0)
print(f"""
--------- 浅拷贝 --------
拷贝前
    原 person 案例的标识:{id(p0)}
    原 person 案例的 address 属性所引用的对象标识:{id(p0.address)}
拷贝后
    新的 person 案例的标识:{id(p1)}
    新的 person 新案例的 address 属性所引用的对象标识:{id(p1.address)}
""")


p2 = deepcopy(p0)
print(f"""
```

```
--------- 深拷贝 ---------
拷贝前
    原 person 案例的标识:{id(p0)}
    原 person 案例的 address 属性所引用的对象标识:{id(p0.address)}
拷贝后
    新的 person 案例的标识:{id(p2)}
    新的 person 新案例的 address 属性所引用的对象标识:{id(p2.address)}
""")
```

步骤 6：运行以上代码，屏幕输出内容如下：

```
--------- 浅拷贝 ---------
拷贝前
    原 person 案例的标识:1808504811928
    原 person 案例的 address 属性所引用的对象标识:1808504811760
拷贝后
    新的 person 案例的标识:1808504812152
    新的 person 新案例的 address 属性所引用的对象标识:1808504811760


--------- 深拷贝 ---------
拷贝前
    原 person 案例的标识:1808504811928
    原 person 案例的 address 属性所引用的对象标识:1808504811760
拷贝后
    新的 person 案例的标识:1808504813104
    新的 person 新案例的 address 属性所引用的对象标识:1808504812992
```

浅拷贝之后，新旧 person 案例的 id 不同，说明 person 对象创建了新的案例。但是，person 对象复制之后，新案例的 address 属性所引用的 addressInfo 对象的 id 与原来相同。这表明在浅拷贝过程中，对象所引用的其他对象未进行复制。

而在深拷贝之后，不仅新旧 person 案例的 id 不同，而且其 address 属性所引用的 addressInfo 对象的 id 也不同。这表明在深拷贝过程中，对象所引用的其他对象也会被复制。

8.6 特殊成员

案例 220 __str__方法与__repr__方法

导 语

__str__方法与__repr__方法作用相近，都是将对象转换为字符串形式。一般来说，__str__方法返回的字符串比较简短，能够描述对象的数据内容即可；而__repr__方法所返回的字符串可以作为 Python 代码来执行(例如，传递给 eval()函数来动态产生代码表达式)。"repr"即 representation,意思是重现对象案例。

当将对象传递给 str 类的构造函数时,该对象的__str__方法会被调用;当将对象传递给 repr 函数时,该对象的__repr__方法会被调用。

操作流程

步骤 1:定义 contact 类,在__init__方法中对属性进行初始化。

```
class contact:
    def __init__(self, name, email, phone_no, city):
        self.name = name
        self.email = email
        self.phone_no = phone_no
        self.city = city
```

步骤 2:定义__str__方法,将 contact 对象转换为普通字符串,其格式为"姓名:< name >,电子邮件地址:< email >,手机号码:< phone_no >,所在城市:< city >"。

```
class contact:
    …
    def __str__(self):
        return f'姓名:{self.name},电子邮件地址:{self.email},手机号码:{self.phone_no},所
在城市:{self.city}'
```

步骤 3:定义__repr__方法,将 contact 对象转换为可以重现对象案例的字符串,其格式为"contact(<参数列表>)"。

```
class contact:
    …
    def __repr__(self):
        # 获取当前案例的类型名称
        classname = type(self).__qualname__
        # 拼接参数
        prms = f'name = {self.name!r}, email = {self.email!r}, phone_no = {self.phone_no!r},
city = {self.city!r}'
        # 返回可重现对象案例的字符串
        return f'{classname}({prms})'
```

步骤 4:案例化 contact 对象。

```
a = contact('小李', 'abcd@126.com', 13522530032, '天津')
```

步骤 5:将以上 contact 案例传递给 str 类的构造函数,将其转换为普通字符串。contact 类的__str__方法会被调用。

```
gls = str(a)
print(f'str: {gls}')
```

步骤 6：调用 repr()函数，将 contact 案例转换为可重现案例的字符串。

```
rps = repr(a)
print(f'repr: {rps}')
```

得到的可重现案例字符串如下：

```
contact(name='小李', email='abcd@126.com', phone_no=13522530032, city='天津')
```

步骤 7：使用 eval()函数尝试重现 contact 案例。

```
newobj = eval(rps)
print(f'name: {newobj.name}\nemail: {newobj.email}\nphone_no: {newobj.phone_no}\ncity:
{newobj.city}')
```

eval()函数返回代码表达式的计算结果，在本例中，表达式 contact(…)的计算结果是产生一个新的 contact 案例。

重现后的 contact 案例中，各属性的值如下：

```
重现对象案例:
name:小李
email: abcd@126.com
phone_no: 13522530032
city:天津
```

案例 221 模拟函数调用

导 语

模拟函数调用，可以实现访问类案例时传递参数。例如：

```
obj(100, 200)
```

实现过程是在类中定义__call__方法，此方法应定义为案例方法（定义为类方法无效，因为通过类来模拟函数调用会与构造函数冲突），所以第一个参数为类型案例的引用，通常命名为 self。有需要可以定义其他参数，其操作与函数参数的定义是一样的。

本案例将演示__call__方法的使用，类案例模拟函数调用会接收两个参数，然后返回两个参数的乘积。

操作流程

步骤 1：定义 Test 类，并且实现__call__方法。

```
class Test:
    def __call__(self, a, b):
        return a * b
```

__call__方法实际接收 a、b 两个参数，self 参数在访问 Test 类案例是会自动传递引用的。

步骤 2：创建 Test 类的案例。

```
v = Test()
```

步骤 3：模拟函数调用。

```
r1 = v(5, 6)
r2 = v(7, 12)
print(f'r1: {r1}\nr2: {r2}')
```

r1 和 r2 所引用返回值如下：

```
r1: 30
r2: 84
```

案例 222 自定义对象目录

导 语

调用 dir()函数，可以获取一个列表案例，该列表中存放了此对象的成员名称，即此对象的目录。

在类中定义__dir__方法，就能实现自定义 dir()函数所返回的目录。例如，可以隐藏某些成员，或者添加一些成员。__dir__方法必须返回一个序列，此序列包含自定义的成员名称列表。

本案例演示一个 rect 类，假设它表示一个矩形，width 属性表示矩形的宽度，height 属性表示矩形的高度。在__dir__方法中，先获取 rect 对象的默认成员目录，然后添加一个__area__成员，表示矩形的面积。

操作流程

步骤 1：定义 rect 类。

```
class rect:
    def __init__(self, width = 0, height = 0):
        self.width = width
        self.height = height
    def __dir__(self):
        _dir = super().__dir__()
        # 添加成员
        if not '__area__' in _dir:
            _dir = list(_dir)
            _dir.append('__area__')
```

```
        return _dir
    def __getattr__(self, name):
        if name == '__area__':
            return self.width * self.height
        return None
```

在实现__dir__方法时，首先获取对象的默认成员目录，然后向目录列表中添加名为“__area__”的成员。

实现__getattr__方法，当访问名称为“__area__”的属性时，会调用此方法，返回 width 属性与 height 属性的乘积，以表示矩形的面积。

步骤 2：案例化 rect 类。

```
r = rect(15, 3)
```

步骤 3：调用 dir()函数，获取 rect 案例的成员目录。

```
mb_list = dir(r)
```

步骤 4：打印目录列表。

```
print(f'rect 案例的成员列表：\n{", ".join(mb_list)}')
```

步骤 5：尝试访问__area__成员。

```
print(f'__area__: {r.__area__}')
```

步骤 6：运行案例程序，屏幕输出结果如下：

```
rect 案例的成员列表：
__area__, __class__, __delattr__, __dict__, __dir__, __doc__, __eq__, __format__, __ge__,
__getattr__, __getattribute__, __gt__, __hash__, __init__, __init_subclass__, __le__,
__lt__, __module__, __ne__, __new__, __reduce__, __reduce_ex__, __repr__, __setattr__,
__sizeof__, __str__, __subclasshook__, __weakref__, height, width

__area__: 45
```

案例 223　获取对象案例所占用的内存大小

导　语

调用对象案例的__sizeof__方法，会返回此案例占用的内存空间大小，以字节为单位。

操作流程

步骤 1：获取 float 类与 int 类案例占用的内存空间。

```
a = 0.0005
print(f'float 数值:{a.__sizeof__()}')

b = 3600
print(f'int 数值:{b.__sizeof__()}')
```

步骤 2：获取 str 类案例所占用的内存空间。

```
c = 'abc'
print(f'字符串"abc":{c.__sizeof__()}')
```

步骤 3：获取 bool 类案例所占用的内存空间。

```
d = True
print(f'布尔值:{d.__sizeof__()}')
```

步骤 4：获取自定义的 pet 类案例所占用的内存空间。

```
class pet:
    def __init__(self, name, age):
        self.name = name
        self.age = age

e = pet('Jack', 3)
print(f'pet 案例:{e.__sizeof__()}')
```

步骤 5：运行案例程序，输出结果如下：

```
float 数值:24
int 数值:28
字符串"abc":52
布尔值:28
pet 案例:32
```

8.7 上下文管理

案例 224 with 语句

导 语

with 语句可以在代码块中创建一个密封的上下文，代码所访问的资源仅在此上下文范围内有效。当代码进入 with 语句块时，创建要访问的资源；当代码离开 with 语句块后，该资源就会释放。

with 语句的语法如下：

```
with <资源 1>, <资源 2>, <资源 3>, … :
    <代码块>
```

如果在代码块内部需要访问上下文资源，还可以使用 as 子句，为资源分配一个变量名。例如：

```
with get_res() as data:
    …
```

上面代码中，假设 get_res 是一个函数，它返回某个资源引用，并将此引用赋值给 data 变量。随后在代码块中就可以通过 data 变量来访问此资源了。

with 语句比较典型的应用是文件读写。当调用 open 函数打开一个文件，并返回与该文件有关的资源引用后，就可以在 with 语句块内读入文件内容或将内容写入文件(这取决于文件的打开模式，如果是只读模式，不能写入内容)。在执行完 with 语句的代码块后，与此文件有关的资源就会被清理(释放)，毕竟应用程序不应该长期占用文件资源，一方面避免过多地占用内存而造成资源浪费；另一方面，其他应用程序可能还要访问这个文件，如果当前应用程序一直锁定此文件，那么其他应用程序就会无法访问此文件。

操作流程

本案例将演示把三行文本写入文本文件。其代码如下：

```
with open('demo.txt', mode = 'wt', encoding = 'UTF-8') as file:
    file.write('这是第一行文本\n')
    file.write('这是第二行文本\n')
    file.write('这是第三行文本')
```

代码首先调用 open 函数打开名为“demo.txt”文件(因为是向文件写入内容，所以文件默认是不存在的，程序将自动创建文件)。mode 参数指定为“wt”，其中“w”是写入的意思(即 write)，“t”表示以文件形式写入(即 text)，把两个值组合表示以文本形式写入文件内容，也可以表示为“w＋t”。由于写入的文本中含有中文字符，可通过 encoding 参数指定编码格式为 UTF-8，避免出现乱码。

open 函数返回的对象是一个 Python 的内部类型——TextIOWrapper。此类提供 write()方法，调用它可以写入文本。上面代码中使用到了 as 子句，即把 open()函数所返回的对象引用赋值给变量 file，因为后面的代码还需要调用 write()方法，所以必须存在一个有效的变量来访问 TextIOWrapper 案例。

使用了 with 语句，在写完文件后，不需要显式地调用 close()方法，因为 Python 程序内部会自动将其释放。不妨使用以下代码来验证一下，file 变量所引用的对象是否已经自动释放。

```
print(f'文件{"已" if file.closed else "未"}关闭')
```

运行案例程序，看到以下输出则表明文件所占用的资源，在使用完后已经自动释放。

```
文件写入完毕
文件已关闭
```

案例 225　让自定义的类型支持上下文管理

导　语

开发者自行定义的类型，如果希望支持上下文管理（使用 with 语句），只要实现以下两个方法即可。

（1）__enter__方法：当进入上下文范围时会调用此方法，如果在 with 语句上下文中不需要访问任何案例，此方法返回 None；如果上下文中需要访问某个案例，此方法返回 True，并由 as 子句后面的变量引用。

（2）__exit__方法：当退出上下文范围时会调用此方法。方法接收三个与异常相关的参数（异常的类型、异常案例的引用及 traceback 对象）。如果 with 语句上下文中引发了异常，异常信息会传递给这三个参数；如果上下文中未发生异常，则此三个参数皆为 None。当上下文中引发了异常并且此方法返回 False 或者 None（None 值的布尔运算结果也是 False）时，异常会被再次抛出，然后会使应用程序中止；但如果返回的是 True，则异常不再被抛出，退出上下文后，程序代码能够继续运行。

操作流程

步骤 1：定义 demo1 类，包含__enter__方法和__exit__方法的实现。

```
class demo1:
    def __enter__(self):
        print('=== 进入上下文 ===')
    def __exit__(self, * excinfo):
        print('=== 退出上下文 ===')
```

步骤 2：在 with 语句中使用 demo1 类。

```
with demo1():
print('     执行上下文代码     ')
```

执行后得到以下结果：

```
=== 进入上下文 ===
执行上下文代码
=== 退出上下文 ===
```

步骤 3：定义 worker 类，其中，create()方法表示创建要在上下文中使用的资源，release()方法表示释放资源。

```
class worker:
    def create(self):
        print('创建资源')
    def release(self):
        print('释放资源')
    def access(self):
        print('使用资源')
```

步骤 4：定义 demo2 类，在__enter__方法中返回 worker 案例，以供上下文访问；在__exit__方法中释放 worker 案例所占用的资源，并处理异常。

```
class demo2:
    def __init__(self):
        self._worker = worker()
    def __enter__(self):
        self._worker.create()
        return self._worker
    def __exit__(self, *exc_info):
        # 释放资源
        self._worker.release()
        if exc_info[0] is None:
            # 无异常发生
            return False
        else:
            # 处理异常
            ex = exc_info[1]
            print(f'发生异常:{ex}')
            # 返回 True 表示不再抛出此异常
            return True
```

步骤 5：在 with 语句中使用 demo2 类。

```
with demo2() as var:
    var.access()
```

输出结果如下：

```
创建资源
使用资源
释放资源
```

注意：由于 demo2 类的__enter__方法返回的是 worker 案例，所以此处变量 var 引用的是 worker 案例，而不是 demo2 案例。

步骤 6：修改上一步中的 with 语句代码，让它抛出一个异常。

```
with demo2() as var:
    var.access()
    raise RuntimeError('普通错误')
```

步骤 7：再次运行上面的代码，会得到以下输出：

```
创建资源
使用资源
释放资源
发生异常：普通错误
```

案例 226 contextmanager 装饰器

导 语

contextlib 模块提供了一个 contextmanager 装饰器，应用此装饰器可以简化上下文管理的过程。而且，被上下文访问的类型可以不实现__enter__方法与__exit__方法，因为 contextmanager 类本身就已经实现了这两个方法。

应用 contextmanager 装饰器的函数必须满足：返回一个"迭代生成器"（即 Generator），此生成器不需要显式创建，只要使用 yield 关键字即可产生。函数中可以有多个 yield 语句，但是在代码执行逻辑上必须保证只能产生一个值，也就是说，只能允许一个 yield 语句被执行。如果函数所返回的生成器中产生了多个值，会发生错误。

被 contextmanager 修饰的函数，其内部代码通常是按照此逻辑进行：

```
@contextmanager
def my_func(args):
    <初始化要访问的资源>
    try:
        yield <资源引用>
    except:
        <处理异常>
    finally:
        <释放资源>
```

在 with 语句中调用。

```
with my_func(…) as target:
    <使用资源>
```

yield 语句所产生的对象会传递给 target 变量，随后，通过 target 变量就能访问资源。my_func 函数之所以要求使用 yield 语句来创建生成器，实际上是运用了生成器的一个特点——代码执行到 yield 语句时会暂停并且记录当前代码位置。在 my_func()函数中，当代码运行到 yield 语句时，通过迭代生成器把资源返回到 with 语句上下文，随后在__enter__

方法中会调用 next 函数从迭代生成器中提取出要访问的资源，并赋值给 target 变量。

当 with 语句所在的上下文执行完成之时，代码逻辑重新回到 my_func()函数中，并且定位到 yield 语句之后的代码，继续执行。如果 yield 语句发生了异常，就会进入 except 子句，再执行 finally 子句；若未发生异常，就会跳过 except 子句直接进入 finally 子句，从而释放资源。无论是否发生异常，finally 子句都会执行的，可以保证所访问的资源能够被释放。

contextmanager 装饰器应用到目标函数后，会返回一个_GeneratorContextManager 类案例。其中，此类中__exit__方法的部分源代码如下：

```
def __exit__(self, type, value, traceback):
    if type is None:
        try:
            next(self.gen)
        except StopIteration:
            return False
        else:
            raise RuntimeError("generator didn't stop")
    else:
        …
        raise RuntimeError("generator didn't stop after throw()")
```

根据以上源代码片段，可以知道被 contextmanager 修饰的函数只能使用 yield 语句产生单个值的原因。在__exit__方法中，会尝试再次调用 next 函数，如果迭代生成器中已经没有下一个元素，就会引发 StopIteration 异常。此时捕捉该异常并让__exit__方法返回 False，表明上下文正常退出。如果迭代生成器中还有其他元素，next 方法就能顺利调用，此时代码就会进入 else 子句，进而引发 RuntimeError 异常。

因此，如果应用了 contextmanager 装饰器的函数中执行了多次 yield 语句（产生了多个元素），就会发生错误——尽管这个函数要求返回迭代生成器案例，但它只能包含一个元素。

不过，下面这种写法是可行的。

```
@contextmanager
def my_func(args):
    try:
        <初始化资源>
    except Exception as exc:
        yield exc
    else:
        try:
            yield <资源引用>
        finally:
            <释放资源>
```

上述代码中，my_func()函数中虽然出现了两条 yield 语句，但是这两条语句不会让迭代生成器产生多个元素。因为这两条 yield 语句中只能有一条会被执行：当第一个 try 子句中的代码发生异常，只能执行 except 子句中的 yield 语句，第二个 try 子句中的 yield 语句不会执行；当第一个 try 子句中的代码顺利执行，只能执行第二个 try 子句中的 yield 语句，except 子句中的 yield 语句不会执行。

操作流程

本案例定义一个 my_resource 类，以模拟在上下文中使用的资源。此类在初始化时接收一组数字，以及一个最大限制值。释放资源时将这些数字清除，最大限制值恢复为 0。在使用资源时，如果这些数字的总和超过最大限制值，就会引发异常。

步骤 1：从 contextlib 模块中导入 contextmanager 装饰器。

```
from contextlib import contextmanager
```

步骤 2：定义 my_resource 类。其中，create 方法用于初始化资源，use 方法使用资源，release 方法释放资源。

```
class my_resource:
    def create(self, *nums, max_limit):
        print('正在初始化资源…')
        self.numbers = nums
        self.max = max_limit
        print('资源初始化完成', f'numbers: {self.numbers}, max: {self.max}')
    def release(self):
        del self.numbers
        self.max = 0
        print('资源已释放')
    def use(self):
        _r = sum(self.numbers)
        # 如果数值的总和大于最大限制值
        if _r > self.max:
            raise Exception(f'数值总和不能超过 {self.max}')
        return _r
```

步骤 3：定义 get_res()函数，并应用 contextmanager 装饰器。在该函数中初始化资源，并以迭代生成器的形式返回资源引用，资源使用完毕后将其释放。

```
@contextmanager
def get_res(*args, _max = 5):
    res = my_resource()
    # 初始化资源
    res.create(*args, max_limit = _max)
    try:
        yield res
```

```
    except Exception as exc:
        print(f'发生异常:{exc}')
    finally:
        # 释放资源
        res.release()
```

步骤 4：在 with 语句块中使用 get_res()函数。

```
with get_res(1, 1, 5, _max = 9) as r:
    # 使用资源
    a = r.use()
    print(f'运行结果:{a}')
```

初始化后的 my_resource 案例会赋值给 r 变量，随后就可以调用其 use()方法。

上面代码的运行结果如下：

```
正在初始化资源…
资源初始化完成 numbers: (1, 1, 5), max: 9
运行结果:7
资源已释放
```

初始化资源时指定的最大限制值为 9，数值序列为 1、1、5，它们相加后的结果为 7。计算结果未超过 max 属性的值，因此不会引发异常。

步骤 5：再次调用 get_res()函数，此次调用会发生异常。

```
with get_res(2, 6, 3, _max = 10) as r:
    # 使用资源
    a = r.use()
    print(f'运行结果:{a}')
```

运行结果如下：

```
正在初始化资源…
资源初始化完成 numbers: (2, 6, 3), max: 10
发生异常:数值总和不能超过 10
资源已释放
```

由于指定的 max 属性值为 10，2、6、3 相加后的结果大于 10，此时会抛出异常。

案例 227 使用 closing 类来释放上下文资源

导 语

closing 是一个轻量级的上下文资源管理类，在案例化时接收上下文资源的引用，在 with 语句执行完毕后自动释放资源。

此类的源代码如下：

```
class closing(AbstractContextManager):
    …
    def __init__(self, thing):
        self.thing = thing
    def __enter__(self):
        return self.thing
    def __exit__(self, * exc_info):
        self.thing.close()
```

在退出上下文范围的时候，会调用 thing 对象的 close()方法。所以，使用 closing 类进行上下文管理的资源案例必须存在 close()方法，否则会发生错误。

操作流程

步骤 1：定义 test_res 类，通过类方法 create()来初始化。

```
class test_res:
    @classmethod
    def create(cls):
        print('初始化资源')
        return cls()
    def do_something(self):
        print('访问资源')
    def close(self):
        print('释放资源')
```

为了能将 test_res 案例传递给 closing 类的案例使用，必须定义 close 案例方法来释放资源。

步骤 2：在 with 语句块中配合 closing 类来使用 test_res 对象。

```
from contextlib import closing
with closing(test_res.create()) as res:
res.do_something()
```

运行结果如下：

```
初始化资源
访问资源
释放资源
```

步骤 3：下面的代码使用 closing 类来封装 open()函数所返回的对象，当文件写入完毕后，会自动调用 close()方法来释放文件。

```
with closing(open('demo.txt', mode = 'wt', encoding = 'UTF-8')) as f:
    f.write('测试文本')
```

第 9 章 数据结构

本章的主要内容如下：

- ✍ 列表；
- ✍ 元组；
- ✍ 字典；
- ✍ 计数器；
- ✍ 集合；
- ✍ 数组；
- ✍ 枚举；
- ✍ 迭代对象；
- ✍ 切片。

9.1 列表

案例 228 初始化列表对象

导 语

列表，即 list 类，初始化列表时可直接进行案例化。例如：

```
data = list()
```

由于列表是常用数据结构，因此 Python 提供内置的语法支持，使用一对中括号（英文）就可以创建列表案例。例如：

```
n = [1, 2, 3]
```

上面代码创建了一个列表案例，并且里面包含三个元素：1、2、3。

初始化一个空白（不包含元素）的列表案例，应使用一对空的中括号，即

```
x = []
```

也可以依据另一个列表案例来创建新案例。

```
a = [10, 11, 12]
b = list(a)
```

操作流程

步骤 1：使用两个字符串类型的元素初始化列表案例。

```
a = ['flow', 'year', 'day']
```

步骤 2：使用浮点类型的元素来初始化列表案例。

```
b = [0.001, 0.926]
```

步骤 3：分别使用字符串、整数、字节序列三种类型的元素来初始化列表案例。

```
c = ['picture', 32, b'6a5d3']
```

步骤 4：调用 list 类的构造函数来初始化列表案例。

```
d = list([2, 'f'])
```

步骤 5：依次输出以上步骤中创建的四个列表对象。

```
print(f'a: {a}\nb: {b}\nc: {c}\nd: {d}')
```

步骤 6：案例的运行结果如下：

```
a: ['flow', 'year', 'day']
b: [0.001, 0.926]
c: ['picture', 32, b'6a5d3']
d: [2, 'f']
```

案例 229 添加元素

导 语

list 类提供了 3 种案例方法来添加元素：

(1) append()方法：总是将元素添加到列表的末尾。

(2) insert()方法：可以指定一个索引 index，元素会插入 index 索引前面的位置。例如某列表中存在 5、4、8 三个元素，如果调用 insert()方法时指定 index 参数为 2，那么，元素会被插入 8 前面的位置(元素 8 的索引为 2)。插入后列表的元素为：5、4、6、8(假设新插入的元素是 6)。

(3) extend()方法：此方法可以向列表的末尾插入多个元素，这些元素来源于参数

iterable 所引用的(另一个)序列。

操作流程

步骤 1：创建一个空白的列表案例。

```
x = []
```

步骤 2：使用 append()方法在列表末尾追加两个元素。

```
x.append(20)
x.append('u')
```

步骤 3：使用 extend()方法向列表一次性追加四个元素。

```
x. extend([60, 15, 'by', 0.025])
```

步骤 4：在第三个元素前(其索引为 2)插入一个元素。

```
x. insert(2, -99)
```

步骤 5：打印列表案例的最终状态。

```
print('最终的列表:')
print(x)
```

步骤 6：运行案例代码，屏幕输出内容如下：

```
最终的列表:
[20, 'u', -99, 60, 15, 'by', 0.025]
```

案例 230　删除元素

导　语

list 类提供了下面 3 种方法来删除列表元素。

(1) remove()方法：删除指定的元素(指定的是元素的值)。如果要删除的元素在列表中多次出现，那么 remove()方法只删除最先出现的那个元素。

(2) del 语句：del 语句本身可用于删除某个案例的引用，del 语句后紧跟列表中的某个元素，也可以将此元素从列表中删除。此时应提供要删除元素的索引，例如，del x[0]，表示删除列表 x 中的第一个元素，del x[3]表示删除第四个元素。

(3) clear()方法：清空列表，即删除列表中的所有元素。

操作流程

步骤 1：创建新的列表案例，通过 range()函数生成的序列来初始化。

```
x = list(range(10))
```

步骤 2：删除第五个元素。第五个元素的索引为 6。

```
delx[6]
```

步骤 3：删除列表中值为 3 的元素。

```
x. remove(3)
```

步骤 4：运行案例程序,得到如下结果：

```
列表:
[0, 1, 2, 3, 4, 5, 6, 7, 8, 9]

处理后:
[0, 1, 2, 4, 5, 7, 8, 9]
```

案例 231　自定义排序

导　语

list 类的 sort()方法声明如下：

```
sort( * , key = None, reverse = False)
```

key 参数与 reverse 参数必须以关键字方式传递参数值。其中,key 参数引用一个函数,该函数接收列表中的每个元素,并且返回用于排序的依据。

本案例将演示一个 shooter 类,假设它表示一名射击手的相关信息,其中,hits 属性表示该射击手在某次训练中命中靶子的次数。随后,应用程序会创建一个包含若干个 shooter 案例的列表对象,并依据射击手们的命中次数来进行排序。

sort 方法的排序是“就地完成”的,它不会返回新的序列案例,而是对原来列表中的元素顺序进行修改。

操作流程

步骤 1：定义 shooter 类,它拥有 nickname 与 hits 两个属性。

```
class shooter:
    def __init__(self, nick = None, hits = 0):
        self.nickname = nick
        self.hits = hits
    def __str__(self):
        return f'{self.nickname} - {self.hits}'
```

自定义__str__方法，是为了让 shooter 对象转换为字符串后能显示各个属性的值。

步骤 2：创建列表案例，其中包含若干个 shooter 对象。

```
shooters = [
    shooter('小张', 39),
    shooter('小胡', 27),
    shooter('小李', 54),
    shooter('小杜', 32),
    shooter('小余', 46),
    shooter('小吴', 30),
    shooter('小陈', 41)
]
```

步骤 3：将以上列表案例中的元素打印。

```
print('排序前:')
for e in shooters:
    print(f'{e!s}')
```

步骤 4：对列表中的元素进行排序。

```
shooters.sort(key = lambda o: o.hits)
```

步骤 5：排序后，再打印一次列表案例中的元素。

```
print('排序后:')
for e in shooters:
    print(f'{e!s}')
```

步骤 6：运行案例程序，屏幕输出内容如下：

```
排序前:
小张 - 39
小胡 - 27
小李 - 54
小杜 - 32
小余 - 46
小吴 - 30
小陈 - 41

排序后:
小胡 - 27
小吴 - 30
小杜 - 32
小张 - 39
小陈 - 41
小余 - 46
小李 - 54
```

案例 232 反转列表

导 语

“反转”就是把列表中的元素按相反的顺序排列。例如，列表 1、2、3 反转之后就变成了 3、2、1。

实现列表反转有以下两种方法。

(1) reversed 类：该类可以用于所有序列类型（如列表），将要反转的序列对象的引用传递给它的构造函数，会产生一个新的可迭代对象（iterable），其中就包含了原序列中的元素，但其次序已反转。

(2) list 类的 reverse()方法：此方法会对列表对象中的元素进行“就地更新”，即不会产生新的序列案例，而是在原列表中调整元素的顺序。

操作流程

步骤 1：创建并初始化一个列表案例。

```
a = [120, 23, 9, 105, 'abc']
```

步骤 2：使用 reversed 类进行反转。

```
_n = reversed(a)
```

步骤 3：依次输出反转前后，序列中的各个元素。

```
print('原列表:', end = '')
print(', '.join(str(y) for y in a))
print('反转后:', end = '')
print(', '.join(str(y) for y in _n))
```

得到的结果如下：

```
原列表:120, 23, 9, 105, abc
反转后:abc, 105, 9, 23, 120
```

步骤 4：再创建并初始化一个列表案例。

```
b = ['def', 0.001, 'opq', -100, 60, 2.305]
```

步骤 5：输出此列表对象的元素。

```
print('原列表:', end = '')
print(', '.join(str(y) for y in b))
```

步骤 6：调用 reverse()方法反转列表。

```
b. reverse()
```

步骤 7：再次输出列表中的元素。

```
print('反转后:', end = '')
print(', '.join(str(y) for y in b))
```

列表在反转前后所输出的元素如下：

```
原列表:def, 0.001, opq, -100, 60, 2.305
反转后:2.305, 60, -100, opq, 0.001, def
```

案例 233 统计某个元素的出现次数

导 语

使用 count 方法可以计算出指定的元素在列表中出现的次数。count 方法的声明如下：

```
count(value, /)
```

count 方法只能传递位置参数,以下传递参数方式会报错：

```
obj.count(value = 4)
```

正确的调用为

```
obj.count(4)
```

如果要统计的元素不存在于列表中,count 方法返回 0,不会引发异常。

操作流程

步骤 1：创建新的列表案例,并初始化其内容。

```
x = [2, 6, 6, 5, 3, 2, 6, 7]
```

步骤 2：调用 count 方法,依次统计元素 6、2、9 在列表中出现的次数。

```
print(f'列表:{x}')
print(f'元素 6 出现了 {x.count(6)} 次')
print(f'元素 2 出现了 {x.count(2)} 次')
print(f'元素 9 出现了 {x.count(9)} 次')
```

步骤 3：运行案例程序,输出结果如下：

```
列表:[2, 6, 6, 5, 3, 2, 6, 7]
元素 6 出现了 3 次
元素 2 出现了 2 次
元素 9 出现了 0 次
```

案例 234 将列表对象作为栈结构使用

导 语

栈结构的特点是“后进先出”，即最后放进去的元素最先被取出，元素入栈的顺序与出栈的顺序刚好相反。

例如，添加到栈结构的元素顺序为 1、2、3、4，那么，其元素被取出来的顺序为 4、3、2、1。

pop 方法能够让列表对象模拟栈结构的工作方式，它每次调用都会从列表中取出一个元素返回，并且这个元素会从列表中删除。默认情况下，每次调用 pop 方法，会从列表的末尾取出元素。如果希望列表对象取出并删除特定元素(非最后一个)，可以在调用 pop 方法时传递一个索引值。例如，从列表 5、6、7、8、9 中取出 8，可以调用 pop(3)。

当列表的元素已全部取出(此时变为空列表)，或者所指定的索引超出有效范围，pop 方法会引发 IndexError 异常。

操作流程

步骤 1：创建一个列表案例，并初始化。

```
m = [12, 7, 65, 30, 135, 13]
```

步骤 2：将列表中的元素逐个取出，此处使用 wile 循环来完成，当引发 IndexError 异常时跳出循环。

```
while True:
    try:
        print(f'{m.pop():< 6d}', end = '')
    except IndexError:
        break
```

输出的结果如下：

```
原列表:[12, 7, 65, 30, 135, 13]
弹栈结果:
13    135   30    65    7     12
```

步骤 3：再创建并初始化一个列表案例。

```
n = [19, 44, 81, 56, 37]
```

步骤 4：这一次从列表的首部开始出栈，即每次对 pop 方法的调用都会取出列表中的第一个元素。在调用 pop 方法时应当指定索引为 0。

```
while True:
    try:
```

```
        print(f'{n.pop(0):< 6d}', end = '')
    except IndexError:
        break
```

输出的结果如下：

```
原列表:[19, 44, 81, 56, 37]
弹栈结果:
19    44    81    56    37
```

案例 235　合并列表

导　语

list 类重写了__add__方法，支持两个列表对象之间进行“+”运算。该运算的结果是将两个列表合并为一个列表。

列表合并时不会对重复的元素进行任何处理。例如，A 列表为 2、3、5，B 列表为 7、5、8，那么，A + B 的结果是 2、3、5、7、5、8。

操作流程

步骤 1：创建两个列表案例，并完成初始化。

```
a = [70, 18, 29]
b = [95, 30, - 108]
```

步骤 2：合并列表 a、b，并输出结果。

```
print(f'列表 1:{a}')
print(f'列表 2:{b}')
print(f'两个列表合并后:{a + b}')
```

两个列表合并后得到的结果如下：

```
案例 235\1.py" "
列表 1:[70, 18, 29]
列表 2:[95, 30, - 108]
两个列表合并后:[70, 18, 29, 95, 30, - 108]
```

步骤 3：再创建并初始化三个列表对象。

```
d = [0.001, 2.353, 0.65, 0.021]
e = ['bbeeff', b'69ch20t']
f = [- 1, - 0.5, 490]
```

步骤 4：合并 d、e、f 三个列表，并输出合并结果。

```
print(f'\n列表1:{d}')
print(f'列表2:{e}')
print(f'列表3:{f}')
print(f'三个列表合并后:{d + e + f}')
```

三个列表合并后得到的结果如下：

```
列表1:[0.001, 2.353, 0.65, 0.021]
列表2:['bbeeff', b'69ch20t']
列表3:[-1, -0.5, 490]
三个列表合并后:[0.001, 2.353, 0.65, 0.021, 'bbeeff', b'69ch20t', -1, -0.5, 490]
```

注意：列表之间不存在“减法”运算，如果两个列表之间使用“-”运算符进行运算，会发生错误。

案例236　重复列表中的元素

导　语

将 list 对象与整数“相乘”（使用“*”运算符），会使列表中的元素重复呈现。重复的次数取决于参与运算的整数。

例如，A 列表为 1、2、3，A * 2 的结果就是将 A 列表中的元素重复两次，即 1、2、3、1、2、3。

参与运算的整数应当是大于 0 的正整数，如果使用的是 0 或者负整数，运算结果都是返回一个空白的列表对象。

操作流程

步骤1：创建一个新的列表案例。

```
x = [100, 200, 300]
```

步骤2：将上述列表重复三次，并打印结果。

```
print(f'原列表:{x}')
print(f'重复三次:{x * 3}')
```

执行上面代码后，将输出以下内容：

```
原列表:[100, 200, 300]
重复三次:[100, 200, 300, 100, 200, 300, 100, 200, 300]
```

步骤3：如果一个列表中的元素也是列表对象，那么在重复运算时，只是复制列表对象的引用，而不是复制列表本身。

```
m = [['p', 'q'], ['e', 'd']]
r = m * 3
print(f'原列表:{m}')
print(f'重复三次:{r}')
```

运算后，得到以下结果：

```
原列表:[['p', 'q'], ['e', 'd']]
重复三次:[['p', 'q'], ['e', 'd'], ['p', 'q'], ['e', 'd'], ['p', 'q'], ['e', 'd']]
```

步骤 4：现在尝试将上述运算结果中的第一个元素（它是一个列表对象）进行修改，然后再次打印运算结果。

```
r[0][1] = 'h'
print(f'修改运算结果后:{r}')
```

得到的结果如下：

```
修改运算结果后:[['p', 'h'], ['e', 'd'], ['p', 'h'], ['e', 'd'], ['p', 'h'], ['e', 'd']]
```

从结果中可以看到，所有的“q”字母都变成了“h”字母，即只修改一个元素，其他被复制的元素也跟着改变。这说明作为元素的列表对象自身没有被复制，只是复制了引用。

9.2　元组

案例 237　元组的初始化方法

导　语

元组以 tuple 类封装，它与列表相似，但元组对象一旦完成初始化之后就不能再进行修改。因此，在案例化 tuple 类时就需要提供元素序列，案例化之后无法动态添加或删除元素。

可以直接调用 tuple 类的构造函数来初始化元组，例如：

```
n = tuple([50, 200, -15])
```

或者使用专门的语法来初始化。在 Python 中，元组可以用一对小括号（英文）来包装，就像这样

```
t = (5, 20, 13)
```

如果元组中只有一个元素，这时候，一对小括号会产生代码间的歧义——这个元素可能会被识别为一个单独的代码表达式，而不是元组中的元素。为了避免这种歧义，可以在元素后面加上一个逗号（英文）。例如：

```
s = (65,)
```

元组表达式的小括号是可以省略的，例如，下面代码的意思也是初始化一个元组对象。

```
p = 5, 9, 6
```

操作流程

步骤 1：初始化第一个元组对象，省略了一对小括号。

```
a = 'abc', 'xyz'
```

步骤 2：初始化第二个元组对象，使用小括号包装元素。

```
b = (0.02, -5, 85)
```

步骤 3：初始化第三个元组对象，它只包含一个元素。

```
c = 7,
```

步骤 4：使用 tuple 类的构造函数来创建元组对象案例。

```
d = tuple((150, 'Jack'))
```

步骤 5：在屏幕上打印出以上四个元组对象。

```
print(f'元组 1:{a}')
print(f'元组 2:{b}')
print(f'元组 3:{c}')
print(f'元组 4:{d}')
```

步骤 6：运行案例程序，屏幕输出结果如下：

```
元组 1:('abc', 'xyz')
元组 2:(0.02, -5, 85)
元组 3:(7,)
元组 4:(150, 'Jack')
```

案例 238 带命名字段的元组

导 语

namedtuple 函数用于创建一个 tuple 的子类，此类允许为元组中的元素命名。带有命名字段的元组对象，可以通过索引和命名字段两种方式来访问元素。tuple 的子类由 namedtuple 函数自动生成，开发者不需要自行定义。

namedtuple 函数的声明如下：

```
namedtuple(typename, field_names, * , rename = False, defaults = None, module = None)
```

typename 参数指定生成的新类型的名称(从 tuple 类派生)，field_names 参数指定元素的名称列表。字段列表可以使用序列类型，例如：

```
['name', 'age']
```

也可以用一个字符串案例表示，每个字段名使用空格或者逗号(英文)分隔。例如：

```
'id email city'或者 'id, email, city'
```

rename 参数默认为 False，如果设置为 True，那么当遇到无效的字段名称时会自动以元素所在的位置索引来重新命名，例如"_1""_2"等。

defaults 参数提供命名字段的默认值，它是一个序列类型。defaults 参数在处理时是从最右端的字段开始填充的。假设命名字段有 a、b、c，而 defaults 参数只提供两个值：2、3，那么，字段 b 的默认值为 2，字段 c 的默认值为 3，而字段 a 因为没有默认值，成为必需字段，在初始化命名元组时必须赋值。

module 参数提供 namedtuple 函数所返回的新类型的模块名称。

操作流程

步骤 1：从 collections 模块中导入 namedtuple 函数。

```
from collections import namedtuple
```

步骤 2：调用 namedtuple 函数，产生新的元组类型。指定命名参数为 id、size 和 parts。

```
data = namedtuple('data', ['id', 'size', 'parts'])
```

新类型的名称为"data"，为了方便使用，引用新类型的变量名称也是 data。

步骤 3：案例化 data 类，通过构造函数向命名字段传值。

```
x = data(id = 1, size = 317621, parts = 3)
```

步骤 4：通过索引来访问元组中的元素。

```
for i in range(len(x)):
    print(f'[{i}]: {x[i]}')
```

步骤 5：通过已命名的字段来访问元组中的元素。

```
print(f'id: {x.id}\nsize: {x.size}\nparts: {x.parts}')
```

步骤 6：运行案例程序，输出结果如下：

```
通过索引访问带命名字段的元组:
[0]: 1
[1]: 317621
[2]: 3

通过字段访问带命名字段的元组:
id: 1
size: 317621
parts: 3
```

案例 239　将带命名字段的元组转换为字典

导　语

namedtuple 函数在生成新的类型时，添加了一个案例方法——_asdict。调用此方法，可以将元组对象转换为字典对象，其中，字段名称将成为字典中的 key，字段所对应的值则为字典的 value。

_asdict 方法所返回的字典类型为 OrderedDict。

操作流程

步骤 1：从 collections 模块中导入 namedtuple 函数。

```
from collections import namedtuple
```

步骤 2：调用 namedtuple 函数，创建新的元组类型。其中包括两个字段：item1 和 item2。

```
demo_tuple = namedtuple('demo_tuple', 'item1, item2')
```

步骤 3：初始化新的元组案例。

```
tp = demo_tuple(item1 = 10, item2 = 80)
```

步骤 4：将元组对象转换为字典对象。

```
dic = tp._asdict()
```

步骤 5：分别输出元组对象和字典对象中的元素。

```
print('元组对象:')
for x in tp:
    print(f'{x:<4d}', end = '')
print('\n\n字典对象:')
for k, v in dic.items():
    print(f'{k}: {v}')
```

步骤 6：运行案例程序，其输出结果如下：

```
元组对象：
10  80

字典对象：
item1: 10
item2: 80
1.43 字典
```

9.3　字典

案例 240　字典的案例化方法

导　语

字典数据结构比较特殊，它所包含的元素由“键/值”对组成。即每个项都包括 key 和 value 两部分。其中，key 起到索引作用，因此在一个字典对象中，每个 key 都必须是唯一的，但 value 可以重复出现。

字典对象以 dict 类为基础，开发者可以从 dict 类派生来扩展其功能。dict 类的案例化方式，可以直接调用其构造函数，也可以使用 Python 专用语法。

调用 dict 构造函数时，需要传递一个序列对象。此序列中的元素皆由两个值组成，即嵌套序列。例如：

```
d = dict([('key1',1), ('key2',2), ('key3',3)])
```

或者

```
d = dict((('key1', 1), ('key2', 2), ('key3', 3)))
```

又或者

```
d = dict([['key1', 1], ['key2', 2], ['key3', 3]])
```

也可以直接通过传递关键字参数的方式来案例化。参数名将作为字典数据中的 key，参数值为 value。例如：

```
d = dict(key1 = 1, key2 = 2, key3 = 3)
```

还可以先创建字典案例，再添加元素。

```
d = dict()
d['key1'] = 1
d['key2'] = 2
d['key3'] = 3
```

Python 对字典类型提供语法支持，其格式与 JSON（JavaScript Object Notation）格式类似，最外层由一对大括号包装，元素之间以逗号（英文）分隔，key 与 value 用冒号（英文）连接。例如：

```
d = {'key1': 1, 'key2': 2, 'key3': 3}
```

操作流程

步骤 1：创建一个字典案例。

```
d1 = dict()
```

步骤 2：为上述字典对象填充数据。

```
d1['type'] = 'token'
d1['issuer'] = 'kabbie'
d1['hash'] = 'HMAC-SHA256'
```

步骤 3：通过专用语法创建一个字典案例，并初始化。

```
d2 = {1: 'green', 2: 'red', 3: 'blue', 4: 'black'}
```

步骤 4：使用一组序列来初始化一个新的字典案例。

```
d3 = dict((('id', 200032), ('company', 'test'), ('date', '5-19')))
```

步骤 5：运行案例程序，屏幕输出内容如下：

```
字典 1:{'type': 'token', 'issuer': 'kabbie', 'hash': 'HMAC-SHA256'}
字典 2:{1: 'green', 2: 'red', 3: 'blue', 4: 'black'}
字典 3:{'id': 200032, 'company': 'test', 'date': '5-19'}
```

案例 241 字典与 for 循环

导 语

将 for 循环语句直接用于字典对象，它枚举出来的是字典的 key 集合。这与 dict.keys 方法所返回的迭代器进行 for 循环的效果相同。

以下两种做法的输出结果相同。

```
for x in dict_obj:
    print(x)

for x in dict_obj.keys():
    print(x)
```

若希望 for 循环能枚举出字典案例中的“键/值”对，应先调用 items 方法返回一个迭代器，再用 for 循环来枚举该迭代器中的元素。其中，每个元素中又包含两个元素，即 key 和 value。

操作流程

(1) 初始化一个字典案例。

```
the_dic = {'title': 'about something',
           'body': 'work with something',
           'group': 'R-1'}
```

(2) 使用 for 循环枚举出字典对象中的 key，然后再通过 key 去获取 value。

```
for key in the_dic:
    print(f'{key:>8}: {the_dic[key]}')
```

其中，格式控制符“>”表示让被格式化的文本右对齐。

输出的结果如下：

```
title: about something
 body: work with something
group: R-1
```

(3) 使用 for 循环枚举出字典对象中的“键/值”对。

```
print(f'{"key":^20s}{"value":^20s}')
print('-' * 40)
for k, v in the_dic.items():
    print(f'{k:<20s}{v:<20s}')
```

格式控制符“^”表示文本居中对齐，“<”表示文本左对齐。items 方法所返回的迭代器在枚举时，其元素自身也是一个包含两个元素的元组对象，对应 key 和 value。

输出结果如下：

```
        key                value
----------------------------------------
title               about something
body                work with something
group               R-1
```

案例 242 从其他数据来源更新字典

导 语

dict 类公开 update 方法，此方法可以接收其他数据，用以更新当前字典案例。update

方法可以接收以下参数。

(1) 关键字参数：直接提取参数名称作为 key，提取参数值作为 value，然后更新字典对象。

(2) 另一个字典案例：从另一个字典对象中把元素复制到当前字典对象中，如果复制过来的 key 在当前字典中已存在，就会用复制过来的值替换当前元素的 value。

(3) 序列对象：例如元组、列表等，序列中每个元素都由 key 和 value 组成。例如 update([(key1, value1), (key2, value2), …])。

update 方法对当前字典案例进行"就地更新"，因此，方法调用后不会返回新的字典案例，而是直接在原字典案例上进行修改。

操作流程

步骤 1：初始化一个字典案例。

```
mydict = {
    'item1': 0x25,
    'item2': 0x80e4,
    'item3': 0xb7c2,
    'item4': 0x10a6
}
```

步骤 2：通过其他序列来更新 mydict 字典。

```
mydict.update((('item5', 0xa98), ('item6', 0x3020)))
```

步骤 3：通过其他字典对象来更新 mydict 字典。

```
mydict.update({'item7': 0xc812})
```

步骤 4：通过关键字参数来更新 mydict 字典。

```
mydict.update(item8 = 0x264f)
```

步骤 5：更新后，输出 mydict 中的元素。

```
for key, value in mydict.items():
    print(f'{key:<12s}{"0x" + "{0:>04x}".format(value)}')
```

上面代码中，在格式化字符串(带"f"前缀)中嵌套了 str.format 方法来进行复杂的格式化处理。

步骤 6：运行案例程序，输出内容如下：

```
item1        0x0025
item2        0x80e4
item3        0xb7c2
```

```
item4        0x10a6
item5        0x0a98
item6        0x3020
item7        0xc812
item8        0x264f
```

案例 243 可以调整元素次序的字典

导 语

OrderedDict 类是 dict 的子类，主要提供了 move_to_end 方法。此方法可以将字典中的某个元素移动到序列的首部或尾部。默认情况下，会将指定的元素(通过 key 参数的值来查找)移动到序列的末尾，如果将 last 参数设置为 False，则可以将指定的元素移动到序列的起始位置(首部)。

假设字典的初始数据为：

```
item1:1
item2:2
item3:3
```

现在调用 move_to_end 方法。

```
move_to_end('item1')
```

调用后，key 为“item1”的元素就会移动到末尾。此时，字典的数据次序如下：

```
item2:2
item3:3
item1:1
```

操作流程

步骤 1：从 collections 模块中导入 OrderedDict 类。

```
from collections import OrderedDict
```

步骤 2：初始化一个 OrderedDict 案例。

```
mydic = OrderedDict(task1 = 1, task2 = 2, task3 = 3, task4 = 4)
```

步骤 3：将字典对象中 key 为“task3”的元素移动到首位。

```
mydic.move_to_end('task3', last = False)
```

步骤 4：将 key 为“task2”的元素移动到末尾。

```
mydic.move_to_end('task2')
```

步骤 5：运行案例程序，其输出内容如下：

```
字典数据的原有次序：
task1: 1
task2: 2
task3: 3
task4: 4

将 task3 移到首位后：
task3: 3
task1: 1
task2: 2
task4: 4

将 task2 移到末尾后：
task3: 3
task1: 1
task4: 4
task2: 2
```

案例 244 合并字典

导 语

ChainMap 类可以将多个字典对象(或者是类似于字典的 mapping 对象)合并为一个对象。被合并的字典列表将存储在 maps 属性中。

当访问 ChainMap 对象的元素时，它会在其所合并的字典列表中查找，当找到匹配的 key 就会将与之对应的 value 返回。假设 ChainMap 对象的 obj 合并了 A、B 两个字典，并且 A 字典中存在 key 为"dev"的项，B 字典中也存在 key 为"dev"的项。此时访问 obj['dev']只会返回 A 字典中的元素。

ChainMap 对象的设置元素、删除元素等操作都只对 maps 列表中的第一个字典对象有效，其余字典对象将被忽略。

操作流程

从 collections 模块中导入 ChainMap 类。

```
from collections import ChainMap
```

创建 ChainMap 案例，它合并了三个字典对象的数据。

```
cm = ChainMap(
    {
        'item1': 1,
        'item2': 2
    },
    {
        'progress1': 12,
        'progress2': 13,
        'progress3': 14
    },
    {
        'rid': '0D5',
        'title': 'demo_os',
        'ver': '1.1.2'
    }
)
```

打印合并字典对象中的所有元素。

```
print('合并字典的数据内容:')
for k, v in cm.items():
    print(f'{k}: {v}')
```

运行以上代码后，得到的输出内容如下：

```
合并字典的数据内容:
rid: 0D5
title: demo_os
ver: 1.1.2
progress1: 12
progress2: 13
progress3: 14
item1: 1
item2: 2
```

从运行结果中能看出，对 ChainMap 对象进行迭代时，maps 列表被反转了，所以，输出的元素顺序与被合并字典的顺序相反。

案例 245　计　数　器

导　语

计数器(Counter)是一种特殊的字典，它的 key 存储着某个序列中的元素，而 value 则存储该元素在序列中出现的次数。

例如，假设有一列表为 2、2、3、1、1，然后用此列表去案例化 Counter 类。

```
s = [2, 2, 3, 1, 1]
c = Counter(s)
```

以下代码将得到的结果为 2,因为元素 2 在列表中出现了两次。

```
c[2]                                    # 结果: 2
```

使用 for 循环枚举出计数器中的数据。

```
for x, n in c.items():
    print(f'{x}: {n}')
```

得到的结果为

```
2: 2
3: 1
1: 2
```

即元素 2 出现了两次,元素 3 出现了一次,元素 1 出现了两次。

Counter 类还公开了 most_common 方法,调用后返回一个列表,该列表将按照元素出现的次数进行降序排列。例如:

```
c = Counter('ddddddkkkkmmsss')
print(c.most_common())
```

执行上面代码后会得到以下输出:

```
[('d', 6), ('k', 4), ('s', 3), ('m', 2)]
```

其中,字母"d"出现 6 次,字母"k"出现 4 次……most_common 方法带有参数 n,用以指定列出统计结果的项目数,例如:

```
c. most_common(2)
```

此时仅仅列出出现频数最高的两个元素,即

```
[('d', 6), ('k', 4)]
```

操作流程

步骤 1:导入 Counter 类。

```
from collections import Counter
```

步骤 2:创建一个元组案例,并用一系列整数值来初始化。

```
ns = 50, 12, 12, 12, 12, 36, 50, 36, 28, 36
```

步骤3：案例化 Counter 类，并用上面定义的元组对象作为数据来源。

```
c = Counter(ns)
```

步骤4：计算一下元素 28 在原序列中出现了多少次。

```
print(f'28 出现了 {c[28]} 次')
```

步骤5：再计算一下元素 36 出现的次数。

```
print(f'36 出现了 {c[36]} 次')
```

步骤6：获取出现次数最多的元素，并输出它出现的次数。

```
_x = c.most_common(1)
_m = _x[0]
print(f'出现次数最多的元素是 {_m[0]},它出现了 {_m[1]} 次')
```

步骤7：还可以使用 Counter 来产生新的序列。下面代码案例化新的 Counter 对象，并向构造函数传递一个字典数据，描述了元素 100、65、42、19 要在新序列中出现的次数。

```
c = Counter({100: 1, 65: 3, 42: 3, 19: 5})
```

步骤8：调用 elements 方法，返回新序列的元素列表。

```
_t = c.elements()
```

步骤9：在屏幕上输出新产生的序列信息。

```
for e in _t:
    print(e, end = '  ')
```

步骤10：运行案例代码，输出结果如下：

```
原序列:(50, 12, 12, 12, 12, 36, 50, 36, 28, 36)
28 出现了 1 次
36 出现了 3 次
出现次数最多的元素是 12,它出现了 4 次

由计数器产生的序列:
100  65  65  65  42  42  42  19  19  19  19  19
```

9.4 集合

案例 246 创建集合案例

导 语

与 list 类相似，集合（set 类或 frozenset 类）也可以有两种初始化方式。

第一种是直接调用构造函数。例如：

```
a = set([1, 2, 3, 4])
b = frozenset([5, 4, 3, 2])
```

set 类在初始化之后，仍可以通过 add 方法和 remove 方法来修改元素，但 frozenset 类在初始化之后就不能再修改元素了（它不存在 add 方法和 remove 方法）。

另一种初始化方式是通过 Python 的语法来完成。集合可以使用一对大括号来包装元素序列。例如：

```
c = {100, 200, 'abc'}
```

操作流程

步骤 1：通过调用构造函数来初始化集合对象。

```
s1 = set([25, 0.0005, 'xyz'])
```

步骤 2：直接使用 Python 语法功能来初始化集合对象。

```
s2 = {'ade', 'knpq', -15, b'a2b1'}
```

步骤 3：在屏幕上输出以上两个集合对象。

```
print(f'集合 1:\n{s1}')
print(f'\n 集合 2:\n{s2}')
```

步骤 4：运行案例程序，其输出内容如下：

```
集合 1:
{25, 'xyz', 0.0005}

集合 2:
{'knpq', b'a2b1', 'ade', -15}
```

案例 247 合并集合

导 语

集合类（set 类或 frozenset 类）公开了 union 方法，可以将当前集合对象与其他集合对象合并，生成一个新的集合对象。

假设 A 集合包含元素 1、2、3，B 集合包含元素 4、5，那么 A 与 B 集合合并之后的新集合将包含元素 1、2、3、4、5。

操作流程

步骤 1：初始化四个集合案例。

```
set1 = {'aaa', 'bbb'}
set2 = {200, -10, 15}
set3 = {0.2001, 5.23}
set4 = {35, 'ddd', 6, 'eee'}
```

步骤 2：将 set1 与 set4 合并。

```
print(set1.union(set4))
```

步骤 3：将 set2、set3 与 set4 进行合并。

```
print(set2.union(set3, set4))
```

步骤 4：将四个集合进行合并。

```
print(set1.union(set2, set3, set4))
```

步骤 5：运行案例程序，输出内容如下：

```
合并 set1 与 set4 集合:
{'aaa', 35, 'ddd', 'bbb', 6, 'eee'}

合并 set2、set3、set4 集合:
{0.2001, 35, 5.23, 6, 200, 'eee', 15, 'ddd', -10}

合并四个集合:
{0.2001, 35, 5.23, 'bbb', 6, 200, 'eee', 15, 'aaa', 'ddd', -10}
```

注意：合并集合也可以使用"|"运算符，例如 set1 | set2、set2 | set3 | set4。

案例 248 集合的包含关系

导 语

以下方法用于判断集合之间的包含关系：

(1) issuperset 方法：分析当前集合是否为另一个集合的超集(父集合)，即另一个集合的所有元素都会出现在当前集合中，或者两个集合的元素完全相同。

(2) issubset 方法：分析当前集合是否为另一个集合的子集，即当前集合中的全部元素都包含在另一个集合中，或者两个集合的元素完全相同。

操作流程

步骤 1：案例化集合 set1 与 set2。

```
set1 = {5, 6, 7}
set2 = {4, 5, 6, 7, 8}
```

步骤 2：判断 set1 是不是 set2 的子集。

```
b = set1.issubset(set2)
```

步骤 3：再创建两个集合案例——set3 与 set4。

```
set3 = {15, 18, 23, 26}
set4 = {18, 23, 26, 15}
```

步骤 4：判断 set3 是不是 set4 的超集。

```
b = set3.issuperset(set4)
```

set3 与 set4 两个集合的元素虽然次序不同，但个数与内容是相同的，因此，issuperset 方法将返回 True。

步骤 5：案例化 set5、set6 集合。

```
set5 = {2, 5, 6}
set6 = {5, 3, 6}
```

步骤 6：判断 set5 是不是 set6 的超集。

```
b = set5.issuperset(set6)
```

set5 与 set6 中只有 5、6 两个元素相同，所以它们之间不存在包含关系。

步骤 7：运行案例程序，将得到以下执行结果：

```
集合 1:{5, 6, 7}
集合 2:{4, 5, 6, 7, 8}
set1 是 set2 的子集吗?是

集合 3:{18, 26, 23, 15}
集合 4:{18, 26, 15, 23}
set3 是 set4 的超集吗?是

集合 5:{2, 5, 6}
集合 6:{3, 5, 6}
set5 是 set6 的超集吗?不是
```

案例 249 交集与差集

导 语

intersection 方法可用于获得当前集合与其他集合的交集，即当前集合与其他集合中共同存在的元素。例如，集合 A 包含元素 2、7、3，集合 B 包含元素 3、5、2，集合 C 包含元素 2、6、3，那么，A、B、C 集合的交集就是 2、3。获取集合的交集，除了调用 intersection 方法，还可以使用“&”运算符，例如 A & C。

difference 方法的作用与 intersection 方法相反，用于获取当前集合与其他集合中存在差异的元素，即差集。假设 A 集合有元素 6、8、1，B 集合有元素 1、5、3，那么，A. difference(B)的结果是 6、8，因为元素 1 在 A、B 集合中都存在，所以要去掉。也可以使用算术表达式 A－B 来求差集。

symmetric_difference 方法的功能类似于“异或”运算，称为“对称差集”，等效于算术表达式 A ^ B。对称差集的计算方式是排除当前集合与其他集合的共同元素后，所剩下的元素。也就是说，计算结果中的元素，不会同时出现在多个集合中。假设 A 集合的元素为 3、9、10、20，B 集合的元素为 9、20、14、5，那么 A. symmetric_difference(B)的结果便是 3、5、10、14。A、B 集合的共同元素(交集)为 9、20，A 集合去除共同元素后剩下 3、10，B 集合去除共同元素后剩下 14、5。最后把 A、B 集合的剩余部分合并起来，就是 3、5、10、14。

此外，集合类型还公开了 intersection_update、difference_update 和 symmetric_difference_update 方法，通过下面所列出的等效算术表达式，就可以快速理解这三个方法的功能。

```
A.intersection_update(B)                  # 等效于 A = A & B
A.difference_update(B)                    # 等效于 A = A - B
A.symmetric_difference_update(B)          # 等效于 A = A ^ B
```

总的来说，不带“_update”结尾的方法会将计算结果存放到新的集合对象中，并返回给调用方；而带“_update”结尾的方法会更新当前集合，以存储计算结果。

操作流程

步骤 1：初始化三个集合对象。

```
set1 = {70, 23, 400, 68, 915}
set2 = {400, 17, 915, 56, 43, 23}
set3 = {55, 70, 23, 48, 79}
```

步骤 2：求三个集合的交集。

```
r1 = set1.intersection(set2, set3)
# 或者 r1 = set1 & set2 & set3
```

步骤3：求三个集合的差集。

```
r2 = set1.difference(set2, set3)
# 或者 r2 = set1 - set2 - set3
```

步骤4：求集合set1与set2的对称差集。

```
r3 = set1.symmetric_difference(set2)
# 或者 r3 = set1 ^ set2
```

步骤5：求集合set2与set3的对称差集。

```
r4 = set2.symmetric_difference(set3)
# 或者 r4 = set2 ^ set3
```

步骤6：向屏幕打印处理结果。

```
print(f'集合 1:{set1}\n 集合 2:{set2}\n 集合 3:{set3}\n')
print(f'三个集合的交集:{r1}')
print(f'三个集合的差集:{r2}')
print(f'set1 与 set2 的对称差集:{r3}')
print(f'set2 与 set3 的对称差集:{r4}')
```

步骤7：运行案例程序，得到的输出信息如下：

```
集合 1:{68, 70, 400, 915, 23}
集合 2:{43, 400, 17, 915, 23, 56}
集合 3:{70, 79, 48, 55, 23}

三个集合的交集:{23}
三个集合的差集:{68}
set1 与 set2 的对称差集:{17, 68, 70, 56, 43}
set2 与 set3 的对称差集:{70, 79, 400, 17, 915, 43, 48, 55, 56}
```

9.5 数组

案例250 案例化数组

导 语

数组(array类)在案例化时，需要指定元素的“类型码”。类型编码用一个字母表示，用以指定数组元素的类型。

直接访问array模块下的typecodes成员，可以获得数组所支持类型的编码列表，它是一个字符串案例，即“bBuhHiIlLqQfd”。字符串中的每个字母都指代一种元素类型。表9-1列出了类型编码与Python语言类型、C语言类型的对应关系。

表 9-1　类型编码与数据类型之间的映射关系

类型编码	Python 类型	C 类型	最小长度/字节
b	int	signed char	1
B	int	unsigned char	1
u	Unicode 字符	Py_UNICODE	2
h	int	signed short	2
H	int	unsigned short	2
i	int	signed int	2
I	int	unsigned int	2
l	int	signed long	4
L	int	unsigned long	4
q	int	signed longlong	8
Q	int	unsigned longlong	8
f	float	float	4
d	float	double	8

array 类的构造函数声明如下：

```
array(typecode [, initializer])
```

initializer 参数提供一个序列对象，用于初始化数组中的元素。数组在案例化之后，仍然可以修改其元素。

操作流程

步骤 1：从 array 模块中导入 array 类。

```
from array import array
```

步骤 2：创建一个新的数组案例，类型为浮点数(float)，并进行初始化。

```
ar1 = array('f', [0.001, 12.05, 0.3, 0.005])
```

步骤 3：如果数组中要存储中文字符，在调用构造函数时，类型编码应使用“u”，即 Unicode 字符。

```
ar2 = array('u', ['上', '下', '左', '右'])
```

步骤 4：再初始化一个整数数组。

```
ar3 = array('i', (100, 120, 150, 180))
```

步骤 5：使用 for 循环依次枚举出上述三个数组对象中的元素。

```
print('浮点数数组:')
for x in ar1:
    print(f'{x:<12.4f}',end = '')

print('\n\nUnicode 字符数组:')
for x in ar2:
    print(f'{x:4s}', end = '')

print('\n\n 整数数组:')
for x in ar3:
    print(f'{x:<8d}', end = '')
```

步骤 6：运行案例程序，会得到以下输出结果：

```
浮点数数组:
0.0010      12.0500     0.3000      0.0050

Unicode 字符数组:
上   下   左   右

整数数组:
100     120     150     180
```

案例 251　修改数组中的元素

导　语

Python 中的数组对象是允许在案例化之后对其元素进行更新的，而且用于修改元素的方法较多。大致可以分为以下四类。

(1) 追加与插入方法。append 方法将新的元素添加到数组的末尾。insert 方法将新的元素插入指定的索引之前。

(2) 以“from”开头的方法。例如 fromlist、frombytes、fromunicode、fromfile 等案例方法。这些方法可以从其他对象(如列表、字节序列等)中提取新元素的内容，然后添加到数组中。新的元素将位于数组的末尾。

(3) remove 方法。删除数组中指定的元素。如果要删除的元素在数组多次出现，那么，将删除最先出现的那个元素。

(4) extend 方法。与 list 类的 extend 方法功能一样，可以一次性添加多个元素。

操作流程

步骤 1：导入 array 类。

```
from array import array
```

步骤 2：案例化一个 Unicode 字符类型的数组对象。

```
arr1 = array('u')
```

步骤 3：向数组添加中文字符。

```
arr1.append('正')
arr1.append('是')
arr1.extend('江南好')
arr1.fromunicode('风')
arr1.fromunicode('景')
```

extend 方法可以一次性添加多个字符，而 fromunicode 方法每次只能添加一个字符。

步骤 4：输出该数组对象的相关信息。

```
print(f'单个元素的大小:{arr1.itemsize} 字节')
print(f'字节序列:{arr1.tobytes()}')
print('元素列表:',end = '')
for ch in arr1:
    print(ch, end = '')
```

itemsize 字段返回数组中单个元素所占用的空间，以字节为单位。tobytes 方法可以将数组中的元素转换为字节序列。

步骤 5：再创建一个数组案例，元素类型为整数(int 类型)。

```
arr2 = array('i')
```

步骤 6：向 arr2 数组中添加元素。

```
arr2.fromlist([5, 7, 9])
arr2.insert(0, 3)
arr2.insert(0, 1)
```

fromlist 方法将从参数所提供的列表对象中将元素复制到当前数组中，因此调用该方法可以一次性添加多个元素。insert 方法指定把新元素插入索引 0 前面的位置，即新添加的元素皆位于数组的头部。

步骤 7：输出与 arr2 数组相关的信息。

```
print(f'单个元素的大小:{arr2.itemsize} 字节')
print(f'字节序列:{arr2.tobytes()}')
print(f'元素列表:', end = '')
for n in arr2:
    print(f'{n:< 4d}', end = '')
```

步骤 8：运行案例程序，将得到以下输出结果。

```
【unicode 数组】
单个元素的大小:2 字节
字节序列:b'ck/f_lWS}Y\xce\x98of'
元素列表:正是江南好风景

【int 数组】
单个元素的大小:4 字节
字节序列:
b'\x01\x00\x00\x00\x03\x00\x00\x00\x05\x00\x00\x00\x07\x00\x00\x00\t\x00\x00\x00'
元素列表:1    3    5    7    9
```

案例 252 将数组内容存入文件

导 语

array 类公开了一对方法,可以从文件中读写数组内容。

调用 tofile 方法可将数组内容写入文件;调用 fromfile 方法可以从文件中读取数组内容。

操作流程

步骤 1:从 array 模块中导入 array 类。

```
from array import array
```

步骤 2:声明一个变量 file_name,表示稍后要读写的文件名。

```
file_name = 'mydata'
```

步骤 3:案例化一个数组对象,元素类型为双精度数值(float 类型)。

```
arr = array('d')
```

步骤 4:调用 extend 方法向数组中添加元素。

```
arr.extend([10.02, 5.003, 0.815, 0.9005, 12.037])
```

步骤 5:将数组的内容写入文件。

```
with open(file_name, mode = 'wb') as file:
    arr.tofile(file)
```

open 函数的 mode 参数中,"w"表示文件的写入操作,"b"表示以二进制方式处理文件数据。

步骤 6:再创建一个新的数组案例,类型为双精度数值(float 类型)。

```
arr_new = array('d')
```

步骤 7：从刚才保存的文件中读出数组的内容。

```
with open(file_name, mode = 'rb') as file:
try:
    arr_new.fromfile(file, 5)
except EOFError:
    pass
```

open 函数中的 mode 参数使用了"r"与"b"合并的模式，"r"表示文件的读取操作，"b"表示以二进制方式处理文件内容。

fromfile 的第二个参数用于指定要读取的元素个数，如果实际可用的元素数量小于此参数所提供的值，会引发 EOFError 异常，但文件中的有效元素仍然能够顺利读取。

步骤 8：运行案例程序，将输出如下所示的信息：

```
已将数组的内容存入 mydata 文件
----------------------------------------------------
从 mydata 文件中读出数组内容
读入的数组内容如下：
10.0200    5.0030    0.8150    0.9005    12.0370
```

9.6 枚举

案例 253　定义枚举类

导　语

枚举也是一种类型，需要使用 class 关键字来定义。要让自定义的类型被 Python 编译器识别为枚举，自定义的类必须从 Enum 类（或 Enum 的派生类）派生。

枚举的值可以是整数值（int）、字符串（str），也可以是其他类型。但使用 int 类型比较常见。以下代码演示了一个名为 WorkFunc 的枚举。

```
class WorkFuncs(Enum):
    SINGLE = 1
    MULTI = 2
    SCOPE = 3
```

枚举类型在使用前不需要显式地案例化，而是直接访问其成员即可。例如：

```
a = WorkFunc.MULTI
```

变量 a 引用了一个 WorkFuncs 枚举案例，它的 name 属性会变为"MULTI"，value 属性会变为 2。

假设变量 a 使用了 SCOPE 成员，即

```
a = WorkFuncs.SCOPE
```

那么，a.name 属性会变为“SCOPE”，a.value 属性变为 3。

显然，枚举案例的 name 属性和 value 属性是动态的，其取决于所使用的枚举成员。

操作流程

步骤 1：从 enum 模块中导入 Enum 类。

```
from enum import Enum
```

步骤 2：定义 Shapes 类，从 Enum 类派生，使其成为枚举类型。

```
class Shapes(Enum):
    CIRCLE = 0                                    # 圆
    RECTANGLE = 1                                 # 矩形
    TRIANGLE = 2                                  # 三角形
    RHOMBUS = 3                                   # 菱形
```

步骤 3：将 Shapes 枚举类型的成员转换为列表对象。方法是把枚举类型直接传递给 list 类的构造函数。

```
mems = list(Shapes)
```

步骤 4：也可以使用 for 循环罗列出 Shapes 枚举类的成员。

```
for m in Shapes:
    print(m)
```

步骤 5：通过成员的名称来初始化 Shapes 枚举案例。

```
x = Shapes['RECTANGLE']
```

注意：成员名称需要以字符串形式表示。

步骤 6：通过成员的值来初始化 Shapes 枚举案例。

```
y = Shapes(2)
```

步骤 7：运行案例程序，结果如下：

```
将 Shapes 枚举成员转换为列表:
CIRCLE              : 0
RECTANGLE           : 1
```

```
TRIANGLE          : 2
RHOMBUS           : 3
------------------------------------------
使用 for 循环列出 Shapes 枚举的成员：
Shapes.CIRCLE
Shapes.RECTANGLE
Shapes.TRIANGLE
Shapes.RHOMBUS
------------------------------------------
通过成员名称来初始化:x = Shapes.RECTANGLE
通过成员的值来初始化:y = Shapes.TRIANGLE
```

案例 254　只能使用 int 值的枚举

导　语

IntEnum 类派生自 Enum 类和 int 类，它对成员值的类型做了限制——只能使用 int 类型（整数值）的值。

操作流程

步骤 1：从 enum 模块导入 IntEnum 类。

```
from enum import IntEnum
```

步骤 2：定义枚举类型 Em1，包含成员 Q 和 R。

```
class Em1(IntEnum):
    Q = 1
    R = 2
```

步骤 3：定义枚举类型 Em2，包含成员 U 和 W。

```
class Em2(IntEnum):
    U = 1
    W = 2
```

枚举类型 Em1 和 Em2 都是从 IntEnum 类派生，所以它们的成员值必须是 int 类型。

步骤 4：以上两个枚举类型的成员值可以直接与 int 数值做比较运算。

```
b1 = Em1.Q == 1
b2 = Em2.W == 1
print(f'Em1.Q == 1 ? {"Yes" if b1 else "No"}')
print(f'Em2.W == 1 ? {"Yes" if b2 else "No"}')
```

步骤 5：Em1 枚举与 Em2 枚举的成员之间也可以进行比较。

```
b3 = Em1.Q == Em2.W
b4 = Em1.R == Em2.W
print(f'Em1.Q == Em2.W ? {"Yes" if b3 else "No"}')
print(f'Em1.R == Em2.W ? {"Yes" if b4 else "No"}')
```

步骤 6：分别输出 Em1 和 Em2 的成员。

```
print(f'\nEm1 枚举的成员：')
for m in Em1:
    print(f'{m.name} = {m.value}')
print(f'\nEm2 枚举的成员：')
for m in Em2:
    print(f'{m.name} = {m.value}')
```

步骤 7：运行案例程序，输出结果如下：

```
Em1.Q == 1 ? Yes
Em2.W == 1 ? No
Em1.Q == Em2.W ? No
Em1.R == Em2.W ? Yes

Em1 枚举的成员：
Q = 1
R = 2

Em2 枚举的成员：
U = 1
W = 2
```

案例 255　带标志位的枚举

导　语

如果一个枚举类型中的成员可以组合使用，那么，每个成员都应该拥有一个可以作为标志的二进制位。例如：

```
成员 1 = 0001
成员 2 = 0010
成员 3 = 0100
成员 4 = 1000
```

将“成员 1”与“成员 2”组合后，其标志位就是 0011。将四个成员全部组合后的值就是 1111。如果某个组合后的枚举值为 1100，那么也可以根据标志位判断出该组合的值中包含“成员 3”和“成员 4”。

正因为标志位是基于二进制的，所以在定义此类枚举时，其成员的值必须为 2^n，例如 1、

2、4、8……

操作流程

步骤 1：导入 IntFlag 类。

```
from enum import IntFlag
```

步骤 2：定义 MyFlags 类，从 IntFlag 类派生。它包含六个成员。

```
class MyFlags(IntFlag):
    Item1 = 1
    Item2 = 2
    Item3 = 4
    Item4 = 8
    Item5 = 16
    All = Item1 | Item2 | Item3 | Item4 | Item5
```

最后一个 All 成员将前面五个成员的标志位进行了组合。

步骤 3：将 Item1 与 Item2 两个成员组合。

```
s1 = MyFlags.Item1 | MyFlags.Item2
print(f'Item1 与 Item2 组合后:{s1}')
```

步骤 4：将 Item3、Item4、Item5 三个成员进行组合。

```
s2 = MyFlags.Item3 | MyFlags.Item4 | MyFlags.Item5
print(f'Item3、Item4、Item5 组合后:{s2}')
```

步骤 5：判断一下 Item4 是否包含在上述的组合中(即 Item3、Item4、Item5 的组合)。

```
print(f'Item4 是否包含在上述组合中?{"是" if MyFlags.Item4 in s2 else "否"}')
```

步骤 6：运行案例代码，输出结果如下：

```
Item1 与 Item2 组合后:3
Item3、Item4、Item5 组合后:28
Item4 是否包含在上述组合中?是
```

案例 256 禁止使用重复的成员值

导 语

默认情况下，枚举类型允许出现重复的成员值，例如：

```
class MyEnum(Enum):
    EXPA_1 = 3
```

```
    EXPA_2 = 5
    EXPA_3 = 3
```

当出现重复的成员值时，枚举类型会选用最先出现的成员值（上面例子中的 EXPA_1 成员），而后续出现的带有重复值的成员就作为"别名"处理。在上例中，EXPA_3 成员是 EXPA_1 成员的别名。

但有些时候，开发者并不希望枚举中出现重复的成员值，此时可以在枚举类上应用 unique 装饰器。使用了该装饰器后，枚举类型中若存在重复的成员值，就会发生错误。

```
@unique
class MyEnum(Enum):
    EXPA_1 = 3
    EXPA_2 = 5
    EXPA_3 = 3

错误信息:ValueError: duplicate values found in <enum 'MyEnum'>: EXPA_3 -> EXPA_1
```

操作流程

从 enum 模块中导入需要的类型。

```
from enum import Enum, unique
```

定义 DemoEn1 枚举，它的 LABEL_B 成员与 LABEL_C 成员的值相同，都是 20，但不会发生错误。

```
class DemoEn1(Enum):
    LABEL_A = 10
    LABEL_B = 20
    LABEL_C = 20
```

接着定义 DemoEn2 枚举类，并应用上 unique 装饰器。

```
@unique
class DemoEn2(Enum):
    LABEL_A = 10
    LABEL_B = 20
    LABEL_C = 20
```

此类的成员与 DemoEn1 类相同，但运行之后会发生错误。

```
ValueError: duplicate values found in <enum 'DemoEn2'>: LABEL_C -> LABEL_B
```

原因是出现了重复的成员值。

9.7 迭代器

案例257 iter函数与next函数

导 语

在对迭代器进行操作时，iter函数与next函数经常搭配使用。iter函数的作用是将传入的对象转换为迭代器。而next函数则可以在一个迭代器上多次调用，每次调用next函数都会返回一个元素。如果迭代器没有可以返回的元素，会引发StopIteration异常。

以下代码演示了iter函数与next函数的基本用法：

```
seq = <初始化序列>
iterator = iter(seq)

n1 = next(iterator)
n2 = next(iterator)
n3 = next(iterator)
…
```

假设某序列包含元素1、5、9、13，调用iter函数获取到与之关联的迭代器后，第一次调用next函数将返回元素1，第二次调用next函数会返回元素5，第三次调用next函数会返回9……如果元素13已经返回，再调用next函数就会发生StopIteration异常（13是序列中的最后一个元素）。

迭代器还可以使用for循环来读取元素。例如上面演示代码中的iterator迭代器，还可以这样使用：

```
for x in iterator:
    …
```

当StopIteration异常发生时，for循环便会退出。

操作流程

步骤1：初始化一个列表对象。

```
org_list = [9000, 1850, 630, 27500, 815, 6135]
```

步骤2：调用iter函数获取迭代器的引用。

```
_itr = iter(org_list)
```

步骤3：使用while循环，配合next函数，枚举出原列表中的元素。当遇到StopIteration异常时，退出循环。

```
while True:
    try:
        x = next(_itr)
        print(x)
    except StopIteration:
        break
```

步骤 4：运行案例程序，屏幕上会输出以下内容：

```
9000
1850
630
27500
815
6135
```

案例 258　yield 语句与迭代生成器

导　语

yield 语句只能在函数内使用，当函数中存在 yield 语句时，此函数就会返回一个迭代生成器对象（Generator）。此生成器类型为内置的 generator 类，是一种迭代器。因此，generator 对象支持使用 next 函数来提取元素，也支持通过 for 循环来枚举元素。

下面代码演示了 yield 语句的简单用法：

```
deftest():
    yield 1
    yield 2
    yield 3
```

调用 test 函数后会返回 generator 对象。当第一次调用 next 函数时，test 函数会执行到第一个 yield 语句处，并把 1 返回，然后 test 函数会记录此时的状态；第二次调用 next 函数时，程序会重新进入 test 函数并定位刚才记录的位置，继续往后执行，遇到第二个 yield 语句，于是把 2 返回，然后又记录当前的状态；第三次调用 next 函数，再次进入 test 函数，执行第三个 yield 语句，返回 3。此时，test 函数中的三个 yield 语句已执行完毕，如果继续调用 next 函数，就会引发 StopIteration 异常。

再看下面的例子。

```
def test2():
    x = yield 7
    yield x
```

调用 test2 函数后，得到一个 generator 对象。第一次调用 next 函数时，进入 test2 函数，由于赋值语句是从右边开始执行的，所以在赋值变量 x 之前，会先执行 yield 语句，返回 7。

第二次调用 next 函数时，重新进入 test2 函数，从 yield 7 语句之后继续执行。这时候 generator 对象会将 yield 7 替换为默认初始值 None，相当于把 test2 函数改为

```
def test2():
    x = None
    yield x
```

然后往下执行遇到第二个 yield 语句，返回变量 x 的值（即 None）。随后再调用 next 函数就引发 StopIteration 异常（最后一个 yield 语句执行完毕）。

在重新回到 test2 函数时，若不希望使用默认的 None 值，可以调用 generator 对象的 send 方法，发送一个指定的值，例如 5，这样 test2 函数就变成

```
def test2():
    x = 5
    yield x
```

所以，最后一个 yield 语句就会返回 5，而不是 None。

操作流程

步骤 1：定义 make_nums 函数。

```
def make_nums():
    a = 2
    while a < 1000:
        a = yield a * 2
```

变量 a 初始值为 2，当 a 的值小于 1000 时，yield 语句返回 $a\times2$ 的结果。接着再把 yield 语句之后从 send 方法中接收到的值再赋给变量 a。直到跳出 while 循环。

步骤 2：调用 make_nums 函数，获取 generator 对象的引用。

```
g = make_nums()
```

步骤 3：调用一次 next 函数，获取生成器返回的第一个值。

```
n = next(g)
```

步骤 4：进入循环，将上面从 next 函数返回的值通过 send 方法发送到生成器对象。然后又把 send 方法返回的下一条 yield 语句返回的值重新赋值给变量 n。一旦发生 StopIteration 异常，就退出 while 循环。

```
while True:
    try:
```

```
        n = g.send(n)
        print(n)
    except StopIteration:
        break
```

注意：调用 send 方法后不需要再调用 next 函数，因为 send 方法将新值传递进 generator 对象后，会自动执行下一条 yield 语句，返回下一个值。

步骤 5：运行案例程序，输出结果如下：

```
4
8
16
32
64
128
256
512
1024
```

本案例的执行过程：

(1) 起始值为 2，返回 2×2 的结果，即 4。

(2) 把上一步的结果 4 再传入生成器，得到 4×2，即结果为 8。

(3) 将 8 传入生成器，返回 8×2 的结果 16。

(4) 将 16 传入生成器，得到结果 32。

……

直到生成结果 1024，迭代结束（a < 1000 不再成立）。

案例 259 自定义的迭代器

导 语

迭代器有两个抽象的基类——Iterable 类和 Iterator 类。

这两个类皆由 collections.abc 模块（实际上是由_collections_abc 模块公开）提供，其源代码如下：

```
class Iterable(metaclass = ABCMeta):

    __slots__ = ()

    @abstractmethod
    def __iter__(self):
```

```
        while False:
            yield None

    @classmethod
    def __subclasshook__(cls, C):
        if cls is Iterable:
            return _check_methods(C, "__iter__")
        return NotImplemented


class Iterator(Iterable):

    __slots__ = ()

    @abstractmethod
    def __next__(self):
        raise StopIteration

    def __iter__(self):
        return self

    @classmethod
    def __subclasshook__(cls, C):
        if cls is Iterator:
            return _check_methods(C, '__iter__', '__next__')
        return NotImplemented
```

Iterable 类提供__iter__方法，Iterator 类扩展了 Iterable 类，增加了__next__方法。__iter__方法的作用是返回一个迭代器对象，而这个迭代器必须存在__next__方法。

__iter__方法可以由 iter 函数调用，__next__方法可以由 next 函数调用。由于 Python 支持“鸭子”类型，所以自定义的迭代器类型并不要求从 Iterable 类或 Iterator 类派生，只要类型中包含__iter__和__next__两个方法即可。

下面代码演示了实现自定义迭代器。

```
class _myIterator:
    def __next__(self):
        return None

class MyIterable:
    def __iter__(self):
        return _myIterator(…)
```

也可以合并到一个类中，同时实现__iter__和__next__方法。

```
class MyIterator:
    def __iter__(self):
        return self
    def __next__(self):
        return None
```

操作流程

本案例将实现一个自定义迭代器,初始化时设定最大值(max)与步长值(step),当对其进行迭代(例如使用 next 函数)时,会从 1 开始枚举,直到所枚举的值超过 max 为止。

假设 max 为 5,step 为 2,那么,迭代器枚举的数值为 1、3、5。

步骤 1：定义 cust_iter 类,此类实现__iter__与__next__方法。

```
class cust_iter:
    def __init__(self, max = 5, step = 1):
        self.max = max
        self.step = step
        self._s = 1
    def __iter__(self):
        return self
    def __next__(self):
        if self._s >= self.max:
            raise StopIteration
        # 获取要返回的值
        res = self._s
        # 修改 _s 成员的值
        self._s = self._s + self.step
        return res
```

__next__方法每次调用只返回一个值,因此,不要在此方法中使用 yield 语句,因为这样会产生 generator 对象,破坏迭代方法的数据结构。

步骤 2：案例化 cust_iter 类,指定最大值为 10,步长值为 2。

```
it = cust_iter(max = 10, step = 2)
```

步骤 3：通过 for 循环进行迭代操作。

```
for n in it:
    print(n)
```

得到的结果如下：

```
1
3
5
7
9
```

步骤 4：也可以使用 next 函数来进行循环迭代。

```
while 1 == 1:
    try:
        n = next(it)
        print(n)
    except StopIteration:
        break
```

9.8　自定义序列

案例 260　实现按索引访问的集合

导　语

类型只要实现以下三个协议方法，即可支持以索引的方式访问元素。

```
def __getitem__(self, index)
def __setitem__(self, index, value)
def __delitem__(self, index)
```

当代码通过索引读取一个元素时(例如 obj[0]、obj[3]等)，会调用__getitem__方法；当代码要为某个索引设置元素时(例如 obj[3] = 5)，会调用__setitem__方法；如果要删除指定索引所对应的元素，即 del obj[5]语句，会调用__delitem__方法。

自定义类型只要实现这几个方法，便可以作为序列对象使用，就像使用列表(list 类)对象一样。

操作流程

步骤 1：定义一个新类，命名为 cust_list。

```
class cust_list:
    def __init__(self, iterable = None):
        self._inner_list = []
        if iterable is not None:
            _it = iter(iterable)
            for i in _it:
                self._inner_list.append(i * 2)
    # 访问方式:a = obj[n]
    def __getitem__(self, index):
        return self._inner_list[index]
    # 访问方式:obj[n] = a
    def __setitem__(self, index, value):
        self._inner_list[index] = value * 2
```

```
    # 访问方式:del obj[n]
    def __delitem__(self, index):
        del self._inner_list[index]
    def add(self, value):
        self._inner_list.append(value * 2)
    # 自定义字符串表示形式
    def __str__(self):
        _t = []
        for x in self._inner_list:
            _t.append(repr(x))
        return ', '.join(_t)
    def __repr__(self):
        _s = '{0}({1})'.format(type(self).__qualname__, repr(self._inner_list))
        return _s
```

此类实现了__getitem__、__setitem__、__delitem__方法，因此可视为自定义序列。cust_list 类的内部使用一个列表对象来存储元素。该类有一个特点：添加元素时先将其值乘以 2，再添加到元素列表中。例如，向 cust_list 对象添加数值 8，实际上添加进去的元素是 16。

步骤 2：案例化 cust_list 类。

```
mylist = cust_list([2, 7, 6])
```

案例化 cust_list 类时已添加了三个元素——2、7、6。

步骤 3：调用 add 方法再添加三个元素。

```
mylist.add(5)
mylist.add(12)
mylist.add(9)
```

步骤 4：打印列表对象中的元素。

```
print('初始序列:')
print(mylist)
```

步骤 5：删除前两个元素。

```
del mylist[0]
del mylist[0]
```

当列表中的第一个元素被删除后，原来排在第二位的元素会变为第一个元素，所以，第二条 del 语句仍然使用索引 0。

步骤 6：再次打印列表中的元素。

```
print('\n 删除前两个元素后:')
print(mylist)
```

步骤 7：修改第四个元素的值，其索引为 3。

```
mylist[3] = 30
```

步骤 8：再打印列表中的元素。

```
print('\n 修改第四个元素后：')
print(mylist)
```

步骤 9：运行本案例的代码后，屏幕输出内容如下：

```
初始序列：
4, 14, 12, 10, 24, 18

删除前两个元素后：
12, 10, 24, 18

修改第四个元素后：
12, 10, 24, 60
```

案例 261　统计集合的长度

导　语

自定义类型中实现__len__方法，返回对象的长度。此长度可以是此类型对象所占用的内存空间，也可以是对象中所包含的元素个数(序列类型)。

当将某个对象案例传递给 len 函数后，函数会查找对象中是否存在__len__方法，如果存在就会调用，将__len__方法的返回值作为计算结果，返回给 len 函数的调用者。

操作流程

步骤 1：定义 AvailableSet 类。

```
class AvailableSet:
    def __init__(self):
        self._ele_store = []
    # 操作方法
    def add(self, val):
        '''添加元素'''
        self._ele_store.append(val)
    def remove(self, val):
        '''删除指定元素'''
        self._ele_store.remove(val)
    def remove_at(self, index):
        '''删除与指定索引对应的元素'''
        del self._ele_store[index]
```

```
    def clear(self):
        '''删除所有元素'''
        self._ele_store.clear()
    # 支持迭代操作
    def __iter__(self):
        self._current_index = -1
        return self
    def __next__(self):
        self._current_index += 1
        if self._current_index >= len(self._ele_store):
            raise StopIteration
        return self._ele_store[self._current_index]
    # 自定义字符串表示形式
    def __str__(self):
        return str(self._ele_store)
    # 自定义的长度计算
    def __len__(self):
        '''
        以下值将忽略统计:
        None、0(整数或浮点数)、空字符串
        '''
        _c = 0
        for i in self:
            if i is None: continue
            if i == 0: continue
            if i == '': continue
            _c += 1
        return _c
```

此类的特点是：在计算元素个数时，将忽略 0、空字符串、None 这几个值。__len__方法的核心代码如下：

```
_c = 0
for i in self:
    if i is None: continue
    if i == 0: continue
    if i == '': continue
    _c += 1
return _c
```

在 for 循环中进行判断，如果元素的值为 None、0 及空字符串时，则使用 continue 语句跳出本次循环，直接进入下一轮循环，如此一来，_c 变量的值就不会加 1。

步骤 2：案例化一个 AvailableSet 对象。

```
myset = AvailableSet()
```

步骤 3：添加五个元素。

```
myset.add(10)
myset.add(0.000)
myset.add('abc')
myset.add('')
myset.add(9)
```

步骤 4：调用 len 函数，统计元素个数。

```
n = len(myset)
print(f'集合中有效元素的个数:{n}')
```

步骤 5：打印集合中的所有元素。

```
print('\n集合中的元素:')
for x in myset:
    print(f'{x!r}'.ljust(8), end = '')
```

步骤 6：运行案例程序，将得到以下结果：

```
集合中有效元素的个数:3

集合中的元素:
10      0.0     'abc'   ''      9
```

从运行结果中可以看到，虽然实际元素数量为 5，但统计出来的元素个数（长度）为 3。因为其中的 0 与空白字符串会被忽略。

案例 262　字典对象的访问协议

导　语

__getitem__、__setitem__、__delitem__方法不仅能作为序列的元素访问协议，自定义的字典类型同样可以实现这三个方法。不过，为了在语义上便于理解，可以将参数的名称修改一下。例如：

```
def __getitem__(self, key)
def __setitem__(self, key, value)
def__delitem__(self, key)
```

另外，自定义的字典类型还可以实现以下方法，当字典对象找不到指定的 key 时，就会调用此方法。

```
def __missing__(self, key)
```

实现__missing__方法可以返回一个默认的值，而不是直接引发 KeyError 异常。当然，如果有需要，也可以在此方法中引发异常。

操作流程

步骤 1：定义 TypedkeyDict 类。

```
class TypedkeyDict:
    def __init__(self, keytype = int):
        self._keytype = keytype
        self._inner_dict = {}
    # 统计元素个数
    def __len__(self):
        return len(self._inner_dict)
    # 字符串表示形式
    def __str__(self):
        return str(self._inner_dict)
    # 元素访问
    def __getitem__(self, key):
        self._check_key_type(key.__class__)
        try:
            return self._inner_dict[key]
        except KeyError:
            # 忽略从 _inner_dict 抛出的异常
            pass
    def __setitem__(self, key, value):
        self._check_key_type(key.__class__)
        self._inner_dict[key] = value
    def __missing__(self, key):
        self._check_key_type(key.__class__)
        # 返回默认值
        return None
    # 迭代器
    def __iter__(self):
        _x = []
        for k, v in self._inner_dict.items():
            _x.append((k, v))
        return iter(tuple(_x))
    # 其他方法
    def _check_key_type(self, _keytype):
        '''检查 key 的类型是否匹配'''
        if self._keytype != _keytype:
            raise TypeError
    def containsKey(self, key):
        '''检查字典中是否存在指定的 key'''
        ks = self._inner_dict.keys()
```

```
        return key in ks
    def keys(self):
        '''获取 key 集合'''
        ks = self._inner_dict.keys()
        return tuple(ks)
```

TypedkeyDict 类模拟一个字典对象，它的特点是 key 的类型有限制。在调用构造函数时，指定一个类型，之后向 TypedkeyDict 案例存储元素时，key 的类型必须与构造函数调用时所指定的类型匹配。

假设案例化 TypedkeyDict 类时指定 key 的类型为 int，那么，随后在读写元素的操作中，key 必须使用整数值。例如 obj[5]、obj[10]等。

步骤 2：案例化 TypedkeyDict 对象，指定 key 的类型为字符串（str）。

```
mydic = TypedkeyDict(keytype = str)
```

步骤 3：向字典对象中存放三个元素。

```
mydic['key1'] = 3000
mydic['key2'] = 4500
mydic['key3'] = 0.0000063
```

步骤 4：判断字典中是否存在名为"key4"的 key。

```
print(f'字典中是否存在名为 key4 的键:{"是" if mydic.containsKey("key4") else "否"}')
```

步骤 5：调用 len 函数，统计字典中的元素个数。

```
print(f'字典中的元素数量:{len(mydic)}')
```

步骤 6：尝试访问不存在的 key。

```
print(f'获取 key6 对应的值:{mydic["key6"]}')
```

由于__missing__方法实现了默认返回 None，因此，如果"key6"不存在，就会得到结果 None。

步骤 7：使用 for 循环枚举出字典中的元素。

```
for k,v in mydic:
    print(f'{k}: {v}')
```

步骤 8：运行案例程序，将得到以下输出结果：

```
字典中是否存在名为 key4 的键:否
字典中的元素数量:3
获取 key6 对应的值:None
```

```
字典中的元素:
key1: 3000
key2: 4500
key3: 6.3e-06
```

注意：输出结果中的6.3e—06即浮点数值0.0000063的科学记数法。

9.9 其他

案例263 切 片

导 语

“切片”对象由内置类型slice封装。一般情况下，开发者不需要直接使用此类型，而是通过以下语法来创建切片。

```
obj[<start>:<end>:<step>]
```

其中，start为开始索引，end为终止索引，step为步长值。step是可选的，如果忽略，则默认为1。切片是从序列对象的元素列表中“裁剪”出来的片段。例如，A列表对象的元素为15、3、12、42、60、80、35，使用切片语法A[2：4：1]将截取索引为2、3的两个元素。因为切片的取值范围包含start的值，但不包含end的值。切片A[0：6：2]表示截取索引为0、2、4的三个元素。因为step值为2，即每次读取索引时会把当前索引加2。

切片语法中的数值是可以省略的，例如，A[：]表示将A列表中的所有元素都截取出来。当然，start和end参数也可以使用负值，表示此索引是从序列的末尾算起的(从右向左计算)。例如，A[：—1]表示从A列表的第一个元素开始截取，但不包含最后一个元素。

切片语法中的start、end、step参数类似于range函数。

操作流程

步骤1：初始化一个列表对象。

```
a = [10, 20, 30, 40, 50, 60, 70, 80]
```

步骤2：截取前四个元素。

```
s1 = a[:4]
```

前四个元素的索引依次为0、1、2、3，因此切片中的end值应为4。

步骤3：截取第二到第七个元素，步长值为2。

```
s2 = a[1:7:2]
```

由于 step 参数为 2，所以被截取的索引为 1、3、5。

步骤 4：从列表的首部开始截取元素，但不包含最后三个元素。

```
s3 = a[: -3]
```

切片的 end 参数为－3，即截取到倒数第四个元素（即到－4，不包含－3）。

步骤 5：运行案例代码。会得到以下结果：

```
原序列：
[10, 20, 30, 40, 50, 60, 70, 80]

截取前四个元素：
[10, 20, 30, 40]

从第二个元素开始，截取到第七个元素，并且索引之间的差值为 2：
[20, 40, 60]

从第一个元素开始截取，排除最后三个元素：
[10, 20, 30, 40, 50]
```

案例 264　in 与 not in 运算符

导　语

in 运算符可以检测某个元素是否存在于序列中，not in 检测某个元素是否不存在于序列中。不管是 in 运算符，还是 not in 运算符，其运算结果都是布尔类型。

操作流程

步骤 1：初始化一个元组对象。

```
x = 0.1, 0.2, 0.3, 0.4, 0.5, 0.6
```

步骤 2：使用 in 运算符检测元素 0.5 的存在性。

```
if 0.5 in x:
    print('元组中包含元素 0.5')
else:
    print('元组中不存在元素 0.5')
```

步骤 3：使用 not in 运算符检测元素 0.7 的存在性。

```
if 0.7 not in x:
    print('元组中不存在元素 0.7')
```

```
else:
    print('元组中包含元素 0.7')
```

步骤 4：运行案例程序，输出结果如下：

```
元组：
(0.1, 0.2, 0.3, 0.4, 0.5, 0.6)
元组中包含元素 0.5
元组中不存在元素 0.7
```

第10章 异步编程

本章的主要内容如下：

✍ 创建并执行新线程；

✍ 线程锁；

✍ 事件信号与屏障；

✍ 异步等待。

10.1 多线程

案例265 创建并启动新线程

导 语

Thread类(由threading模块提供)封装相关的方法，可以创建并启动新线程。其构造函数如下：

```
Thread(group = None, target = None, name = None, args = (), kwargs = None, * , daemon = None)
```

group是保留参数，暂不使用。target参数引用一个函数，在函数中编写需要在新线程中执行的代码，当线程启动时会调用此函数。args参数与kwargs参数将传递给target参数所引用的函数，如果该函数没有参数，可以忽略args与kwargs参数，使其保留默认值。

name参数用来指定新线程的名称。一般情况下此参数可以忽略，除非代码中需要对多个线程进行区分，或者需要输出线程的名字(例如调试时)。

deamon参数必须以关键字方式传递参数值，它指定新创建的线程是否为守护线程。守护线程是一种特殊线程，它是为其他普通线程服务的，一般在后台运行。例如适时进行垃圾回收、程序资源监测等。

创建新的线程后，调用start方法即可启动线程。在一个线程案例的生命周期内，只能调用一次start方法，若多次调用，会引发RuntimeError异常。

由于新的子线程是异步执行的，所以，主线程并不会等待子线程执行完成。如果希望主线程等待子线程完成后再继续执行，可以调用子线程对象的 join 方法。join 方法会阻止当前线程继续执行，直到子线程结束。

操作流程

步骤 1：导入需要使用的对象。

```
from time import sleep
from threading import Thread, currentThread
```

步骤 2：定义 do_work 函数，随后新创建的线程都会调用此函数。

```
def do_work():
    # 获取当前线程的名字
    th_name = currentThread().name
    print(f'开始执行 {th_name} 线程')
    # 模拟耗时操作
    sleep(3)
    print(f'线程 {th_name} 执行完毕')
```

currentThread 实际上是 current_thread 函数的别名，其源代码如下：

```
currentThread = current_thread
```

因此，无论使用的名称是 currentThread 还是 current_thread，其调用的都是 current_thread 函数。它会返回当前线程的引用（对应的 Thread 案例），然后通过 Thread 对象的 name 属性就可以获取到线程的名称了。

sleep 函数可以让当前线程暂停指定的秒数，此处用来模拟执行耗费时间的任务。

步骤 3：创建三个新线程，其调用目标都指向 do_work 函数。

```
th1 = Thread(target = do_work, name = 'x_1')
th2 = Thread(target = do_work, name = 'x_2')
th3 = Thread(target = do_work, name = 'x_3')
```

步骤 4：依次启动三个新线程。

```
th1.start()
th2.start()
th3.start()
```

步骤 5：在主线程上等待三个线程执行结束。

```
th1.join()
th2.join()
th3.join()
```

步骤 6：运行案例代码，输出信息如下：

```
开始执行 x_1 线程
开始执行 x_2 线程
开始执行 x_3 线程
线程 x_1 执行完毕
线程 x_2 执行完毕
线程 x_3 执行完毕
所有子线程均执行完毕
```

案例 266　使用线程锁

导　语

当多个线程访问相同的资源时，由于线程之间会争夺 CUP 时间片，每个时间片之间是无序的、混乱的。因此，在多个线程同时修改同一个资源的过程中，就可能产生线程之间不同步的现象。

例如，使用 3 个线程来抛出 10 个球。每个线程都可以重复抛球行为，直到 10 个球被完全抛出。线程在进行抛球之前必须检查一下剩余多少个球未抛出，如果剩余 0 个球，就没有必要去抛球了。但是，由于线程之间是无序执行的，当“线程 1”检查到还剩下 1 个球时，正准备抛出这最后一个球。可此时，恰巧“线程 2”意外地把最后一个球抛出(此时剩余 0 个球)，如果“线程 1”继续抛球，那么就会产生剩余－1 个球的结果。显然，这样的结果是错误的，不符合实际逻辑。

为了保证数据同步，应当让同一资源在同一时刻只允许一个线程访问。调用 Lock 函数(实际上是_thread. allocate_lock 函数的别名)后，将返回一个线程锁案例 lock。在线程代码中调用 lock 的 acquire 方法申请资源使用权，如果此线程顺利申请到访问权，lock 对象就会将资源锁定，其他线程只有等待解锁后才能访问该资源。当线程访问完资源后，需要调用 lock 对象的 release 方法将资源解锁，这样其他线程才能访问该资源。

操作流程

本案例演示了 5 个线程同时对一个整数值进行循环递减(每一轮循环都会减去 1)，直到整数值为 0 时退出。

步骤 1：导入需要用到的对象。

```
from time import sleep
from threading import Thread, Lock
```

步骤 2：定义全局变量 Num 初始值为 50。

```
Num = 50
```

步骤 3：定义 work 函数，稍后将由新线程来调用。

```
def work():
    # 标注 Num 为全局变量
    # 因为稍后会对变量重新赋值
    global Num
    # 进入循环
    while True:
        if Num > 0:                # 只有在数值大于 0 时才能递减
            # 暂停 0.2 秒
            sleep(0.2)
            # 递减
            Num -= 1
            # 打印一下
            print(f'剩余:{Num}')
        # 递减后,若数值为 0 ,退出循环
        if Num == 0:
            break
```

Num 是全局变量,如果在 work 函数中要修改它的值,必须在函数内重新声明,并使用 global 关键字。函数中的 while 循环是个死循环(永久执行),因此,在完成递减后,需要判断一下 Num 变量的值是否等于 0,如果是,则跳出循环。

步骤 4:创建 5 个子线程,使用推导语句产生一个列表,里面包含刚创建的 5 个线程对象。

```
threads = [Thread(target = work) for i in range(5)]
```

步骤 5:启动 5 个子线程。

```
for t in threads:
    t.start()
```

此时,若运行应用程序,输出文本如下:

```
总数:50
剩余:49
…
剩余:40

剩余:39
剩余:38
剩余:37
剩余:36 剩余:35

剩余:34 剩余:33

…
剩余:24 剩余:23
…
```

```
剩余:19
剩余:18
剩余:17
剩余:16 剩余:15

…
剩余:0
剩余:1
剩余:-1
剩余:-2
```

上面所输出的内容不仅混乱,而且还出现了负值(-1、-2),这是由于线程之间不同步造成的。因为负值的产生,使得部分线程上的 while 循环无法跳出(Num == 0 不成立)。

为了解决此问题,应该给代码加上线程锁。

步骤 6:声明全局变量 lock,并获取一个线程锁案例。

```
lock = Lock()
```

步骤 7:修改 work 函数,为更新 Num 变量相关的代码上锁。

```
def work():
    …
    while True:
        if lock.acquire():
            if Num > 0:                    # 只有在数值大于 0 时才能递减
                # 暂停 0.2 秒
                sleep(0.2)
                # 递减
                Num -= 1
                # 打印一下
                print(f'剩余:{Num}')
            # 解锁资源
            lock.release()
        …
```

注意:更新 Num 变量后,必须调用 release 方法解除锁定,否则其他线程将永远无法访问 Num 变量。

也可以使用上下文管理器(用 with 关键字标识)来锁定资源。

```
with lock:
    if Num > 0:
        sleep(0.2)
        Num -= 1
        print(f'剩余:{Num}')
```

此时，不需要调用 acquire 与 release 方法。

步骤 8：再次运行案例程序，此时就能看到预期的结果了。

```
总数:50
剩余:49
剩余:48
剩余:47
剩余:46
剩余:45
剩余:44
…
剩余:15
剩余:14
剩余:13
剩余:12
剩余:11
剩余:10
剩余:9
剩余:8
剩余:7
剩余:6
剩余:5
剩余:4
剩余:3
剩余:2
剩余:1
剩余:0
```

案例 267 等待事件信号

导 语

线程同步除了使用线程锁外，还可以使用事件信号（Event 类）。事件对象可以在不同线程之间访问。调用 wait 方法的线程会被阻塞，直到事件对象的 set 方法被调用（从其他线程调用），事件对象处于“有信号”状态，被阻塞的线程就能继续执行。

Event 对象可用于存在“依赖”关系的线程中。例如，线程 A、B、C 存在这样的规则：A 线程完成后 B 线程才能处理，等 B 线程处理完后，C 线程才能完成任务。因此可以设定事件 E1、E2，线程 C 等待 E2 事件的信号，线程 B 等待 E1 事件的信号。当线程 A 处理完成后，将 E1 的信号“点亮”，此时，线程 B 收到 E1 的信号，就会继续执行；当线程 B 处理完成后，把 E2 的信号“点亮”，线程 C 收到 E2 的信号就会继续执行。

操作流程

本案例模拟某程序下载并安装的过程。此程序有两个部分，必须依次等待两个部分下载完成后才能开始安装。假设该程序的安装过程将分配给3个子线程去完成：线程1负责下载第一个安装包，线程2负责下载第二个安装包，线程3负责最后的安装工作。其分配逻辑为：第一个安装包下载之后，才能下载第二个安装包，最后才能执行安装。

步骤1：导入需要使用的对象。

```
from time import sleep
from threading import Thread, Event
```

步骤2：定义两个全局变量，并分别引用Event案例。

```
evt_down1 = Event()
evt_down2 = Event()
```

evt_down1事件用于发送第一个安装包下载完成的信号，evt_down2事件用于发送第二个安装包下载完成的信号。

步骤3：定义download_part1函数，模拟下载第一个安装包。

```
def download_part1():
    print('正在下载 package 1:', end = '')
    for i in range(8):
        sleep(0.5)
        print('#', end = '')
    print('下载完成')
    # 下载完成,发送信号
    evt_down1.set()
```

下载完成后，需要调用evt_down1事件的set方法，使其处于有信号状态。

步骤4：定义download_part2函数，模拟下载第二个安装包。

```
def download_part2():
    # 等待第一个安装包下载完成
    evt_down1.wait()
    print('正在下载 package 2:', end = '')
    for i in range(8):
        sleep(0.5)
        print('#', end = '')
    print('下载完成')
    # 下载完成,发送信号
    evt_down2.set()
```

在开始下载第二个安装包前，先调用evt_down1事件的wait方法以等待信号。下载完成后，调用evt_down2事件的set方法，使其转为有信号状态。

步骤5：定义install函数，模拟程序的安装过程。

```
def install():
    # 等待第二个安装包下载完成
    evt_down2.wait()
    print('正在安装,请稍候…')
    sleep(2.5)
    print('安装完成')
```

步骤 6：创建三个子线程，调用目标依次指向上面定义的三个函数。

```
th1 = Thread(target = download_part1)
th2 = Thread(target = download_part2)
th3 = Thread(target = install)
```

步骤 7：依次启动子线程。

```
th1.start()
th2.start()
th3.start()
```

步骤 8：运行案例程序，输出结果如下：

```
正在下载 package 1: ######### 下载完成
正在下载 package 2: ######### 下载完成
正在安装,请稍候…
安装完成
```

案例 268 屏 障

导 语

屏障(Barrier)在多线程同步中设置一道“栅栏”，只有当等待的线程数达到屏障对象所期望的数值时才会“放行”。如果处于等待状态的线程数量未达到屏障所要求的值，那么所有线程都会一直处于等待状态。

这就好比组织一次集体旅游，游客会在指定的地点集合，等到人到齐了再上车。一位游客相当于一个线程，而屏障就是“上车出发”。

操作流程

步骤 1：引入 threading 模块。

```
import threading
```

步骤 2：案例化 Barrier 对象，并通过 parties 参数指定等待的线程数为 3。

```
br = threading.Barrier(parties = 3)
```

步骤 3：定义 do_something 函数，将在新线程上执行。

```
def do_something():
    # 获取当前线程名称
    thname = threading.currentThread().name
    print(f'线程"{thname}"已到达屏障')
    br.wait()
    print(f'线程"{thname}"已通过屏障')
```

调用 Barrier 对象的 wait 方法会使当前线程阻塞，直到所有线程（本例中为 3 个线程）都调用 wait 方法，屏障才会释放，让所有等待的线程通过。

步骤 4：创建 3 个线程（测试的线程数要与 Barrier 对象案例化时所指定的数量相同），并启动。

```
for i in range(3):
    t = threading.Thread(target = do_something, name = f'线程{i + 1}')
    t.start()
```

步骤 5：运行案例程序，输出结果如下：

```
线程"线程 1"已到达屏障
线程"线程 2"已到达屏障
线程"线程 3"已到达屏障
线程"线程 3"已通过屏障
线程"线程 2"已通过屏障
线程"线程 1"已通过屏障
```

从输出信息中可以看到，只有当 3 个线程上的代码都调用了 wait 方法后，才能继续往下执行。若调用 wait 方法的线程数达不到 3 个，那么所有线程都无法继续执行。

10.2　异步等待

案例 269　定义异步函数

导　语

在定义函数（或方法）时，如果使用了 async def 关键字，则所定义的函数就会成为异步函数。

异步函数直接调用时会返回一个 coroutine 对象，而且函数并未真正执行。若希望异步函数能够被正确地调用，必须在调用异步方法时加上 await 关键字。

下面例子将定义一个名为 check 的异步函数，然后调用它。

```
async def check():
    print('hi')

await check()
```

如果某个函数内部调用了异步函数，那么该函数也要使用 async def 关键字来定义。例如：

```
async def Fun1():
    await Fun2()
```

操作流程

本例仅仅演示如何定义异步函数，有关异步函数的调用与执行，请参考案例 270。

步骤 1：定义异步函数 runner1。

```
async def runner1():
    return 500
```

步骤 2：定义异步函数 runner2，在函数内调用了 runner1。

```
async def runner2():
    await runner1()
```

步骤 3：定义 runner3 函数，在函数内调用了 runner2。由于 runner2 是异步函数，使得 runner3 也要定义为异步函数。

```
async def runner3():
    await runner2()
```

runner1、runner2、runner3 形成了嵌套的异步等待关系。

案例 270 执行异步函数

导 语

异步函数在调用时需要加上 await 关键字，表示异步等待，即当前线程会等待异步函数执行完成，但自身不会被阻塞。

异步函数可以嵌套地进行异步等待(或者说嵌套调用)，但是，由于直接调用异步函数仅仅返回异步对象(coroutine 类的案例)，并没有真正执行函数，因此，需要一个特定的 API 来启动异步函数，使其真正被调用。

这个 API 就是由 asyncio 包提供的 run 函数(实际由 runners 子模块公开)，此函数声明如下：

```
def run(main, * , debug = False)
```

main 参数接收一个异步对象(即 coroutine 类的案例,由异步函数返回),随后会启动一个事件循环,并将嵌套的异步函数都添加到此循环的队列中,依序执行。

run 函数的用法可以参考以下例子:

```
import asyncio

async def some_asyncFun():
    print('First line')
    await asyncio.sleep(2)
    print('Second line')

async def theMain():
    await some_asyncFun()

asyncio.run(theMain())
```

run 函数接收的是异步对象,而非函数引用,所以,下面的调用方式是错误的。

```
asyncio.run(theMain)
```

操作流程

步骤 1:导入 asyncio 模块(包模块)。

```
import asyncio
```

步骤 2:定义异步函数 asyncPrint。

```
async def asyncPrint(max):
    for n in range(1, max + 1):
        # 等待 3 秒
        await asyncio.sleep(3)
        print(n, end = '  ')
```

sleep 函数是异步函数,调用时要加上 await 关键字。上面代码使用了 for 循环,每一轮循环中都调用了 sleep 函数,异步等待 3 秒钟,然后再调用 print 方法。

步骤 3:由于 asyncPrint 是异步方法,需要通过 run 函数来启动并执行。

```
asyncio.run(asyncPrint(6))
```

步骤 4:运行案例程序,控制台会每隔 3 秒输出一个数字。结果如下:

```
1  2  3  4  5  6
```

案例 271 案例化 Task 对象

导 语

Task 类表示一个并行任务，支持异步等待。创建 Task 案例有如下两种方法。

第一种方法是直接使用 Task 类的构造函数，调用时需要传递一个异步对象，一般由异步函数返回。例如：

```
async def someFun():
    pass

the_task = asyncio.Task(someFun())
```

第二种方法是调用 create_task 函数。调用会得到一个 Task 案例。例如：

```
the_task = asyncio.create_task(someFun())
```

创建 Task 案例后，需要使用 await 关键字来执行，并异步等待其完成。

```
await the_task
```

操作流程

步骤 1：导入 asyncio 模块。

```
import asyncio
```

步骤 2：定义异步函数 asyncFun，在函数中输出五行文本。

```
async def asyncFun():
    for n in range(1, 6):
        await asyncio.sleep(1)
        print(f'第 {n} 行文本')
```

步骤 3：定义 main 函数，创建 Task 案例并执行。

```
async def main():
    myTask = asyncio.create_task(asyncFun())
    # 异步等待任务完成
    await myTask
```

步骤 4：调用 run 函数启动异步函数 main。

```
asyncio.run(main())
```

步骤 5：运行案例程序，得到的结果如下：

```
第 1 行文本
第 2 行文本
第 3 行文本
第 4 行文本
第 5 行文本
```

第 11 章 网络编程

本章的主要内容如下：

✍ Socket 编程；

✍ 基于 HTTP 的网络通信；

✍ CGI 编程。

11.1 Socket 编程

案例 272 TCP 通信协议

导 语

Socket 本义为“插座”，在计算机网络术语中翻译为“套接字”。套接字如同计算机系统中的插座，不同的插孔可以接入相应的“线路”。这个类似于“插孔”的对象在网络中称为“端口”(Port)。网络通过 IP 地址(或者与地址对应的主机名)找到某台计算机，再通过端口号来接入特定功能的网络，完成通信。例如，HTTP 协议常用的端口号为 80，FTP 服务器一般使用的端口号为 21，SMTP 服务器通常使用 25 端口。

Socket 是一个符号(在 Python 中，Socket 对象存在文件号——File No，类似于 C/C++ 桌面程序开发中所说的“句柄”)，这个符号可以引用操作系统中与网络通信相关的资源，从而完成数据的发送与接收行为。

由于 TCP 是基于连接的传输协议，所以在使用 TCP 协议进行通信的时候，服务器一般遵循以下处理流程：

(1) 创建 Socket 对象。

(2) 绑定本地计算机上有效的地址和端口。

(3) 监听客户端的连接请求。

(4) 接受客户端的连接，并产生一个新的 Socket 对象。此 Socket 对象专门用于与客户端之间进行通信。

(5) 向客户端发送数据，或者接收从客户端发来的数据。

(6) 关闭 Socket 对象,释放资源。通信结束。

TCP 客户端则应遵循以下流程:

(1) 创建 Socket 对象。

(2) 连接服务器。连接的地址与端口就是服务器所绑定的监听端口。

(3) 连接建立后,可以向服务器发送数据,或者接收来自服务器的数据。

(4) 关闭 Socket 对象,通信结束。

操作流程

新建代码文件,命名为 server.py,作为服务器程序。

步骤 1:导入 socket 模块。

```
import socket
```

步骤 2:创建一个元组对象,其中包含两个元素——本地计算机的地址,以及本地端口号。稍后服务器程序会在此地址和端口上监听连接。

```
addr_info = ('127.0.0.1', 9999)
```

步骤 3:创建 socket 案例。

```
sv = socket.socket(
    socket.AF_INET,
    socket.SOCK_STREAM,
    socket.IPPROTO_TCP                    # 指定为 TCP 协议
)
```

步骤 4:让 socket 对象绑定本机的地址与监听端口。

```
sv.bind(addr_info)
```

步骤 5:开始监听客户端的连接。

```
sv.listen()
```

步骤 6:接受客户端的连接。

```
client,cl_addr = sv.accept()
```

accept 方法返回两个对象——一个是 socket 对象,用来与客户端进行通信;另一个是地址信息(元组对象),包含客户端的地址与连接端口。

注意:必须先调用 bind 方法绑定本地端口,再调用 listen 方法进行监听,然后才能调用 accept 方法接受连接。

步骤 7：调用 recv 方法读取从客户端发来的数据。

```
while 1 == 1:
    data = client.recv(1024)
    if not data:
        # 没有可用的数据
        break
    # 打印接收到的内容
    msg = bytes(data).decode()
    print(f'客户端发来的消息:{msg}')
```

调用 recv 方法时指定了缓冲大小为 1024 字节，如果数据比较大，仅调用一次 recv 方法并不能完全读取数据，就需要使用循环。当读不到数据时（数据已读完，或者客户端已关闭）跳出循环。

步骤 8：关闭 socket 对象。

```
client.close()
sv.close()
```

再创建一个代码文件，命名为 client.py，编写客户端程序。

步骤 9：导入 socket 模块。

```
import socket
```

步骤 10：创建一个元素对象，包含服务器的地址与端口（即服务器监听的端口）。

```
sv_addr = ('127.0.0.1', 9999)
```

步骤 11：创建 socket 案例。

```
sk = socket.socket(
    socket.AF_INET,
    socket.SOCK_STREAM,
    socket.IPPROTO_TCP
)
```

步骤 12：向服务器发起连接。

```
sk.connect(sv_addr)
```

步骤 13：获取用户输入的内容，稍后会将此内容发送。

```
input_msg = input('请输入要发送的内容: ')
```

步骤 14：对文本进行编码。

```
data = input_msg.encode()
```

步骤 15：发送数据。

```
sk.send(data)
```

步骤 16：关闭 socket 对象。

```
sk.close()
```

完成以上步骤后,可以运行程序来测试了。

步骤 17：在控制台中输入以下命令,执行服务器代码。

```
python server.py
```

当控制台输出以下内容时,说明服务器程序已经运行了。

```
正在等待客户端连接……
```

步骤 18：在控制台中输入以下命令,运行客户端程序。

```
python client.py
```

步骤 19：连接服务器后,会提示输入要发送的内容。例如输入"你好,我是客户端"。

```
已连接服务器
请输入要发送的内容:你好,我是客户端
```

步骤 20：按 Enter 键后,上面输入的内容会被发送到服务器。服务器将显示以下信息：

```
客户端发来的消息: 你好,我是客户端
```

案例 273　UDP 通信协议

导　语

UDP(User Datagram Protocol)翻译为"用户数据报协议",提供简单的不可靠数据传输服务,其特点是通信之前不需要建立连接。

对于 UDP 服务器,一般处理流程如下。

(1) 创建 Socket 对象。调用 socket 类的构造函数时,type 参数需要指定为 SOCK_DGRAM,proto 参数可以设定为 IPPROTO_UDP(可选)。

(2) 调用 bind 方法绑定一个本地地址和端口。

(3) 调用 recvfrom 方法接收来自客户端的数据。

(4) 关闭 Socket 对象。

UDP 客户端的处理流程如下。

(1) 创建 Socket 对象。

（2）调用 sendto 方法直接向服务器发送数据。

（3）关闭 Socket 对象。

操作流程

新建代码文件，命名为 server.py，作为 UDP 服务器程序。

步骤 1：导入 socket 模块。

```
import socket
```

步骤 2：创建 socket 案例。

```
sv = socket.socket(
    socket.AF_INET,
    socket.SOCK_DGRAM,
    socket.IPPROTO_UDP
)
```

步骤 3：绑定本地地址与本地端口。

```
addr = ('', 10080)
sv.bind(addr)
```

空白的本地地址表示此 socket 对象在本机的所有地址上接收数据。

注意：因为 UDP 是无连接协议，不需要监听连接请求，所以，调用 bind 方法后不需要调用 listen 方法。

步骤 4：使用 while 循环不断地接收客户端发送的数据。

```
while True:
    data, cl_addr = sv.recvfrom(1024)
    if not data:
        print('客户端已关闭')
        break
    msg = data.decode()
    print(f'来自 {cl_addr[0]}:{cl_addr[1]} 的消息:\n{msg}\n')
```

步骤 5：关闭 socket 对象。

```
sv.close()
```

再次新建一个代码文件，命名为 client.py，作为 UDP 客户端程序。

步骤 6：导入 socket 模块。

```
import socket
```

步骤 7：创建一个元组对象，其中包含服务器地址与端口。

```
sv_addr = ('127.0.0.1', 10080)
```

步骤 8：创建 socket 案例。

```
cl = socket.socket(
    socket.AF_INET,
    socket.SOCK_DGRAM,
    socket.IPPROTO_UDP
)
```

调用 socket 类的构造函数时，其参数的设定值要与服务器匹配。

步骤 9：在 while 循环中向服务器发送数据，发送的数据从用户输入的文本中获取。

```
while True:
    msg = input('请输入要发送的消息:')
    if not msg:
        # 输入空白字符串,退出
        break
    data = msg.encode()
    cl.sendto(data, sv_addr)
```

步骤 10：关闭 socket 对象。

```
cl.close()
```

接下来将对案例程序进行测试。

步骤 11：在控制台中输入以下命令，启动 UDP 服务器程序。

```
python server.py
```

步骤 12：输入以下命令启动 UDP 客户端程序。

```
python client.py
```

步骤 13：在客户端程序中输入要发送的消息，例如输入"小明，早上好"，然后按 Enter 键确定。

```
请输入要发送的消息: 小明,早上好
```

步骤 14：服务器收到消息后，会将其输出到屏幕上。

```
来自 127.0.0.1:62402 的消息:
小明,早上好
```

步骤 15：如果要退出，在客户端中不输入任何命令，直接按 Enter 键。

案例 274 TCPServer 与 UDPServer

导 语

TCPServer 与 UDPServer 是两个封装类，简化了创建 TCP/UDP 服务器的步骤。

创建服务器对象（TCPServer 或 UDPServer）后，调用 serve_forever 方法启动一个循环事件，可以不断地接收来自客户端的请求，直到 shutdown 方法调用才会退出。

服务器对象在案例化时需要提供 RequestHandlerClass 参数，此参数的类型为 BaseRequestHandler 的派生类。开发者可以从 BaseRequestHandler 类派生，然后重写 handle 方法来接收来自客户端的数据，或者向客户端发送数据。

Python 标准库内置了两个 BaseRequestHandler 的子类，开发者可以直接从这两个类派生。StreamRequestHandler 类用于 TCP 协议，DatagramRequestHandler 类用于 UDP 协议。

操作流程

本案例将演示 UDPServer 类的使用。

创建新的代码文件，命名为 server. py，作为 UDP 服务器程序。

步骤 1：导入需要用到的模块。

```
import socket
import socketserver
```

步骤 2：从 BaseRequestHandler 类派生出一个自定义类，类名为 custUDPRequestHandler。重写 handle 方法，在接收到客户端发送的数据时显示到屏幕上。

```
class custUDPRequestHandler(socketserver.BaseRequestHandler):
    def handle(self):
        # request 属性包含两个元素:
        # 第一个是接收的数据
        # 第二个是与客户端相关的 socket 对象
        data = self.request[0]
        # 获取客户端地址
        cl_addr = self.client_address[0]
        print(f'来自 {cl_addr} 的消息:')
        # decode 方法默认使用 UTF-8 编码
        print(data.decode() + '\n')
```

步骤 3：声明服务器所使用的本地地址与端口。

```
sv_addr = ('', 18600)
```

步骤 4：案例化 UDPServer 类，并调用 serve_forever 方法循环接收消息。

```
with socketserver.UDPServer(sv_addr, custUDPRequestHandler) as server:
server.serve_forever()
```

注意：使用 with 上下文关键字，可以简化代码逻辑。

再创建一个代码文件，命名为 client.py，作为 UDP 客户端程序。

步骤 5：导入 socket 模块。

```
import socket
```

步骤 6：声明变量 addr，表示服务器的地址和端口。

```
addr = ('127.0.0.1', 18600)
```

步骤 7：案例化 socket 对象。

```
client = socket.socket(
    socket.AF_INET,
    socket.SOCK_DGRAM
)
```

步骤 8：向服务器发送消息。

```
while True:
    data = input('请输入要发送的内容:')
    if not data:
        break
    client.sendto(bytes(data, encoding = 'UTF-8'), addr)
```

接下来可以对本案例进行测试了。

步骤 9：在控制台中执行以下命令，启动 UDP 服务器程序。

```
python server.py
```

步骤 10：执行以下命令，启动 UDP 客户端程序。

```
python client.py
```

步骤 11：在客户端程序中，可以输入消息，然后按 Enter 键发送。

```
请输入要发送的内容:测试消息 - 1
请输入要发送的内容:测试消息 - 2
请输入要发送的内容:测试消息 - 3
```

步骤 12：UDP 服务器接收到消息后，将显示在屏幕上。

```
来自 127.0.0.1 的消息：
测试消息 - 1

来自 127.0.0.1 的消息：
测试消息 - 2

来自 127.0.0.1 的消息：
测试消息 - 3
```

11.2 HTTP 与 CGI 编程

案例 275 使用 HTTP 协议下载文件

导 语

http.client 模块下提供了一些类，可向 HTTP 服务器发送请求并读取服务器的响应消息。

首先，使用目标服务器的 URL（例如 http://someone.com/index）创建一个 HTTPConnection 案例。然后调用该案例的 request 向服务器发出请求，之后可以调用 getresponse 方法获得一个 HTTPResponse 对象。

通过返回的 HTTPResponse 对象，可以读取服务器所响应的内容（read 或 readinto 方法）。若要访问响应消息的 HTTP 头，可以使用 getheader 或者 getheaders 方法。

操作流程

本案例将演示通过 HTTP-GET 方式下载网络上的图像文件。

步骤 1：导入 http.client 模块，并分配别名为 httpc。

```
import http.client as httpc
```

步骤 2：案例化 HTTPConnection 对象。

```
conn = httpc.HTTPConnection('img.article.pchome.net')
```

调用 HTTPConnection 类的构造函数时，需要传递目标服务器的 URL。此 URL 不包含“http://”，只使用域名部分。

步骤 3：向服务器发起请求。

```
conn.request('GET', '/00/27/44/19/pic_lib/wm/lanhuabz_10.jpg')
```

request 方法的 url 参数使用相对于传递给 HTTPConnection 构造函数的 url 的地址。

步骤 4：获取 HTTPResponse 对象。

```
resp = conn.getresponse()
```

步骤 5：读取下载的数据，并存入本地文件。

```
with open(filename, mode = 'wb') as f:
    data = bytearray(4096)
    while resp.readinto(data) > 0:
        f.write(data)
```

步骤 6：关闭 HTTPResponse 对象。

```
resp.close()
```

步骤 7：运行案例程序，若顺利完成下载，在当前目录下会产生一个名为 test.jpg 的图像文件。

案例 276　简单的 HTTP 服务器

导　语

Python 标准库中内置了一些 API，可以搭建简单的 HTTP 服务器。这些 API 位于 http.server 模块中。

HTTPServer 类派生自 TCPServer 类，在调用其构造函数时需要提供一个 RequestHandlerClass 参数。http.server 模块提供了一个处理 HTTP 请求的公共基类——BaseHTTPRequestHandler。开发者可以从 BaseHTTPRequestHandler 类派生出自定义的 HTTP 请求处理类型。

从 BaseHTTPRequestHandler 类派生时，一般不需要重写 handle 方法，而是添加自定义的处理方法，这些方法没有参数（指向当前类案例的 self 参数除外），命名格式为

```
do_<请求方法名称>
```

例如，处理 HTTP-GET 请求的方法可以命名为 do_GET，处理 HTTP-POST 请求的方法可以命名为 do_POST。值得注意的是，这些命名都是区分大小写的，即 do_get 与 do_GET 是两个不同的名称。

在处理 HTTP 请求时，可供调用的方法有：

（1）send_response：发送服务器相关的响应头，包括响应代码（例如 200、404 等），与响应代码相关的文本消息（例如与 404 对应的消息可以是"请求的内容不存在"）。send_response 方法还会发送 Server 和 Date 两个 HTTP 头。send_response 方法应该在调用 send_header 方法之前调用。

（2）send_header：发送响应的 HTTP 头，包括自定义的 HTTP 头。

(3) end_headers：在所有 HTTP 头发送完后，需要调用此方法。该方法会在响应消息中插入一个空白行。空白行之后便是 HTTP 正文部分。

(4) wfile：要写入响应消息的正文，需要使用 wfile 属性。

操作流程

步骤 1：导入需要用到的对象。

```
from http.server import BaseHTTPRequestHandler, HTTPServer
```

步骤 2：定义 MyRequestHandler 类，从 BaseHTTPRequestHandler 类派生。并在类中定义 do_GET 方法，处理 HTTP-GET 请求。

```
class MyRequestHandler(BaseHTTPRequestHandler):
    def do_GET(self):
        # 正文内容
        body = """\
<html>
    <body>
        <h3>欢迎</h3>
        <div>来到我的小站</div>
    </body>
</html>
"""
        # 发送响应头
        self.send_response(200, 'ok')
        self.send_header('copyright', 'XZX')
        # 内容类型以及字符编码
        self.send_header('Content-Type', 'text/html;charset=UTF-8')
        self.end_headers()                        # 结束发送 HTTP 头
        # 发送响应正文
        self.wfile.write(body.encode())
```

上述代码中，向客户端发回的响应消息为简单的 HTML 页，需要明确添加 Content-Type 标头，并把字符编码设置为 UTF-8。因为 HTML 文本中包含中文字符，如果不设置编码，有些浏览器访问时会出现乱码。

步骤 3：案例化 HTTPServer 类，运行 HTTP 服务器。

```
sv_addr = 'localhost', 80
with HTTPServer(sv_addr, MyRequestHandler) as sv:
    print('服务已初始化完成')
    print('请在浏览器地址栏中输入:http://localhost 进行测试')
    sv.serve_forever()
```

步骤 4：运行案例程序。

步骤 5：打开浏览器，在地址栏中输入 http://localhost，并确认访问。

步骤 6：此时浏览器会呈现如图 11-1 所示的页面。

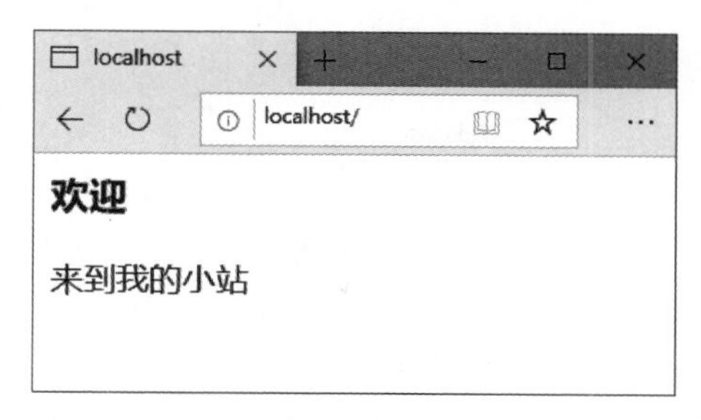

图 11-1　通过 Web 浏览器测试 HTTP 服务

案例 277　编写 CGI 脚本

导　语

CGI(Common Gateway Interface)，即“公共网关接口”，是浏览器与 Web 服务器交互的一种方式。CGI 脚本作为 Web 服务器的扩展程序，它可以使用任何编程语言来编写，例如 C、C++、VB、Perl、Python 等，只要支持标准输入/输出的编程语言均可用来编写 CGI 脚本。

在 Python 中，使用 print 函数就可以生成 HTML 文档，与打印普通文本的方法一样。不过，HTTP 通信协议有自身的规范，所以，要使 CGI 程序能够运行，还需要遵守相关的格式规范。

HTTP 消息包括头部(HEADER)与正文(BODY)两部分。因此，在 CGI 脚本中，要先写入 HTTP 头，接着插入一个空行(用于分隔头部与正文)，然后再写入正文。

一个简单的例子如下：

```
Content - Type: text/html
Content - Encoding: gzip
Content - Length: 1234

<html>
    …
</html>
```

操作流程

步骤 1：新建一个目录，命名为 cgi-bin，这是 CGI 程序默认的存放目录。

步骤 2：在 cgi-bin 目录下，新建一个代码文件，命名为 hello.py。

步骤 3：在 hello.py 文件中，调用 print 函数输出 HTTP 消息。

```
#打印头部
print('Content - Type: text/html;charset = UTF-8')
```

```
print()                # 空行

#打印正文
print('''\
<html>
    <header>
        <title>主页</title>
    </header>
    <body>
        <h2>你好</h2>
        <h3>这是一个简单的 CGI 程序</h3>
    </body>
</html>
''')
```

注意：HTTP 头部与正文之间需要使用一个空行来分隔。

步骤 4：在 cgi-bin 的父目录下新建一个代码文件，命名为 main.py，输入以下代码，启动 HTTP 服务器。

```
from http.server import HTTPServer, CGIHTTPRequestHandler

sv_addr = 'localhost', 80
with HTTPServer(sv_addr, CGIHTTPRequestHandler) as server:
    print('服务器已启动，请在浏览器中的地址栏中输入 http://localhost/cgi-bin/hello.py 进行测试')
server.serve_forever()
```

由于使用了 CGI 程序，因此调用 HTTPServer 类的构造函数时，RequestHandlerClass 参数应使用 CGIHTTPRequestHandler 类。

步骤 5：运行案例程序。

步骤 6：启动 Web 浏览器，在地址栏中输入 http://localhost/cgi-bin/hello.py，确认后就能看到呈现的页面了，如图 11-2 所示。

图 11-2 CGI 脚本的执行结果

案例278 设置CGI脚本的查找目录

导 语

CGI脚本的默认查找目录为：

```
/cgi-bin
/htbin
```

这是由CGIHTTPRequestHandler类的cgi_directories成员定义的。该成员引用的是一个列表对象。因此，可以通过编程方式向cgi_directories列表添加自定义的目录路径。CGI程序在运行时会从cgi_directories成员所列出的目录中查找脚本。

操作流程

步骤1：新建代码文件，命名为server.py，用于启动HTTP服务器。

步骤2：导入CGIHTTPRequestHandler类与HTTPServer类。

```
from http.server import CGIHTTPRequestHandler, HTTPServer
```

步骤3：添加自定义的CGI脚本查找目录。

```
CGIHTTPRequestHandler.cgi_directories.append('/cgis')
```

步骤4：创建并启动HTTP服务器。

```
#服务器地址
sv_addr = 'localhost', 80
#启动HTTP服务
with HTTPServer(sv_addr, CGIHTTPRequestHandler) as server:
    print('HTTP服务器已启动')
    print('现在可以访问CGI脚本了')
    server.serve_forever()
```

步骤5：创建新目录，命名为cgis(与前面添加的自定义目录匹配)。

步骤6：在cgis目录下创建一个代码文件，命名为hello.py。

步骤7：在hello.py文件中输入以下代码。

```
print('Content-Type: text/html;charset=UTF-8')
print()  # 空行,结束HTTP头部
print('''\
<html>
    <header>
        <title>欢迎页</title>
    </header>
    <body>
```

```
            <h3>欢迎</h3>
            <hr />
            <div>
                这是一个简单的页面
            </div>
        </body>
    </html>
    ''')
```

步骤 8：执行 server.py 文件，启动 HTTP 服务器。

步骤 9：从浏览器中访问 http://localhost/cgis/hello.py，会看到如图 11-3 所示的页面。

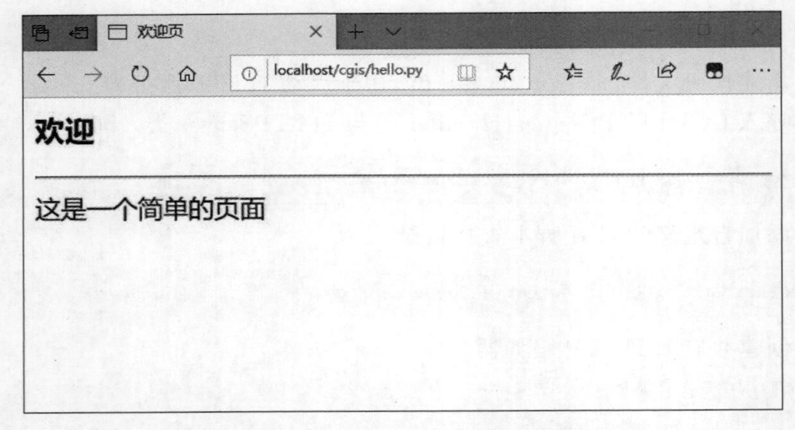

图 11-3 位于 cgis 目录下的 CGI 脚本

第 12 章

文件与 I/O

本章的主要内容如下：

✍ 目录的基本操作；

✍ 读写文件；

✍ CSV 与 JSON 文件。

12.1 目录操作

案例 279 创建与删除目录

导语

os 模块提供了两个函数，可用于创建与删除目录。

（1）mkdir 函数：创建目录，一般采用相对路径。

（2）rmdir 函数：删除指定目录，一般为相对路径。

在创建目录时，如果目录已经存在，就会引发 FileExistsError 异常。rmdir 函数只能删除空目录。

操作流程

步骤 1：导入 os 模块。

```
import os
```

步骤 2：调用 mkdir 函数，创建三个目录。

```
dirs = 'folder1', 'folder2', 'folder3'
for d in dirs:
    try:
        os.mkdir(d)
        print(f'目录 {d} 已创建')
    except FileExistsError:
        print(f'目录 {d} 已经存在')
```

步骤 3：依次删除刚创建的三个目录，删除前需要输入“y”来确认。

```
for d in dirs:
    isOK = input(f'确定要删除目录 {d} 吗?[y/n]:')
    if isOK.lower() == 'y':
        try:
            os.rmdir(d)
            print(f'目录 {d} 已删除')
        except:
            pass
```

步骤 4：运行案例，将在当前工作目录中创建三个子目录。

```
目录 folder1 已创建
目录 folder2 已创建
目录 folder3 已创建

请按 Enter 键继续…
```

步骤 5：按 Enter 键后，开始删除目录。

步骤 6：每个目录在删除前都会提示确认，按 y 键确认删除。

```
确定要删除目录 folder1 吗?[y/n]:y
目录 folder1 已删除
确定要删除目录 folder2 吗?[y/n]:y
目录 folder2 已删除
确定要删除目录 folder3 吗?[y/n]:y
目录 folder3 已删除
```

案例 280　创建与删除嵌套目录

导　语

mkdir 函数只能创建一层目录，若要创建多个层次的嵌套目录，需要使用 makedirs 函数。如果目录已经存在，会引发错误。也可以将 exist_ok 参数设置为 True 来忽略错误。

相应地，如果要删除嵌套目录，要调用 removedirs 函数。此函数将从子目录开始，往上逐层删除目录。例如，要删除目录/aca/kbt/frms，调用 removedirs 函数后，首先删除/aca/kbt/frms 目录，然后删除/aca/kbt 目录，最后删除/aca 目录。

操作流程

步骤 1：导入 os 模块。

```
import os
```

步骤 2：初始化一个列表对象，它包含四个元素，表示即将要创建的四个嵌套目录的相对路径。

```
dirs = [
    'src/lang/zh-chs',
    'src/lang/zh-cht',
    'src/logos/96dpi',
    'src/icons/app/view'
]
```

步骤 3：创建目录。

```
for d in dirs:
    os.makedirs(d, exist_ok = True)
    print(f'目录[{d}]已经创建')
print('按 Enter 键继续…')
input()
```

步骤 4：使用 removedirs 函数删除刚刚创建的目录。

```
x = input('你确定要删除刚创建的目录吗?是 = 1,否 = 2:')
if x == '1':
    for d in dirs:
        os.removedirs(d)
        print(f'已删除目录[{d}]')
```

步骤 5：运行案例程序，待目录创建后按 Enter 键，会提示是否删除目录，输入"1"确认删除。结果如下：

```
目录[src/lang/zh-chs]已经创建
目录[src/lang/zh-cht]已经创建
目录[src/logos/96dpi]已经创建
目录[src/icons/app/view]已经创建

按 Enter 键继续…

你确定要删除刚创建的目录吗?是 = 1,否 = 2:1
已删除目录[src/lang/zh-chs]
已删除目录[src/lang/zh-cht]
已删除目录[src/logos/96dpi]
已删除目录[src/icons/app/view]
```

12.2 文件与 I/O 操作

案例 281 读写文本文件

导 语

通过 open 函数可以打开与文件关联的流，进而完成读取或写入数据的操作。open 函数定义如下：

```
open(file, mode = 'r', buffering = -1, encoding = None, errors = None, newline = None, closefd =
True, opener = None)
```

file 参数指定要进行处理的文件名。mode 参数定义文件流的操作模式，具体取值可以参考表 12-1。

表 12-1 open 函数的 mode 参数值

字 符	说 明
r	对文件进行读取操作。此为默认行为(即 mode 参数被忽略时)
w	对文件进行写入操作，打开文件时会清除现有数据
x	创建一个新的文件，并允许写入操作
a	将数据追加到文件末尾，不会清除现有数据
b	以二进制方式读写文件
t	以文本方式读写方式

mode 参数的字符值可以组合起来使用。例如，以文本方式打开文件，且只允许读取数据，则 mode 参数可以设置为“rt”；如果设置为“wb”表示打开文件进行写入操作，格式为二进制。

encoding 指定编码格式，只用于文本模式。如果忽略此参数，则使用系统的默认编码。buffering 参数用于指定缓冲区的大小。

newline 参数的有效值为 None、空字符串、\r、\n 和\r\n。它用于指定如何处理换行符，此参数值用于文本模式。newline 参数的处理方式取决于文件的访问模式，具体如下：

(1) 当向文件流写入数据时，如果 newline 参数的值为 None，那么，所写入的字符串中所有的“\n”字符将被转换为系统默认的换行符。系统默认的换行符可以通过 os.linesep 获取。例如，Windows 系统一般为\r\n，Linux 系统一般为\n。如果 newline 参数为“\n”或空白字符串，那么在写入文本时不会进行转换。如果 newline 参数为“\r\n”，那么所写入文本中的“\n”字符都会转换为“\r\n”。

(2) 当从文件流读取数据时，如果 newline 参数为 None，那么，文本中出现的“\n”“\r”和“\r\n”字符都会转换为“\n”。如果 newline 参数为空白字符串，那么读取文本时将不作转换。

操作流程

步骤 1：声明变量 file_name，存储要读写的文件名。

```
file_name = 'test.txt'
```

步骤 2：将三行文本写入文件。

```
with open(file_name, mode = 'wt', encoding = 'UTF-8') as file:
    file.write('第一行文本\n')
    file.write('第二行文本\n')
file.write('第三行文本')
```

mode 参数设置为"wt"表示以文本方式将内容写入文件，并且使用 UTF-8 编码。

步骤 3：从文件中读取内容，并输出到屏幕上。

```
print(f'文件 {file_name} 的内容如下:')
with open(file_name, mode = 'rt', encoding = 'utf - 8') as file:
    content = file.read()
    print(content)
```

mode 参数为“rt”，表示以文本方式读取文件，encoding 参数要与写入文件时所使用的编码格式匹配。

步骤 4：运行案例代码，文本写入文件后，再读出来打印到屏幕上。结果如下：

```
文件 test.txt 的内容如下:
第一行文本
第二行文本
第三行文本
```

案例 282 读写二进制文件

导 语

在调用 open 函数时，mode 参数值中如果带有字符“b”，表示文件的内容将以二进制的方式读写。例如“rb”“wb”等。

二进制文件的内容皆以字节方式读写，无须考虑字符编码(即 encoding 参数可忽略)，只要能用二进制表示的对象均可以写入二进制文件流。

操作流程

步骤 1：定义 generat_bytes 函数，用于随机产生 20 字节。

```
def generat_bytes():
    from random import randint
    i = 0
```

```
        bytearr = bytearray()
        while i < 20:
            n = randint(0, 255)
            bytearr.append(n)
            i += 1
    return bytearr
```

bytearray 对象的特点是可以在案例化之后自由添加字节，而 bytes 对象一般是固定大小的，所以此处选择使用 bytearray 类型。

步骤 2：声明一个变量，用于存放文件名。

```
file_name = 'data.bin'
```

步骤 3：调用上面所定义的 generat_bytes 函数生成字节序列，然后将这些字节序列写入文件。

```
with open(file_name, mode = 'wb') as f:
    bts = generat_bytes()
    f.write(bts)
print(f'二进制数据已写入 {file_name} 文件\n')
```

步骤 4：从文件中读取刚刚写入的内容。

```
with open(file_name, mode = 'rb') as f:
    bts = f.read()
    print(f'文件 {file_name} 的内容(共 {len(bts)} 字节):')
    print(bts)
```

步骤 5：运行案例程序，输出结果如下：

```
二进制数据已写入 data.bin 文件

文件 data.bin 的内容(共 20 字节):
b'\xd2\x87<\xb2\xe9\x91\xee\xc5A\xe8\x88\xd4\xa0h\xefD\xdb\xa2?\xd8'
```

案例 283 内 存 流

导 语

内存流的操作类似于文件流，只是它仅存储于内存中，不会永久保存，通常用于存储一些临时数据。

读写内存流有两个较为常用的类：

(1) StringIO 类用于读写文本数据。

(2) BytesIO 类用于读写二进制数据。

这两个类都公开了一个 getvalue 方法，用于获取内存流中的内容。写入数据时可以调用 write 方法，读取数据时可以调用 read 方法，还可以通过 seek 方法调整流的当前位置。

操作流程

步骤 1：导入 io 模块。

```
import io
```

步骤 2：创建基于文本模式的内存流，并写入内容。

```
strio = io.StringIO()
strio.write('文本一\n')
strio.write('文本二\n')
strio.write('文本三\n')
```

步骤 3：获取文本内存流中的内容。

```
print(f'文本内存流的内容:\n{strio.getvalue()}')
```

步骤 4：创建二进制内存流，并写入 10 字节。

```
binio = io.BytesIO()
i = 1
bs = bytearray()
while i <= 10:
    bs.append(i)
    i += 1
binio.write(bs)
```

步骤 5：获取二进制内存流中的内容。

```
print(f'二进制内存流的内容:\n{binio.getvalue()}')
```

步骤 6：运行案例程序，输出结果如下：

```
写入文本内容
文本内存流的内容:
文本一
文本二
文本三

----------------------------------
写入二进制内容
二进制内存流的内容:
b'\x01\x02\x03\x04\x05\x06\x07\x08\t\n'
```

12.3 数据文件

案例 284 读写 CSV 文件

导 语

CSV，即 Comma-Separated Values。此种数据文件一般使用英文的逗号（半角）来分隔字段值。分隔符可以改为其他字符。

CSV 文件属于文本文件，其数据皆以文本形式存储。每条数据记录占用一行，行与行之间以换行符分隔（例如\n）。文件开头不能有空白，不存在空行。

以下是一个简单的 CSV 文件示例。

```
1001, 'Tom',22, 'A'
1002, 'Tim',28, 'B'
1003, 'Jim',31, 'C'
```

如果 CSV 文件需要字段标题，可以写在文件的第一行。例如：

```
'id', 'city', 'zip_code'
1, '上海', '2000000'
2, '吉林', '132000'
3, '上饶', '334000'
```

csv 模块提供用于读写 CSV 文件的 API。writer 函数返回的对象（_csv. writer 类型）用于向 CSV 文件写入数据，而 reader 函数所返回的对象（_csv. reader 类型）则用于读取 CSV 文件。在调用 reader 或 writer 函数之前，需要调用 open 函数打开文件并获取文件对象的引用。

使用 open 函数打开 CSV 文件时，newline 参数要设置为空白字符串。即

```
f = open('abc.csv', newline = '')
```

这是因为 CSV 标准库内部会自动处理换行符。

写入数据时，调用 writerow 方法，每次写入一条数据记录（一行），调用 writerow 方法可以一次写入多条数据记录（多行）。读取数据时，由于_csv. reader 类实现了__next__方法，可以使用 for 循环去访问每一条数据记录。

操作流程

步骤 1：导入 csv 模块。

```
import csv
```

步骤 2：将三条数据记录写入 a. csv 文件中。

```
with open('a.csv', mode = 'w', newline = '') as f:
    wt = csv.writer(f)
    wt.writerow(['abc', 'def', 'ghi'])
    wt.writerow(['opq', 'rst', 'uvw'])
    wt.writerow([50, 1000, 6565])
```

步骤 3：从 a.csv 文件中读出所有数据记录。

```
with open('a.csv', mode = 'r', newline = '') as f:
    rd = csv.reader(f)
    for row in rd:
        print(row)
```

取出的每一条记录都以列表的形式封装。

```
['abc', 'def', 'ghi']
['opq', 'rst', 'uvw']
['50', '1000', '6565']
```

可以对数据记录做进一步处理，例如，将一条记录转换为字符串，并以制表符分隔。

```
for row in rd:
    print('\t'.join(row))
```

输出的数据记录如下：

```
abc     def     ghi
opq     rst     uvw
50      1000    6565
```

案例 285　读写 JSON 文件

导　语

JavaScript Object Notation，简写为 JSON，是 JavaScript 中表示对象结构的一种简便格式。对单个对象案例，使用一对大括号（{、}）来包装，对象成员由 key 和 value 组成，并且用英文的冒号（:）分隔，成员之间用英文的逗号（,）分隔。例如：

```
{
    "key1": value1,
    "key2": value2,
    "key3": value3
}
```

对于数组，可使用一对中括号包装，元素之间以逗号分隔。例如：

```
[1, 2, 3]
```

在 Python 的标准模块 json 中，dump 与 dumps 函数都可以将对象转存为 JSON 格式。dumps 函数是将对象转存后以 JSON 字符串的形式返回，而 dump 函数会将转存的 JSON 数据写入流中。

在读取 JSON 数据时，json 模块同样提供了 load 与 loads 两个函数。loads 函数是从字符串对象中加载 JSON 数据，而 load 函数则是从流中加载 JSON 数据。

使用 open 函数打开并返回文件流，如果要写入 JSON 文件，可将此文件流对象传递给 json.dump 函数；如果要读取 JSON 文件，则把该文件流对象传递给 json.load 函数。

操作流程

步骤 1：导入 json 模块。

```
import json
```

步骤 2：声明一个变量，用于保存 JSON 文件名。

```
json_file = 'data.json'
```

步骤 3：创建一个字典案例，稍后会将其内容写入 JSON 文件。

```
obj = { 'product_id': 'C-00021',
        'product_name': 'NLVX',
        'product_sn': 'D15CKF8PID2'}
```

步骤 4：将上面所案例化的字典对象写入 JSON 文件。

```
with open(json_file, mode='w') as fs:
    json.dump(obj, fs)
```

步骤 5：从 JSON 文件中读出数据。

```
obj = {}
with open(json_file, mode='r') as fs:
    obj = json.load(fs)
print(f'从 {json_file} 中读出的内容:')
print(obj)
```

步骤 6：运行案例程序，写入的 JSON 文件内容如下：

```
{
    "product_id": "C-00021",
    "product_name": "NLVX",
    "product_sn": "D15CKF8PID2"
}
```

从 JSON 文件中读出数据，得到的结果如下：

```
从 data.json 中读出的内容：
{'product_id': 'C-00021', 'product_name': 'NLVX', 'product_sn': 'D15CKF8PID2'}
```

注意： JSON 文件的 key 为字符串类型，如果字典对象中某个 key 不是字符串类型(例如 1:200)，那么写入 JSON 文件时，此 key 会自动转换为字符串类型(即'1':'200')。

案例 286 生成 zip 文件

导 语

zip 是很常见的一种压缩文档，运用 zipfile 模块可以很方便地创建 zip 文档、添加文件，或者解压缩 zip 文档。

ZipFile 是一个核心类。调用它的 write 方法可以把现有文件压缩并添加到 zip 文档中；调用 writestr 方法可以将字符串或者字节序列压缩并添加到 zip 文档中。若要从 zip 文档中读取某个文件的数据，可以调用 read 方法，直接返回字节序列。extract 方法可以直接解压缩文件，并保存到指定的文件路径中，extractall 方法可以解压缩全部文件。

操作流程

步骤 1： 导入 zipfile 模块。

```
import zipfile
```

步骤 2： 声明一个变量，存储 zip 文档的文件名。

```
file_name = 'abc.zip'
```

步骤 3： 创建一个 zip 压缩文档，并添加三个文件。

```
with zipfile.ZipFile(file_name, mode='w') as zp:
    # 将两字节序列对象添加到 zip 文档中
    zp.writestr('1.bin', b'\x2a\x37\x3c\x2f\x33\x7c\x91')
    zp.writestr('2.bin', b'\x62\xb3\x19\x8d\x72')
    # 添加字符串对象
    zp.writestr('3.txt', '测试数据')
```

这三个文件并非来自物理文件，前两个文件由字节序列产生，第三个文件则从字符串对象产生。

步骤 4： 将 zip 文档中的文件全部解压缩到当前工作目录下。

```
with zipfile.ZipFile(file_name, mode='r') as zp:
    zp.extractall()
```

如果想在控制台中查看 zip 文档的内容，可以调用 printdir 方法。

```
with zipfile.ZipFile(file_name, mode = 'r') as zp:
    …
    zp.printdir()
```

最后打印的内容如下：

```
File Name                                          Modified             Size
1.bin                                      2019-07-02 17:05:42             7
2.bin                                      2019-07-02 17:05:42             5
3.txt                                      2019-07-02 17:05:42            12
```

第 13 章 应用程序界面开发——Tk

本章的主要内容如下：

✍ Tk 应用程序的初始化；
✍ 用户界面布局；
✍ 控件的标准属性；
✍ 常用控件。

13.1 Tk 应用程序的初始化

案例 287 使用 Tk 类

导 语

Tk 类表示用户界面应用程序的顶层组件，用于创建应用程序的主窗口。直接案例化 Tk 类，就可以创建一个带有空白主窗口的应用程序。要使应用程序运行起来并能够与用户进行交互，需要调用 mainloop 方法，此方法将开启应用程序的主消息循环，使应用程序能够不断地响应各种事件（如用户键盘输入）。

当调用 Tk 对象的 quit 方法时，主消息循环结束，应用程序退出。

要设置主窗口的初始大小，可以调用 Tk 对象的 config 方法（实际指向 configure 方法，config 是别名），并在参数中设置 width 与 height 字段的值。例如：

```
mw = Tk()
mw.config(width = 600, height = 450)
```

还可以通过 title 方法设置主窗口标题。

```
mw.title('my app')
```

窗口在默认情况下是允许用户通过鼠标操作来调整大小的，如果希望禁用此行为，可以调用 resizable 方法。

```
mw.resizable(width = FALSE, height = TRUE)
```

width 参数设置为 FALSE 表示禁止调整窗口的宽度，否则允许调整宽度；将 height 参数设置为 TRUE 表示允许调整窗口高度，若为 FALSE，表示禁止调整高度。

操作流程

步骤 1：导入 tkinter 模块中的所有成员。

```
from tkinter import *
```

步骤 2：创建 Tk 案例。

```
app = Tk()
```

步骤 3：设置窗口标题。

```
app.title('我的应用程序')
```

步骤 4：设置窗口的宽度和高度。

```
app.config(width = 500, height = 320)
```

步骤 5：禁止用户调整窗口的宽度与高度。

```
app.resizable(width = FALSE, height = FALSE)
```

步骤 6：启动主消息循环，显示窗口。

```
app.mainloop()
```

步骤 7：运行案例程序，创建的主窗口如图 13-1 所示。

图 13-1　简单的主窗口视图

案例288　Frame容器

导　语

Frame类是一个容器控件，用来构建窗口的主框架。由于所有控件类都继承了Misc类的mainloop方法，因此，所有控件类都可以直接创建应用程序。控件案例在初始化时，如果master参数未提供Tk对象的引用，会自动创建一个Tk案例，并且将此Tk案例的引用保存在tkinter模块的_default_root成员中，以备下次引用。

创建默认Tk对象的代码写在BaseWidget类中，下面代码摘录自该类的源代码。

```
if _support_default_root:
    global _default_root
    if not master:
        if not _default_root:
            _default_root = Tk()
        master = _default_root
self.master = master
self.tk = master.tk
```

代码会判断master参数是否为有效的Tk对象引用，如果不是，将调用Tk的构造函数案例化，并将新的Tk对象引用存储到控件类的master属性中。

Frame容器类是BaseWidget的子类，在案例化之后，它会自动创建Tk案例，这使得开发人员可以用Frame类直接构建用户界面模型，或者从Frame类派生出一个自定义类，然后在类代码中初始化用户界面。

操作流程

步骤1：导入tkinter模块，并分配别名tk。

```
import tkinter as tk
```

步骤2：从Frame类派生出自定义类MyApp，在该类中初始化用户界面。

```
class MyApp(tk.Frame):
    def _init_ui_(self):
        # 容器在窗口中的布局
        self.pack(fill = tk.BOTH)
        # 创建两个按钮
        self._btn1 = tk.Button(master = self, text = '第一个按钮')
        self._btn2 = tk.Button(master = self, text = '第二个按钮')
        # 设置两个按钮在容器中的布局
        self._btn1.pack(fill = tk.X, padx = 30, pady = 20)
        self._btn2.pack(fill = tk.X, after = self._btn1, padx = 30, pady = 20)
```

```
    def __init__(self, title = 'Demo App'):
        # 调用基类的构造函数
        tk.Frame.__init__(self)
        # 设置窗口的标题栏文本
        self.master.title(title)
        self._init_ui_()
```

_init_ui_方法的功能是创建两个按钮对象，然后将它们布局在 Frame 容器中。在案例化 Button 类时，通过关键字参数来设置控件的属性，text 参数表示按钮上显示的文本。pack 方法将控制以相对位置放置在容器中。

首先，调用 self. pack 方法，将当前 Frame 对象填充整个窗口的空间。接着，第一个按钮(_btn1)在水平方向上填充所有空间(fill＝X)，第二个按钮(_btn2)跟随在第一个按钮之后(after＝_btn1 设定相对位置)。padx 与 pady 参数设置按钮与父级容器内边沿之间的距离。

步骤 3：案例 MyApp 类。

```
app = MyApp(title = '测试应用程序')
```

步骤 4：调用 mainloop 方法启动主消息循环，显示程序窗口。

```
app.mainloop()
```

步骤 5：运行案例程序代码，效果如图 13-2 所示。

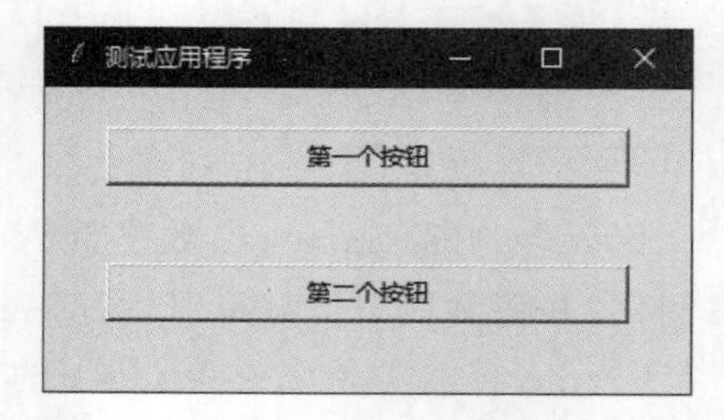

图 13-2 在 Frame 容器中放置两个按钮

13.2 布局

案例 289 填充与停靠

导 语

调用控件的 pack 方法，以完成基于相对位置的布局。这种布局方式是最为简单的，但精确度不高，而且不太灵活，适用于控件较少的窗口。

pack 方法可接收以下参数。

(1) fill：填充所有可用的空间，其有效值为：X 表示控件只在水平方向上进行填充；Y 表示控件仅在垂直方向上填充；BOTH 表示控件在水平与垂直两个方向上都进行填充；NONE 表示不填充。

(2) side：表示控件停靠的位置，其中有效值 LEFT 表示控件停靠在容器的左边沿；TOP 表示控件停靠在容器的顶部；RIGHT 表示控件停靠在容器的右边沿；BOTTOM 表示控件停靠在容器的底部。

（3）anchor：固定锚点，即控件位于容器的固定位置。此值使用 N、S、W、E 分别对应于北、南、西、东四个方向。容器的顶部为 N，底部为 S，左侧为 W，右侧为 E。这些方向与现实中的地图标注方向相同。这四个值可以组合使用，例如，NW 表示控件固定在容器的左上角，SE 表示控件固定在容器的右下角。

（4）padx、pady、ipadx、ipady：设置边距。padx 与 pady 设置控件外边沿与其他控件或容器边沿的距离；ipadx 与 ipady 设置控件边沿与控件内容之间的距离。

（5）before 与 after：相对于其他控件的布局。before 表示当前控件放置在指定控件之前；after 表示当前控件位于指定控件之后。

操作流程

步骤 1：从 tkinter 模块中导入所有类型。

```
from tkinter import *
```

步骤 2：创建 Tk 案例。

```
app  = Tk()
```

步骤 3：为 Tk 案例设置参数，此处仅设置窗口标题与背景颜色。

```
app.title('Hello')
app['bg'] = 'darkgray'
```

步骤 4：第一个 Label 控件位于窗口的顶部，并且在水平方向上填充所有空间。

```
lb1  = Label(app, text = '顶部', bg = 'skyblue')
lb1.pack(side = TOP, fill = X)
```

步骤 5：第二个 Label 控件位于窗口的左侧，在垂直方向上填充所有空间。

```
lb2  = Label(app, text = '左侧', bg = 'yellow')
lb2.pack(side = LEFT, fill = Y)
```

步骤 6：第三个 Label 控件位于窗口底部，并且它的位置固定在窗口右侧（anchor＝E，表示朝东面，即容器右侧）。

```
lb3  = Label(app, text = '右下角', bg = 'snow')
lb3.pack(anchor = E, side = BOTTOM)
```

步骤 7：调用 Tk 案例的 mainloop 方法启动主消息循环。

```
app.mainloop()
```

步骤 8：运行案例程序，效果如图 13-3 所示。

图 13-3　使用相对位置来布局界面

案例 290 网格布局

导 语

网格布局比相对布局较灵活，而且易于控制。网格布局是基于列与行所构成的单元格来定位控件的。在布局之前，不需要划分网格，程序会根据窗口中控件的定位参数自动计算单元格数量。

调用控件的 grid 方法可以将控件定位到指定的单元格内，常用的参数如下：

(1) column：控件所在单元格的列序号，此序号从 0 开始计算。即第一列的序号为 0，第二列的序号为 1，第三列的序号为 2，以此类推。

(2) row：单元格所在的行号，此序号也是从 0 开始计算的。第一行为 0，第二行为 1，第三行为 2，第四行为 3。

(3) columnspan：一个数值，表示某控件所跨越的列数。例如，某控件位于第一列(column=0)，它跨越三列(columnspan=3)。此控件将占用第一、二、三列。

(4) rowspan：控件所跨越的行数，与 columnspan 参数的用法一样。

(5) sticky：当单元格的可用空间大于控件的大小时，控制此控件在单元格中的延展方向。sticky 参数的值与 anchor 参数(pack 方法的参数)相同，使用 N、S、E、W 四个值，也可以组合使用。

操作流程

步骤 1：从 tkinter 模块中导入所有成员。

```
from tkinter import *
```

步骤 2：创建 Tk 案例并进行初始化。

```
app = Tk()
app.title('示例程序')
```

步骤 3：创建 11 个按钮，使用 grid 方法进行网格布局。

```
b1 = Button(master = app, text = '7')
b1.grid(column = 0, row = 0)
b2 = Button(master = app, text = '8')
b2.grid(column = 1, row = 0)
b3 = Button(master = app, text = '9')
b3.grid(column = 2, row = 0)
b4 = Button(master = app, text = '4')
b4.grid(column = 0, row = 1)
b5 = Button(master = app, text = '5')
b5.grid(column = 1, row = 1)
b6 = Button(master = app, text = '6')
```

```
b6.grid(column = 2, row = 1)
b7 = Button(master = app, text = '1')
b7.grid(column = 0, row = 2)
b8 = Button(master = app, text = '2')
b8.grid(column = 1, row = 2)
b9 = Button(master = app, text = '3')
b9.grid(column = 2, row = 2)
b10 = Button(master = app, text = '0')
b10.grid(column = 0, row = 3, columnspan = 2, sticky = NSEW)
b11 = Button(master = app, text = '.')
b11.grid(column = 2, row = 3)
```

其中，按钮 b10 跨越两列布局，sticky＝NSEW 表示按钮向单元格的四个方向延展，能达到填满单元格空间的效果。

步骤 4：下面代码调用 exec 函数动态执行 Python 语句，为上述各个按钮设置 font 属性，将按钮上显示的文本字体大小统一设置为 24（单位是点）；将 width 属性设置为－5，负值表示设置按钮的最小宽度，对于只显示文本的按钮来说，其计量单位为字符数（5 表示五个字符）。

```
for i in range(1, 12):
    exec(f'b{i}[\'font\'] = (\'\', 24)', globals())
exec(f'b{i}[\'width\'] = -5', globals())
```

使用 for 循环，可以对从 b1 到 b11 变量执行代码，相当于

```
b1['font'] = ('', 24)
b1['width'] = -5

b2['font'] = ('', 24)
b2['width'] = -5

b3['font'] = ('', 24)
b3['width'] = -5

…

b11['font'] = ('', 24)
b11['width'] = -5
```

字体参数的表示格式为一个元组对象，其中第一个元素是字体名称（或者字体族的名称），第二个元素为字体文本的大小。文本大小的计算单位为点，如果使用负值（如－2）则使用像素来计算大小。在本例中，字体名称为空字符串，表示使用当前程序的默认字体，代码仅改变文本的大小。

步骤 5：调用 mainloop 方法，启动主消息循环，显示主窗口。

```
app.mainloop()
```

步骤 6：运行案例程序，效果如图 13-4 所示。

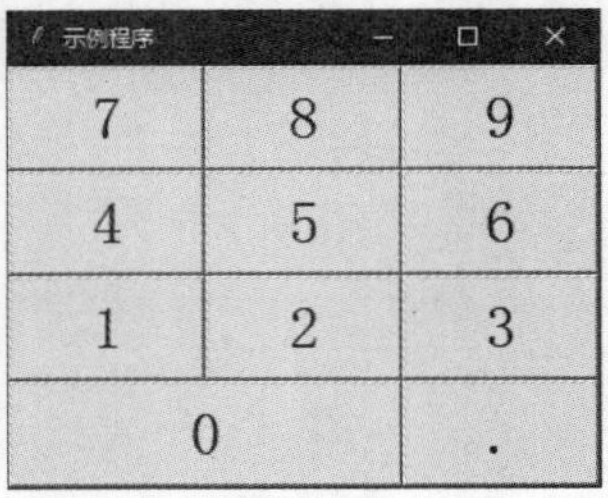

图 13-4 模拟计算器窗口

案例 291 通过坐标来布局控件

导 语

调用控件的 place 方法，可以使用绝对或相对坐标来布局。此种布局方式精确度最高，也是最为灵活的。place 方法的常用参数如下：

（1）x、y：控件左上角在容器中坐标，坐标原点位于容器的左上角。在水平方向越往右，坐标值越大；在垂直方向上越往下坐标值越大。

（2）width、height：指定控件的宽度与高度。

（3）relx、rely：相对坐标，相对于容器的宽度与高度，取值范围为[0.0，1.0]。例如，relx=0.5，rely=0.5 表示控件的左上角位于容器的中央。

（4）relwidth、relheight：相对宽度与相对高度，其值也是以容器的宽度与高度为参考，取值范围为[0.0，1.0]。例如，relheight=0.5 表示控件的高度为容器高度的一半。

操作流程

步骤 1：导入 tkinter 模块，然后分配别名 tk。

```
import tkinter as tk
```

步骤 2：案例化 Tk 对象，设置其宽度与高度，以及窗口标题。

```
app = tk.Tk()
app.title('Demo')
app['width'] = 650
app['height'] = 480
```

步骤 3：创建一个 Checkbutton 控件案例，使用绝对坐标进行布局。

```
c1 = tk.Checkbutton(app, text = '这是一个复选框')
c1.place(x = 12, y = 15, width = 160, height = 16)
```

步骤 4：创建一个 Button 控件案例，同样使用绝对坐标来布局。

```
c2 = tk.Button(app, text = '这是一个按钮')
c2.place(x = 285, y = 50, width = 150, height = 25)
```

步骤 5：创建 Listbox 案例，混合使用绝对坐标与相对坐标进行布局。

```
c3 = tk.Listbox(app)
c3.insert(tk.END, '项目 1', '项目 2', '项目 3', '项目 4')
c3.place(x = 300, rely = 0.5, width = 200, height = 200)
```

Listbox 的纵坐标位于主窗口高度的 50%处，横坐标是个绝对值 300。

步骤 6：调用 mainloop 方法，启动主消息循环，显示主窗口。

```
app.mainloop()
```

步骤 7：运行案例程序，其效果如图 13-5 所示。

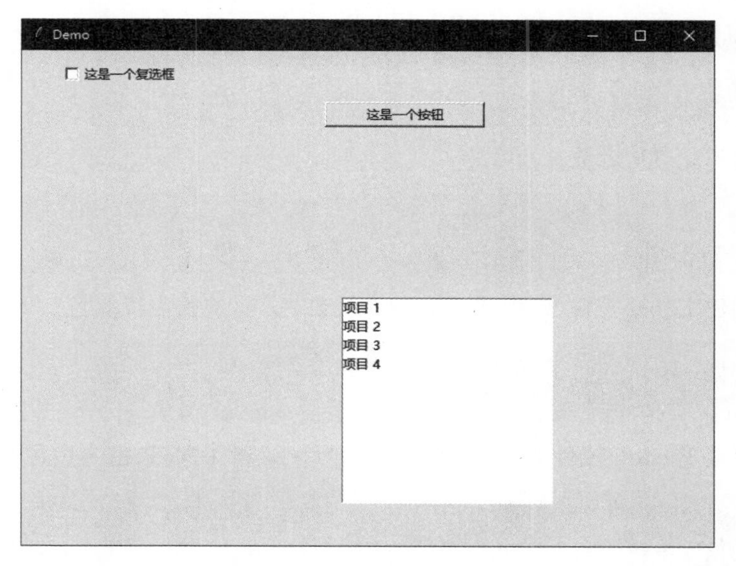

图 13-5　使用坐标来定位控件

13.3 常用控件

案例 292　前景颜色与背景颜色

导　语

前景颜色通常作用于控件中所呈现的文本，背景颜色则作用于控件的可视区域。以按钮控件(Button)为例，背景颜色设置按钮的颜色，前景颜色设置按钮中文本的颜色(可以参考图 13-6)。

前景颜色的配置参数名称为 foreground 或者 fg,背景颜色的配置参数名称为 background 或者 bg。配置参数可以在调用控件构造函数时指定,例如:

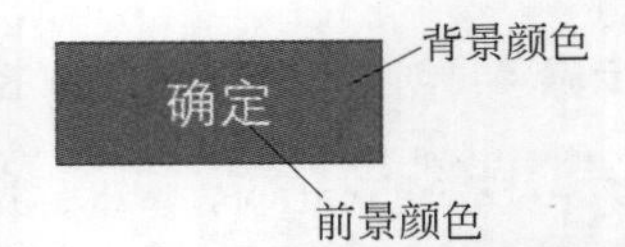

图 13-6 背景颜色与前景颜色的关系

```
lb = Label(text = '你好', fg = 'yellow', bg = 'black')
```

颜色可以使用以下几种格式表示:

(1) 颜色名称。例如 red、blue 等。

(2) 基于系统主题的名称。例如 systemBackground、systemMenu 等。

(3) 十六进制的 RBG 值。例如 #c3505d。

颜色与系统颜色主题命名可以参考在线文档:https://tcl.tk/man/tcl8.7/TkCmd/colors.htm。

操作流程

步骤 1:导入 tkinter 模块,分配别名 tk。

```
import tkinter as tk
```

步骤 2:案例化 Tk 对象。

```
app = tk.Tk()
app.title('Demo')
```

步骤 3:创建 Label 控件案例,设置背景色为红色,前景色为浅绿色。

```
lb = tk.Label(app, text = '测试文本', bg = 'red', fg = 'lightgreen')
lb.pack(side = tk.TOP, fill = tk.X)
```

步骤 4:创建 Button 控件案例,设置背景色为 #23c65b,前景色为白色。

```
btn = tk.Button(app, text = '完成', fg = 'white', bg = '#23c65b')
btn.pack(side = tk.BOTTOM, anchor = tk.SE, ipadx = 30, ipady = 4)
```

步骤 5:调用 mainloop 方法,启动主消息循环。

```
app.mainloop()
```

步骤 6:运行案例程序,效果如图 13-7 所示。

图 13-7 设定控件的颜色

案例 293　设置控件字体

导　语

控件的字体参数可以使用一个元组对象来封装，格式如下：

```
(<family>, <size>, <styles>)
```

family 指定字体的名称或字体族的名称；size 指定字体大小，如果 size 的值大于 0 表示它以点为单位，如果值小于 0 则以像素为单位；styles 是一个字符串，可以指定字体要使用的样式列表，如 bold 表示加粗，italic 表示倾斜，underline 表示下画线。

例如，创建一个 Button 案例，设置其文本字体为宋体，大小为 18pt，斜体。

```
Button(text = '宋体', font = ('宋体', 18, 'italic'))
```

操作流程

步骤 1：导入 tkinter 模块。

```
import tkinter as tk
```

步骤 2：案例化 Tk 对象。

```
app = tk.Tk()
app.title('Demo')
```

步骤 3：创建一个 Label 案例，字体使用华文行楷，字号为 24 号。

```
lb_1 = tk.Label(app,
                text = '华文行楷',
                font = ('华文行楷', 24))
lb_1.pack(side = tk.TOP)
```

步骤 4：创建第二个 Label 案例，字体为宋体，32 号，并加粗。

```
lb_2 = tk.Label(app,
                text = '宋体',
                font = ('宋体', 32, 'bold'))
lb_2.pack(after = lb_1)
```

步骤 5：创建第三个 Label 案例，字体为隶书，大小为 40 号，斜体，并添加下画线。

```
lb_3 = tk.Label(app,
        text = '隶书',
        fg = 'purple',
        font = ('隶书', 40, 'underline italic'))
lb_3.pack(after = lb_2)
```

步骤 6：调用 mainloop 方法启动主消息循环。

```
app.mainloop()
```

步骤 7：运行案例程序，其效果如图 13-8 所示。

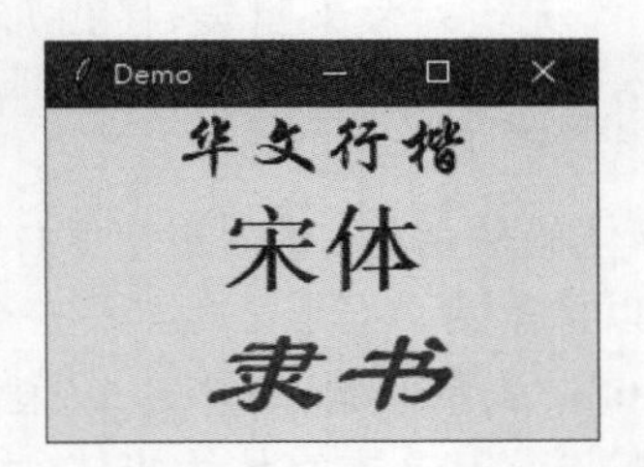

图 13-8 使用不同字体的三个 Label 控件

案例 294 可重复执行命令的按钮

导 语

在案例化 Button 控件的时候，只需要配置 repeatdelay 和 repeatinterval 两个参数，此按钮就可以重复执行 command 参数所引用的函数。

repeatdelay 参数指定在按钮被按下后等待多久才开始执行重复操作；repeatinterval 参数指定每一次重复操作之间的间隔。这两个参数的计量单位均为毫秒。

操作流程

步骤 1：从 tkinter 模块中导入所有成员。

```
from tkinter import *
```

步骤 2：案例化 Tk 对象。

```
app  = Tk()
```

步骤 3：设置窗口的最小尺寸(最小宽度、最小高度)。

```
app.minsize(width = 220, height = 150)
```

步骤 4：案例化一个 IntVar 对象。

```
counter  = IntVar(master = app, value = 0)
```

IntVar 是一种特殊的变量，它会在内存中维护并跟踪变量的值，此值可以在控件案例之间共享。在本案例中，会在一个 Label 控件中显示此变量的值，只要将 Label 控件的 textvariable 参数与该变量关联，当变量的值被修改后，Label 上显示的文本也会自动更新。

步骤 5：定义 increase 函数，将 Label 控件中显示的数值加 1。

```
def increase():
    global counter
    val = counter.get()
    # 将整数值加 1
    val = val + 1
    # 重新设置整数值
    counter.set(val)
```

步骤 6：创建两个 Label 控件案例，其中，第二个 Label 对象(lb2)的 textvariable 参数要与前面定义的 IntVar 对象关联。

```
lb1 = Label(app, text = '当前计数:')
lb1.grid(column = 0, row = 0, padx = 6, sticky = S)

lb2 = Label(app, textvariable = counter, font = ('', 20), fg = 'red')
lb2.grid(column = 1, row = 0, padx = 5, pady = 2)
```

注意：为 Label 案例配置了 textvariable 参数后，就无须配置 text 参数了，因为控件上所显示的文本会自动从 textvariable 参数所引用的变量中提取。

步骤 7：创建 Button 案例，设置 repeatdelay 参数为 1000，repeatinterval 参数为 200。即当用户按住按钮不放，等待 1000 毫秒(1 秒)后开始重复操作，每隔 200 毫秒执行一次 command 参数所引用的函数。

```
btn = Button(app, text = '请按住这里', command = increase, repeatdelay = 1000, repeatinterval
= 200)
btn.grid(column = 0, row = 1, columnspan = 2, sticky = NSEW, padx = 12, pady = 12)
```

步骤 8：调用 mainloop 方法，启动主消息循环，显示主窗口。

```
app.mainloop()
```

步骤 9：运行案例程序，点击按钮且按住不要松开，会看到窗口上不断更新计数值。如图 13-9 所示。

图 13-9　可重复操作的按钮

案例 295　让按钮控件的 command 参数调用多个函数

导　语

Button 类在案例化时可以设置 command 参数，当按钮被点击后会调用 command 参数所引用的对象。一般来说，command 参数可以引用函数或者 lambda 表达式。

若希望 command 参数可以调用多个函数，本案例将提供一个参考方案：首先，定义好要被调用的函数(多个)；接着，再定义一个函数(假设命名为 A)，在 A 函数中调用前面定义的多个函数；最后，案例化 Button 类时，让 command 参数引用 A 函数。

大致的逻辑如下：

```
def function1():
    …


def function2():
    …


def function3():
    …


def some_function():
    function1()
    function2()
    function3()


b = Button(text = …, command = some_function)
```

操作流程

步骤 1：从 tkinter 模块中导入所有成员。

```
from tkinter import *
```

步骤 2：定义四个函数。

```
def fun_part1():
    lbl['text'] = '按钮被点击,P1'

def fun_part2():
    lbl['text'] += '\n按钮被点击,P2'

def fun_part3():
```

```
    lbl['text'] += '\n 按钮被点击,P3'

def fun_part4():
    lbl['text'] += '\n 按钮被点击,P4'
```

lbl 是一个 Label 控件案例的变量名,此变量将在后面的步骤中声明。

步骤 3：定义一个 fun_all 函数,在此函数内部调用上面定义的四个函数。

```
def fun_all():
    fun_part1()
    fun_part2()
    fun_part3()
    fun_part4()
```

步骤 4：初始化 Tk 对象。

```
app = Tk()
app.title('Demo')
app['bg'] = 'pink'
# 设置主窗口的大小与位置
app.geometry('200x200 + 720 + 330')
```

geometry 方法(实际上引用了 wm_geometry 方法)可以用来设定主窗口的宽度、高度,以及在屏幕中的位置。该方法的参数以字符串形式指定,格式为"width×height+x+y",假设窗口宽度为 600,高度为 500,屏幕位置的水平坐标为 100,纵坐标为 200,那么,格式化后的字符串为"600×500+100+200"。

步骤 5：创建一个 Button 案例,其 command 参数引用 fun_all 函数。这使得按钮被点击后会调用 fun_all 函数,从而调用 fun_part1、fun_part2 等四个函数。

```
theButton = Button(app, text = '确定', command = fun_all, bg = 'aquamarine')
theButton.pack(fill = X, padx = 15, pady = 15)
```

步骤 6：再创建一个 Label 案例,用于在窗口上显示文本。此控件就是上面 fun_part1 等四个函数中所引用的 lbl 变量。

```
lbl = Label(app, text = '就绪', bg = 'pink')
lbl.pack(after = theButton, pady = 20)
```

步骤 7：调用 Tk 对象的 mainloop 方法。

```
app.mainloop()
```

步骤 8：运行案例程序,然后点击主窗口上的按钮,Label 控件中就会显示四行文本,这四行文本依次由 fun_part1、fun_part2 等函数追加,如图 13-10 所示。

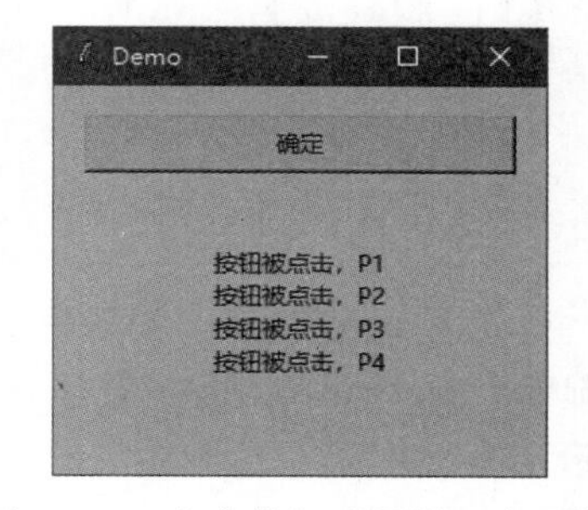

图 13-10　点击按钮后调用四个函数

案例 296　密码输入框

导　语

Entry 控件呈现一个简单的输入框，用于输入纯文本内容。如果将 Entry 控件的 show 配置参数设置为一个掩码字符（例如"*"），就能让 Entry 控件成为密码输入框。

设置了 show 参数后，即使用户选定输入的文本进行复制，也只能复制掩码字符（例如"*******"），此时只能调用控件的 get 方法来获取输入的内容。

操作流程

步骤 1：导入相关的模块。

```
from tkinter import *
from tkinter.messagebox import showinfo
```

步骤 2：初始化 Tk 对象。

```
app = Tk()
app.geometry('300x100+650+550')
app.title('Demo')
```

步骤 3：创建一个 Label 案例，用于呈现一些说明文本。

```
lbmsg = Label(app, text='请输入密码:')
lbmsg.grid(column=0, row=0)
```

步骤 4：创建 Entry 案例，设置 show 参数为"*"，使其成为密码输入框。

```
pswinput = Entry(app, show='*')
pswinput.grid(column=1, row=0)
```

步骤 5：定义 OnOK 函数，随后用于按钮控件的 command 参数，当按钮被点击时调用该函数。

```
def OnOK():
    # 获取输入的文本
    psw = pswinput.get()
    # 弹出对话框
    showinfo(title='提示', message=f'你输入的密码是:{psw}')
```

OnOK 函数的功能是获取 Entry 控件中输入的密码字符串，然后通过一个弹出对话框来显示。showinfo 函数（来自 tkinter.messagebox 模块）会显示一个简单的对话框，向用户展示一条文本消息。其中，title 参数设置对话框的标题栏文本，message 参数设置要向用户展示的文本消息。

步骤 6：创建一个 Button 案例，command 参数引用上面定义的 OnOK 函数。

```
btnok = Button(app, text='确定', command=OnOK)
btnok.grid(column=0, row=1, sticky=NSEW, padx=15, pady=12, columnspan=2)
```

步骤 7：运行案例代码，在输入框中输入密码，然后点击“确定”按钮，就会显示刚输入的密码。其效果如图 13-11 和图 13-12 所示。

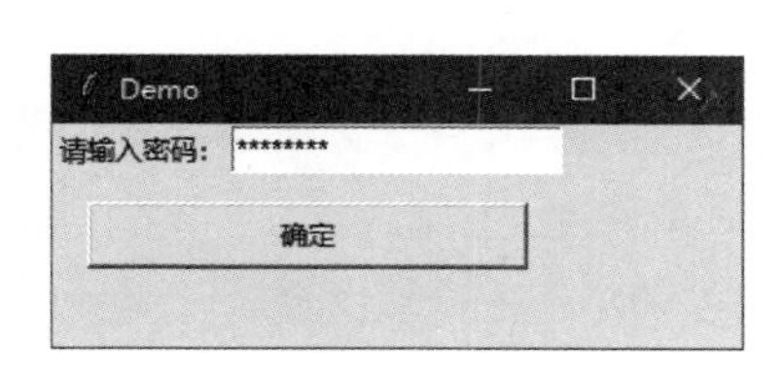

图 13-11　输入密码

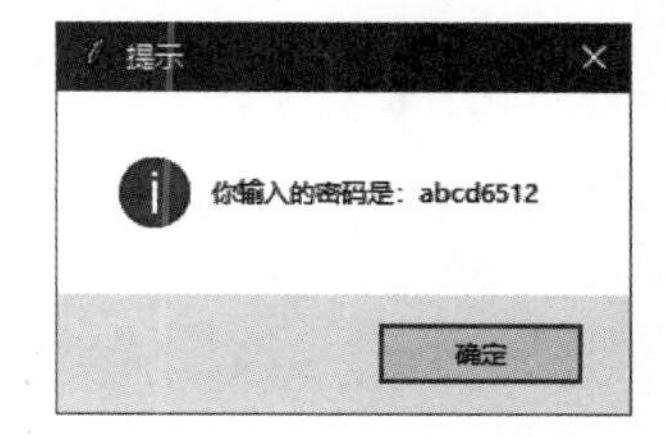

图 13-12　显示刚输入的密码

案例 297　单选按钮

导　语

Radiobutton 表示一个单选按钮，如果在同一个容器中，存在多个 Radiobutton 控件，那么在同一时刻，只能有一个 Radiobutton 控件被选中。单选按钮之间是互斥的关系。

在创建 Radiobutton 案例时，一般会使用两个参数——value 与 variable。value 参数可为每个 Radiobutton 对象设置独立的值，该值用于判断哪个单选按钮被选中；variable 参数可以关联一个可跟踪的变量(以 Variable 为基类)。当某个 Radiobutton 对象被选中时，会将它的 value 参数的值赋值给可跟踪的变量；当可跟踪的变量被更改为某个 Radiobutton 对象的 value 参数值时，这个 Radiobutton 对象就会自动更新为选中状态。

常用的可跟踪变量类型有：

(1) StringVar：跟踪字符串类型的值。

(2) IntVar：跟踪整数类型的值。

(3) DoubleVar：跟踪浮点数值的变化。

(4) BooleanVar：跟踪布尔类型的值。

举个例子，请思考以下代码：

```
thevar = StringVar()

rb01 = Radiobutton(…, text='item 1', value='a', variable=thevar)
rb02 = Radiobutton(…, text='item 2', value='b', variable=thevar)
rb03 = Radiobutton(…, text='item 3', value='c', variable=thevar)
```

如果 item 1 被选中，那么，thevar 变量存放的值就会变为“a”；如果 item 2 被选中，那么，thevar 变量的值会变为“b”。如果把 thevar 变量的值改为“c”，那么，item 3 就会自动选中。

操作流程

步骤 1：导入 tkinter 模块，分配别名为 tk。

```
import tkinter as tk
```

步骤 2：初始化 Tk 对象。

```
app = tk.Tk()
app.geometry('285x120')
app.title('Demo')
```

步骤 3：创建可跟踪的变量，类型为 IntVar，默认值为 2。

```
myvar = tk.IntVar(app, value = 2)
```

步骤 4：创建第一个 frame 控件，此 frame 控件中包含三个 Radiobutton 控件。

```
frame1 = tk.Frame(app)
frame1.pack(side = tk.TOP)

r1 = tk.Radiobutton(frame1, text = '选项一', variable = myvar, value = 1)
r1.pack()

r2 = tk.Radiobutton(frame1, text = '选项二', variable = myvar, value = 2)
r2.pack()

r3 = tk.Radiobutton(frame1, text = '选项三', variable = myvar,value = 3)
r3.pack()
```

此三个 Radiobutton 控件的 value 参数分别为 1、2、3，variable 参数都与刚刚创建的 IntVar 变量关联。

步骤 5：创建第二个 frame 控件，其中包含两个 Label 控件。第二个 Label 控件的 textvariable 参数都引用 myvar 对象，可以实时显示被选中的单选按钮。

```
frame2 = tk.Frame(app)
frame2.pack(side = tk.BOTTOM)

lb1 = tk.Label(frame2, text = '你选择的项目是:')
lb1.pack(side = tk.LEFT)

lb2 = tk.Label(frame2, textvariable = myvar)
lb2.pack(after = lb1)
```

步骤 6：调用 mainloop 方法，显示主窗口。

步骤 7：运行案例程序，窗口打开时默认选中第二个单选按钮(如图 13-13 所示)。

步骤 8：此时，可选择其他两个单选按钮，窗口下方的 Label 控件会实时显示被选中的项(如图 13-14 所示)。

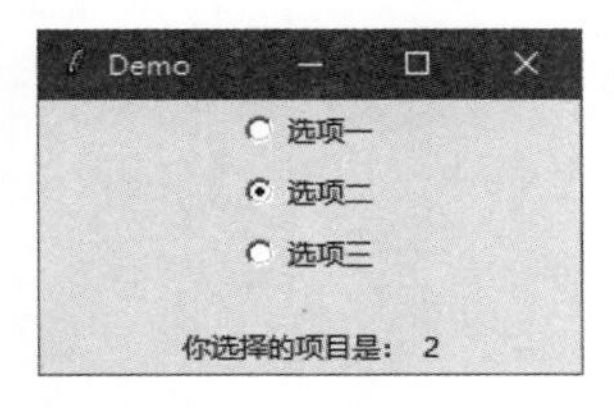

图 13-13 默认选中第二项

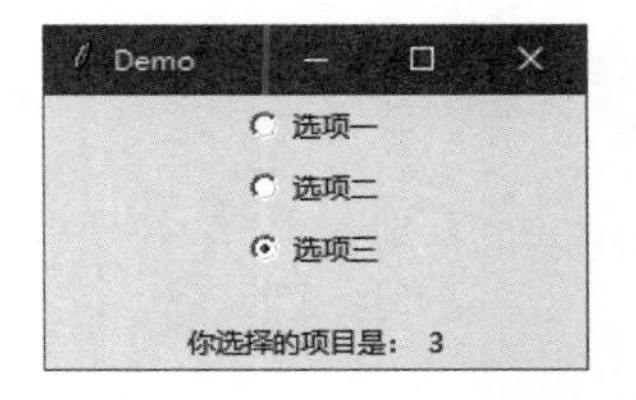

图 13-14 选中第三项，Label 控件会自动更新

案例 298 复选按钮

导 语

Checkbutton 控件，即复选按钮，在同一个容器控件中，多个 Checkbutton 控件之间相互独立。可以同时选中一个或多个 Checkbutton 控件，每个 Checkbutton 控件案例之间的选择状态不会排斥。

在创建 Checkbutton 控件时，可以设置以下参数：

(1) onvalue：表示 Checkbutton 被选中时的值。

(2) offvalue：表示 Checkbutton 未被选中时的值。

(3) variable：与一个可跟踪变量关联。当 Checkbutton 处于选中状态时，被关联的变量将更改为 onvalue 参数的值；否则，变量更改为 offvalue 参数的值。如果将关联的变量更改为与 onvalue 参数相同的值，Checkbutton 会自动更改为选中状态，否则更改为未选中状态。

操作流程

步骤 1：导入需要的模块。

```
import tkinter as tk
from tkinter.messagebox import showinfo
```

步骤 2：初始化 Tk 对象。

```
app = tk.Tk()
app.title('Demo')
app.geometry('350x150')
```

步骤 3：创建一个 Frame 控件，作为容器，稍后会在此容器控件中放置六个 Checkbutton 控件。

```
fm = tk.Frame(app)
fm.pack(side = tk.TOP)
```

步骤 4：创建六个 Checkbutton 控件，并且每个 Checkbutton 控件都有一个对应的 BooleanVar 变量，用于跟踪此复选按钮是否处于选中状态。

```
var_01 = tk.BooleanVar()
ckb01 = tk.Checkbutton(fm, text = '跑步', onvalue = True, offvalue = False, variable = var_01)
ckb01.grid(column = 0, row = 0, padx = 10)

var_02 = tk.BooleanVar()
ckb02 = tk.Checkbutton(fm, text = '足球', onvalue = True, offvalue = False, variable = var_02)
ckb02.grid(column = 1, row = 0, padx = 10)

var_03 = tk.BooleanVar()
ckb03 = tk.Checkbutton(fm, text = '排球', onvalue = True, offvalue = False, variable = var_03)
ckb03.grid(column = 2, row = 0, padx = 10)

var_04 = tk.BooleanVar()
ckb04 = tk.Checkbutton(fm, text = '跳绳', onvalue = True, offvalue = False, variable = var_04)
ckb04.grid(column = 0, row = 1, padx = 10)

var_05 = tk.BooleanVar()
ckb05 = tk.Checkbutton(fm, text = '骑行', onvalue = True, offvalue = False, variable = var_05)
ckb05.grid(column = 1, row = 1, padx = 10)

var_06 = tk.BooleanVar()
ckb06 = tk.Checkbutton(fm, text = '游泳', onvalue = True, offvalue = False, variable = var_06)
ckb06.grid(column = 2, row = 1, padx = 10)
```

上述六个 Checkbutton 控件中，onvalue 参数设置为 True，offvalue 参数设置为 False。因此，用于标识该 Checkbutton 控件是否处于选中状态的值是布尔类型，它需要与一个 BooleanVar 变量关联。

步骤 5：创建一个字典对象（变量名为 datas），它的 key 是各个 Checkbutton 控件的 text 参数值，value 为对应的 BooleanVar 变量的值。

```
datas = {
    ckb01['text']: var_01,
    ckb02['text']: var_02,
    ckb03['text']: var_03,
    ckb04['text']: var_04,
    ckb05['text']: var_05,
    ckb06['text']: var_06
}
```

步骤 6：定义 onClick 函数，稍后由 Button 控件的 command 参数引用，点击按钮时会触发此函数。

```
def onClick():
    _s = [n for n in datas if datas[n].get() == True]
    _s = '、'.join(_s)
    _s = f'你经常参加的运动项目有:\n{_s}'
    showinfo(title = '提示', message = _s)
```

上述代码的原理是从 datas 字典数据中取出其 value 为 True 的项，并用该项的 key 产生一个新的列表。再以“、”字符为分隔符将列表对象中的元素串联为一个字符串。showinfo 函数用于弹出一个提示对话框。

步骤 7：创建一个 Button 控件，设置 command 参数引用 onClick 函数。

```
okbtn = tk.Button(app, text = '提交', command = onClick)
okbtn.pack(side = tk.BOTTOM, ipadx = 25, pady = 20)
```

步骤 8：调用 Tk 对象的 mainloop 方法。

```
app.mainloop()
```

步骤 9：运行案例程序，在窗口中随机点击几个复选按钮，再点击“提交”按钮。得到的结果如图 13-15 和图 13-16 所示。

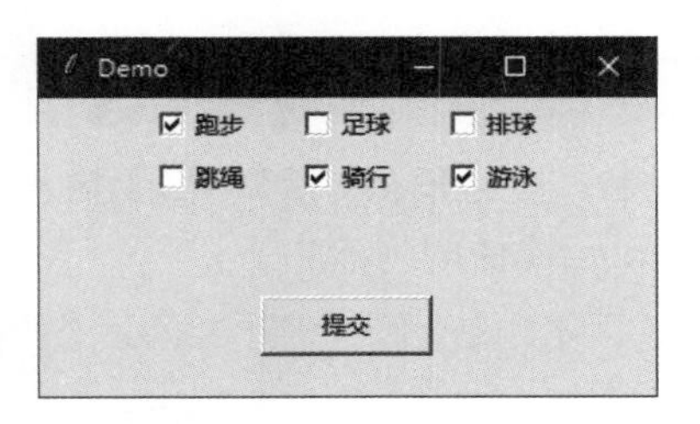

图 13-15　点击复选按钮

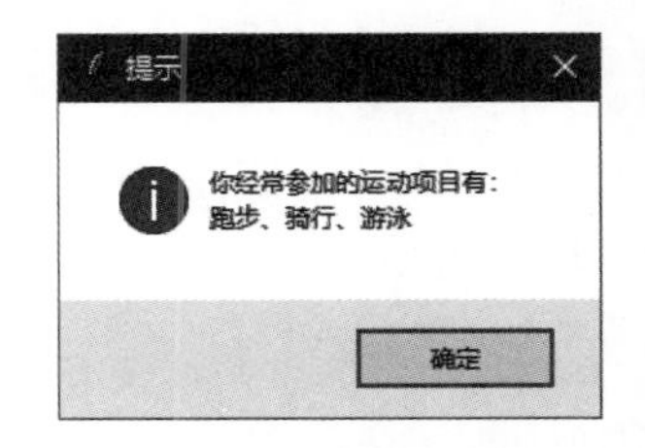

图 13-16　点击按钮后弹出的消息框

案例 299　列表控件

导　语

Listbox 控件可以在用户界面上呈现一个文本列表，用户可以从控件视图中进行选择。

调用 insert 方法可以向列表控件添加元素，该方法声明如下：

```
insert(index, *elements)
```

index 参数表示要插入元素的位置。如果使用整数值，表示将从此索引所对应的元素之前插入新元素；如果 index 参数为“end”，则始终把新元素插入列表的末尾；如果 index

参数为“active”，表示在 Listbox 控件当前被选中的元素的索引处插入新元素。

调用 delete 方法可以删除一个或多个元素，该方法声明如下：

```
delete(first, last = None)
```

first 是要删除的第一个元素的索引，last 是要删除的最后一个元素的索引，即从 first 到 last 的元素都会被删除；如果忽略 last 参数，则默认等于 first，即只删除一个元素。

在案例化 Listbox 控件时，还可以通过 selectmode 参数来设置列表项选择模式。有效值如下：

(1) single：只能选择一个列表项。

(2) browse：只能选择一个列表项，允许拖动鼠标来进行选择。

(3) multiple：多选，所选定的列表项必须是连续的。

(4) extended：多选，可以选中多个不连续的列表项。

操作流程

步骤 1：导入需要用到的模块。

```
import tkinter as tk
```

步骤 2：初始化 Tk 对象。

```
app = tk.Tk()
app.title('Demo')
app.geometry('245x180')
```

步骤 3：添加一个 Label 控件，用于呈现说明文本；一个 Entry 控件，用于输入文本；一个 Button 控件，用于把输入的文本内容添加到 Listbox 控件的列表中。

```
lbmsg = tk.Label(app, text = '请输入:')
lbmsg.grid(column = 0, row = 0)
txtbox = tk.Entry(app, width = 15)
txtbox.grid(column = 1, row = 0)

def addItem():
    it = txtbox.get()
    listbox.insert(tk.END, it)
    # 清空文本输入框
    txtbox.delete(0, tk.END)

btnadd = tk.Button(app, text = '添加', command = addItem)
btnadd.grid(column = 2, row = 0, padx = 5)
```

Button 控件的 command 参数引用 addItem 函数。此函数首先从 Entry 控件中获取输入的文本，再将文本插入 Listbox 控件的列表中，最后调用 Entry 控件的 delete 方法清空输入的文本。

步骤 4：创建 Listbox 控件案例，用于呈现文本列表。

```
listbox = tk.Listbox(app, selectmode = tk.SINGLE)
listbox.grid(column = 0, columnspan = 3, row = 1, pady = 5, sticky = tk.NSEW)
```

步骤 5：调用 Tk 对象的 mainloop 方法，显示主窗口。

```
app.mainloop()
```

步骤 6：运行案例，在文本框中输入内容，然后点击“添加”按钮，输入的文本就会插入列表控件中。如图 13-17 所示。

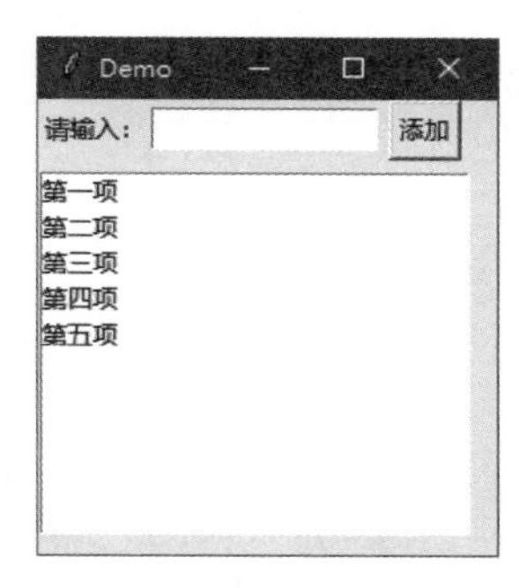

图 13-17　列表控件

案例 300　使用 ttk 控件库

导　语

tkinter.ttk 模块提供了新的控件，大部分控件在 tkinter 模块中已经存在，但新增了 Combobox、Progressbar、Treeview 等控件。

ttk 模块提供的控件使用与平台操作系统相结合的最新主题样式，视觉效果比 tkinter 模块中的控件更美观。

在导入模块时，下面代码会自动使用 tkinter.ttk 模块下的控件替换 tkinter 模块下的同名控件。

```
from tkinter import *
from tkinter.ttk import *
```

tkinter 模块中控件的 bg、fg 等与外观有关的参数，在 tkinter.ttk 模块的控件中不再使用。ttk 控件统一使用 Style 类来配置外观，然后控件案例通过 style 参数（样式）来引用。

ttk 控件的默认样式名称为“T+<控件类名>”，例如“TButton”“TLabel”等。详细内容可以参考表 13-1。

表 13-1 ttk 控件以及控件对应的样式名称

控件名称	样式名称	控件名称	样式名称
Button	TButton	Scrollbar	TScrollbar
Checkbutton	TCheckbutton	Scale	TScale
Radiobutton	TRadiobutton	Progressbar	TProgressbar
Menubutton	TMenubutton	Notebook	TNotebook
Entry	TEntry	Treeview	Treeview
Combobox	TCombobox	Label	TLabel
Spinbox	TSpinbox	Frame	TFrame
Labelframe	TLabelframe		

操作流程

步骤 1：导入需要的模块。

```
from tkinter import *
from tkinter.ttk import *
```

步骤 2：初始化 Tk 对象。

```
app = Tk()
app.geometry('240x100')
app.title('Demo')
```

步骤 3：案例化 Style 对象，然后调用 configure 方法设置 Label 控件和 Button 控件的样式。

```
stl = Style(app)
stl.configure('TLabel', foreground = 'darkblue')
stl.configure('TButton', font = ('隶书', 16), padding = (15, 3))
```

configure 方法的第一个参数指定样式应用到 Label 与 Button 控件上。该样式在整个 Tk 应用程序中都有效，稍后所创建的 Label 和 Button 控件不需要配置 style 参数，它们会自动应用该样式。

步骤 4：创建并布局窗口控件。本案例用到的控件有 Button、Label、Entry、Combobox。

```
lb1 = Label(app, text = '证件号码:')
lb1.grid(column = 0, row = 0)

txtno = Entry(app, width = 20)
txtno.grid(column = 1, row = 0, sticky = NSEW)

lb2 = Label(app, text = '证件类型:')
lb2.grid(column = 0, row = 1)
```

```
cmbtype = Combobox(app, values = ['身份证', '驾照', '军人证'], width = 20)
cmbtype.grid(column = 1, row = 1)

btnsub = Button(app, text = '提交')
btnsub.grid(column = 0, row = 2, columnspan = 2, sticky = NSEW, pady = 15)
```

步骤 5：调用 mainloop 方法，开启主消息循环，显示主窗口。

```
app.mainloop()
```

步骤 6：运行案例程序，效果如图 13-18 所示。

图 13-18　ttk 控件的外观